天然气开发理论与实践

(第十一辑)

贾爱林　冀　光　郭　智　等编著
孟德伟　蔺子墨　魏铁军

石油工业出版社

内容提要

本书收录了国内一批天然气开发领域专家的最新天然气开发技术研究成果与心得,文章共 19 篇,分为综合篇、方法篇、地质应用篇和气藏应用篇四部分。本书内容理论与实践相结合,具有一定的代表性,可以为天然气开发提供部分理论参考和方法借鉴。

本书可供从事天然气开发工作的科研人员使用,也可以作为高等院校相关专业师生的参考用书。

图书在版编目(CIP)数据

天然气开发理论与实践.第十一辑/贾爱林等编著
.—北京:石油工业出版社,2024.1
ISBN 978-7-5183-6559-3

Ⅰ.①天⋯ Ⅱ.①贾⋯ Ⅲ.①采气–文集 Ⅳ.
①TE37-53

中国国家版本馆 CIP 数据核字(2024)第 018965 号

出版发行:石油工业出版社
 (北京安定门外安华里 2 区 1 号　100011)
 网　　址:www.petropub.com
 编辑部:(010)64523841
 图书营销中心:(010)64523633
经　　销:全国新华书店
印　　刷:北京中石油彩色印刷有限责任公司

2024 年 1 月第 1 版　2024 年 1 月第 1 次印刷
787×1092 毫米　开本:1/16　印张:19.5
字数:462 千字

定价:160.00 元
(如出现印装质量问题,我社图书营销中心负责调换)
版权所有,翻印必究

前　言

中国天然气开发虽然历史悠久，但规模化工业开发的时间并不长，特别是在相当长的时间内，仅为地区性产业。进入21世纪以来，天然气勘探开发取得了快速发展，探明储量连续快速增加，产量跨过千亿立方米大关，进入世界产气大国的行列。

随着天然气开发的不断深入，常规天然气生产格局基本形成，即以鄂尔多斯盆地、四川盆地、塔里木盆地为核心的三大基地和以南海及柴达木盆地为核心的基地。五个地区的产量占全国总产量的85%以上。

在常规天然气继续作为开发主体的同时，近几年非常规天然气开发也取得了一定进展。在常规天然气领域，中国虽然资源基础较为雄厚，但开发对象都比较复杂，主要气藏类型为低渗透—致密砂岩气藏、高压—凝析气藏、碳酸盐岩气藏、疏松砂岩气藏、火山岩气藏和高含硫气藏。过去10多年，面对日益复杂的开发对象，气田开发工作者坚持"发现一类，攻关一类，形成一套配套技术"的思路，成功开发了各类气藏，并形成了系列配套技术与核心专项技术。在非常规天然气开发领域，主要集中在煤层气与页岩气的攻关方面；虽然目前成本与效益仍困扰着开发步伐，但开发技术思路与手段已日趋清晰，并形成了一定的规模产量。

总结过去的成果，我们认为中国天然气工业在过去10多年的快速发展主要得益于以下三个方面：一是坚持资源战略，储量持续增长；二是技术不断配套完善，使复杂气藏开发成为可能；三是坚持创新驱动，挑战技术极限。

展望未来，天然气工业方兴未艾，天然气产量将继续保持增长势头。但随着开发阶段的深入，天然气工业将由快速上产转变为上产与稳产并重的开发阶段。面对这一开发局面的变化，过去以有效开发主体技术为核心的攻关，将向气田稳产技术、提高采收率技术及不同类型气田的开发方式与开发规律等方向进行转变，天然气开发技术必将进入更加丰富与成熟的阶段。

《天然气开发理论与实践》文集立足于中国天然气开发的最新成果与前瞻技术，收集了国内具有代表性的论文，分为综合篇、方法篇、地质应用篇与气藏应用篇。文集的连续出版，希望在对中国天然气开发理论与技术总结的同时，也对广大的科研、生产工作者有所启迪，共同促进中国天然气事业的不断发展。

本文集的文章筛选、文字编辑与篇幅设计上，蔺子墨做了大量的工作，在此表示感谢。同时对每篇论文的作者表示感谢，也对石油工业出版社林庆咸编辑的辛勤付出表示感谢。

目 录

综 合 篇

Forecast of natural gas supply and demand in China under the background of "Dual Carbon Targets"
·················· JIA Ailin　CHENG Gang　CHEN Weiyan et al（3）
双碳背景下中国天然气供需形势预测·················· 贾爱林　程　刚　陈玮岩 等（26）
常规天然气藏均衡开发理论与关键核心技术·············· 何东博　贾爱林　位云生 等（42）
鄂尔多斯盆地苏里格致密砂岩气田提高采收率关键技术及攻关方向
·················· 吴　正　江乾锋　周　游 等（55）
中国海上气田开发与提高采收率技术·················· 张　健　李保振　周文胜 等（69）

方 法 篇

低压低产页岩气井智能生产优化方法·················· 祝启康　林伯韬　杨　光 等（83）
基于储层纵向非均质性的水力压裂裂缝三维扩展模拟
·················· 付海峰　才　博　庚　勐 等（96）
基于复杂缝网模拟的页岩气水平井立体开发效果评价新方法——以四川盆地南部
地区龙马溪组页岩气为例·················· 王军磊　贾爱林　位云生 等（112）
基于智能优化算法的复杂气藏水侵单元数值模拟新模型
·················· 谭晓华　韩晓冰　任利明 等（132）
致密气有效砂体结构模型的构建方法及其应用········ 郭　智　冀　光　姬鹏程 等（147）

地质应用篇

Characteristics and development model of karst reservoirs in the fourth member of Sinian
Dengying Formation in central Sichuan Basin, SW China
·················· YAN Haijun　HE Dongbo　JIA Ailin et al（163）
川中震旦系灯四段岩溶储层特征与发育模式·············· 闫海军　何东博　贾爱林 等（184）
单井和区块动态储量评估方法优选及应用——以某断块小气藏为例
·················· 王晨辉　贾爱林　位云生 等（199）

四川盆地高石梯—磨溪地区震旦系灯影组碳酸盐岩储层特征
.... 范翔宇　闫雨轩　张千贵　等（213）

苏里格气田苏南国际合作区开发效果、关键技术及重要启示
.... 王国亭　贾爱林　孟德伟　等（226）

气藏应用篇

多层透镜状致密砂岩气田井网优化技术对策............ 郭　智　王国亭　夏勇辉　等（245）

河流相致密砂岩气藏剩余气精细表征及挖潜对策——以苏里格气田中区SSF井区为例
.... 马志欣　吴　正　李进步　等（260）

基于嵌入黏聚单元法的页岩储层压裂缝网扩展规律... 位云生　林铁军　于　浩　等（274）

苏里格气田致密气开发井网效果评价与调整对策...... 王国亭　贾爱林　郭　智　等（288）

综合篇

Forecast of natural gas supply and demand in China under the background of "Dual Carbon Targets"

JIA Ailin　CHENG Gang　CHEN Weiyan　LI Yilong

PetroChina Research Institute of Petroleum Exploration & Development

Abstract: As a kind of clean energy which creates little carbon dioxide, natural gas will play a key role in the process of achieving "Peak Carbon Dioxide Emission" and "Carbon Neutrality". The Long-range Energy Alternatives Planning System (LEAP) model was improved by using new parameters including comprehensive energy efficiency and terminal effective energy consumption. The Back Propagation (BP) Neural Network–LEAP model was proposed to predict key data such as total primary energy consumption, energy mix, carbon emissions from energy consumption, and natural gas consumption in China. Moreover, natural gas production in China was forecasted by the production composition method. Finally, based on the forecast results of natural gas supply and demand, suggestions were put forward on the development of China's n atural gas industry under the background of "Dual Carbon Targets". The research results indicate that under the background of carbon peak and carbon neutrality, China's primary energy consumption will peak (59.4×10^8tce) around 2035, carbon emissions from energy consumption will peak (103.4×10^8t) by 2025, and natural gas consumption will peak ($6100\times10^8m^3$) around 2040, of which the largest increase will be contributed by the power sector and industrial sector. China's peak natural gas production is about $(2800\sim3400)\times10^8m^3$, including $(2100\sim2300)\times10^8m^3$ conventional gas (including tight gas), $(600\sim1050)\times10^8m^3$ shale gas, and $(150\sim220)\times10^8m^3$ coalbed methane. Under the background of carbon peak and carbon neutrality, the natural gas consumption and production of China will further increase, showing a great potential of the natural gas industry.

Keywords: Carbon peak and carbon neutrality; Energy mix; Carbon emissions; Natural gas consumption; Natural gas production; new energy system; Terminal consumption scale; Production, supply, storage and marketing

0　Introduction

In 2020, China announced that it would strive to achieve Peak Carbon Dioxide Emission (PCDE) by 2030 and Carbon Neutrality (CN) by 2060[1-3] for the first time at the 75th session of the United Nations General Assembly. Currently China is the largest energy consumer in the world, with coal taking a much larger share of energy consumption compared to the world's major economies, reaching 56.8% in 2020. China is also the largest carbon emitter, with carbon emissions of about 99.0×10^8t in 2020 from energy consumption, about one third of the world's total carbon emissions[4-5]. The UN Paris Climate Change Agreement aims to limit the global average temperature rise to less than 2°C above the pre-industrial level, and commits to limit the

---

Foundation item: Supported by Project of Science and Technology of PetroChina (2021DJ17; 2021DJ21).

temperature rise to below 1.5 ℃ as a long-term goal. As the largest carbon emitter, China's Dual Carbon Target (PCDE and CN) will play an important role in helping drive the long-term goals of Paris Climate Change Agreement.

In recent years, China has embraced clean energy and accelerated the process of natural gas exploration and development, resulting in record high natural gas production and consumption. The natural gas production reached $1925×10^8 m^3$ and consumption reached $3280×10^8 m^3$ in 2020. Natural gas will play a more vital role in the energy mix as a clean and low-carbon fossil energy under the guideline of Dual Carbon Target. In this paper, China's natural gas supply and demand under the Dual Carbon Target is predicted by using the BP (Back Propagation) Neural Network-LEAP (Long-range Energy Alternatives Planning System) model and the production composition method, and the future direction of natural gas industry under the Dual Carbon Target is discussed.

1　Forecast of natural gas consumption in China

Approaches commonly used for natural gas consumption forecast include analogy method, energy consumption ratio method, sector analysis method, gas-consuming project analysis method, and system dynamics model, etc. Basically, however, these traditional methods do not involve carbon emission limit [1]. In this paper, the BP Neural Network-LEAP model was used to forecast natural gas consumption, which takes into account the balance between energy consumption, carbon emission limit and energy cost, so that the forecast results are more in line with the trend of natural gas consumption in the context of the Dual Carbon Target.

1.1　Forecast model for natural gas consumption

1.1.1　BP neural network

BP neural network is one of the most widely used artificial neural network models, and a standard BP neural network consists of an input layer, an output layer and several (one or more) hidden layers between them. Each layer can have several nodes, and the link state of the nodes between layers is represented by weights. The BP Neural Network is capable of discovering the linear or nonlinear relationships between data, which offers the benefit of optimizing the network structure and adjusting the weights and thresholds of each node through its own training without defining the mathematical equations of the mapping relations between inputs and outputs in advance, and also predicts the key parameters based on the network model created in the training.

The model training process of BP neural network involves forward propagation and backward propagation. In the forward propagation, the training samples (x, y) are first normalized, where the input vector $x=\{x_1, x_2, ..., x_n\}$ and the expected vector $y=\{y_1, y_2, ..., y_m\}$. The normalized sample data is then propagated to the hidden layer for calculation, and the results of the calculation are transferred to the next node as input, and so on, until it is propagated to the output layer. If the error between the output vector $\tilde{y} = \{\tilde{y}_1, \tilde{y}_2, \cdots, \tilde{y}_m\}$, and the expected vector y is greater than the error limit, the training process is propagated backwards and the error is fed back to the input layer through the hidden layer. Through several iterations, the weights among the nodes on the network are continuously adjusted so that the error is gradually reduced until the accuracy requirement is met.

1.1.2 LEAP model

The LEAP model is a typical integrated multi-domain simulation system of energy, environment and economy established on the basis of "bottom-up" simulation approach. The LEAP model is mainly used to predict the energy demand and the carbon emissions of countries, regions or industries under different scenarios, so as to provide references for policy-making departments to make energy decisions[6].

The main benefits of LEAP model include: (1) The model is supported by a huge technological and environmental database (TED), which contains carbon emission data for different industries and energy sources, so it provides a perfect solution for studying the trend of energy consumption under the carbon emission limit. (2) The model can be used to forecast the energy consumption of different industrial sectors such as industry, transportation and power in different spatial ranges such as countries and regions. (3) The model considers all relevant factors, and builds a prediction model based on multiple aspects including energy supply side, demand side and conversion side, so the prediction results are accurate and reliable. (4) The model includes a built-in OSeMOSYS (open source energy modeling system) and GLPK (GNU linear programming kit) solver, which can be used to optimize the energy mix automatically, thus striking a balance between energy consumption, carbon emission limit and energy cost, and minimizing the impact of artificial settings on the prediction results.

1.1.3 Method for improving LEAP model

In the process of building the LEAP model, we need to set the energy consumption of the terminal users (demand side) first, and there is a conversion efficiency between the terminal energy consumption and primary energy consumption, for example, the nationwide terminal energy consumption is about 35×10^8 tce in 2020, while the primary energy consumption is about 49.8×10^8 tce. Some primary energy sources can be directly used for terminal consumption after being processed. For example, natural gas can be directly used for terminal consumption after being processed in treatment plants and purification plants, and coal can be also directly used after being washed and desulfurized. There's little raw material loss in the processing and transportation of natural gas and coal, with energy conversion efficiency above 95%. Other primary energy sources such as coal, oil, natural gas, hydro resource, wind, solar, nuclear, geothermal energy (geothermal power generation) need to be converted into secondary energy first, and then used for terminal consumption. The conversion efficiency from primary energy to electricity is about 40%, and the conversion efficiency of petroleum refining is about 94%[7].

It is widely believed that electricity will play a more important role in terminal energy consumption in the context of Dual Carbon Target, because non-fossil energy sources will replace fossil energy mainly in the power sector, and the share of electricity in terminal energy consumption is expected to increase to over 60% in 2060 (about 27% in 2020)[8]. As the share of electricity in terminal consumption gradually increases, the total primary energy consumption will increase significantly for the same amount of terminal energy consumption since the energy conversion efficiency of electricity in the LEAP model (about 40%) is much lower than that of other energy sources (more than 90%). This result deviates from the actual situation. This is because the LEAP model only considers the conversion efficiency between the primary energy and terminal energy, but does not consider the work efficiency of terminal energy, for example, gas cars consume about 10L of fuel per 100km, with a thermal equivalent of about 10.6kgce, while electric cars consume about 16kW·h of electricity per 100km, and the energy consumption for the same electricity production is only 5.2kgce; furthermore, the thermal energy utilization efficiency of gas stoves is about 50%, while the work efficiency of induction cookers can reach about 85%, which shows that electricity is more efficient than non-electric energy in the process of terminal energy consumption. Therefore, when setting the comprehensive energy efficiency, it is necessary to consider both the conversion efficiency from primary energy to terminal energy and the work efficiency of terminal energy.

To improve the LEAP model, the comprehensive energy efficiency is defined as follows:

$$\zeta = \lambda \omega \tag{1}$$

Conversion relations exist between terminal energy consumption and terminal effective energy consumption:

$$E_{tv} = E_t \alpha_e \omega_e + E_t \alpha_c + E_t (1 - \alpha_e - \alpha_c) \omega_f \tag{2}$$

While the traditional LEAP model calculates primary energy consumption based on terminal energy consumption and energy conversion efficiency, the improved model predicts total primary energy consumption in the future based on terminal effective energy consumption and comprehensive energy efficiency:

$$E_s = \frac{E_{tv} \gamma_e}{(1-\theta) \zeta_e} + \frac{E_{tv} \gamma_c}{\lambda_c} + \frac{E_{tv}(1-\gamma_e-\gamma_c)}{\zeta_f} \tag{3}$$

The share of electricity in terminal energy consumption and the share of electricity in the terminal effective energy consumption are inter-convertible:

$$\alpha_e = \frac{E_{tv}\gamma_e}{E_t\omega_e} \tag{4}$$

1.1.4 BP neural network-LEAP model

Although BP neural network allows prediction of parameters relating to future energy consumption, using BP neural network alone is inadequate for prediction of complex energy consumption system including the evolution of the national energy mix, carbon emissions, and natural gas consumption. The LEAP model considers a wider range of factors including terminal energy consumption in households, industrial sector, transportation sector, and construction sector, energy conversion in intermediate stages such as power generation and chemical industry, and primary energy, secondary energy supply, but many parameters in the LEAP model, especially key parameters such as the effective energy consumption intensity of each terminal sector, need to be set artificially in advance. It is difficult to find reference values for these key parameters in relevant research papers, and the artificial settings are likely to cause big prediction errors. Therefore, this paper proposes a BP neural network-LEAP Model (Fig. 1), which combines the benefits of both methods to improve the accuracy and objectivity of the prediction results.

The terminal effective energy consumption intensities (including households, industrial sector, transportation sector, construction sector and other sectors) are influenced by many parameters including urbanization rate, aging rate, added value of the primary, the secondary, and the tertiary industries, added value of the industrial sector, added value of the construction sector, added value of the transportation sector, expenditure on scientific research, and expenditure on education. Therefore, it is necessary to collect the historical data of relevant parameters first, and then analyze the linear or non-linear relationships of these key parameters based on BP neural network to predict the effective energy consumption intensity of the five major terminal sectors. Then, the results are substituted into the LEAP model, which is used to simulate the energy supply and demand balance under different scenarios, and then predict the national energy consumption, natural gas consumption and other data.

1.2 Parameter selection and scenario assumption

All of the key parameters involved in the BP neural network-LEAP model are drawn from the data released by the National Bureau of Statistics, industry development plans or research results of authoritative institutions. The specific parameters are as follows: (1) Collecting the data published by the official website of the National Bureau of Statistics from 2001 to 2020 including population, urbanization rate, aging rate, added value of the primary, the secondary, and the tertiary industries, added value of the industrial sector, added value of the construction sector, added value of the transportation sector, expenditure on scientific research, and expenditure on education as input vectors; collecting energy consumption data of households,

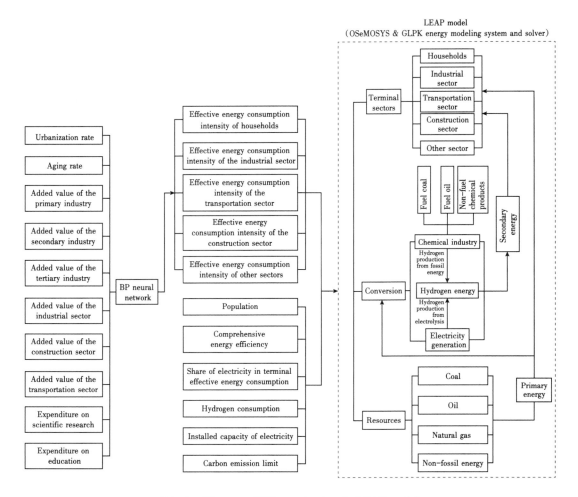

Fig. 1　Diagram of BP neural network-LEAP model

industrial sector, transportation sector, construction sector and other sectors[7], and convert them into terminal effective energy consumption intensity according to Eq.(2) as the expected vector. The processed input vectors and expected vectors are the training samples of BP neural network. (2) The population data from 2021 to 2060 is drawn from the data published on the website of the Chinese government and the Industrial Information network. The population is expected to reach a peak of about $14.5×10^8$ in 2030[9] and drop to about $12.9×10^8$ in 2060. (3) GDP (Gross Domestic Product) growth rate is drawn from the reference data, with an average annual GDP growth rate of 5.0%~5.5% from 2021 to 2030, 3.0%~4.0% from 2030 to 2050, and 3.0%~3.5% from 2050 to 2060[1]. (4) The urbanization rate and aging rate are drawn from the reference data, with an urbanization rate of 63.9% in 2020 and 75.0% in 2060, and an aging rate of 13.5% in 2020 and 28.0% in 2060[10]. (5) China is expected to become a medium developed country in 2060, so the current data of medium developed countries such as South Korea can be taken as a reference for the structure of the three industries, and it's expected that the added value of the primary, the secondary, and the tertiary industries in China will be adjusted to 4%, 31% and 65% of GDP in 2060. (6) From 2001 to 2020, the growth rate of the added value of the industrial sector is about 0.9 times of that of the secondary industry, the growth rate of the added value of transportation sector is about 0.8 times of that of the tertiary industry, and the growth rate of the added value of construction sector is about 4.5 times of that of the urbanization rate, therefore, the growth rates of the added value of the industrial sector, transportation sector and construction sector are assumed to be the corresponding multiples of the corresponding parameters. (7) From 2001 to 2020, the growth rate of expenditure on scientific research is about 1.5 times the growth rate of GDP, and the growth rate of expenditure on education is about 1.2 times the growth rate of GDP, so the growth rates of expenditure on scientific research and expenditure on education from 2021 to 2060 are assumed to be the corresponding multiples of the growth rate of GDP[7]. (8) The petroleum consumption of non-fuel petrochemical products refers to the base scenario data in the World Energy Outlook 2019 by CNPC Economics & Technology Research Institute[10]. (9) According to data from the references on hydrogen consumption, the hydrogen production in China will reach 1.3×10^8 t in 2060 under the carbon neutrality scenario, including 1.0×10^8 t of green hydrogen from non-fossil energy sources. The industrial sector will use about 7800×10^4 t of hydrogen, the transportation sector will use about 4100×10^4 t, and other sectors will use about 1200×10^4 t[11].

To figure out the impact of different technical conditions and policies on energy consumption and carbon emissions, three scenarios, namely the base scenario, the technical advancement scenario, and the carbon neutrality scenario (considering technical advancement and carbon emission limit) are created in this paper (Table 1). The technical advancement mainly includes the universal electrification of terminal energy-consuming equipment, the general improvement of the comprehensive energy efficiency of terminal energy-consuming equipment, and the extensive use of advanced power grids, hydrogen, non-fossil energy power generation techniques and gas power generation techniques. The base scenario and the technical advancement scenario do not impose any limit on carbon emissions, while the carbon neutrality scenario sets carbon emission limit in advance. The carbon emission data provided in the "four steps of carbon emission reduction" statement by academician Ding Zhongli and the carbon emission data provided in the global 2℃ temperature rise control scenario in Study on China's Long-term Low-carbon Development Strategy and Transition Path by Tsinghua University[8, 12] can be referred for the carbon emission limit data. That is to say that in 2030, 2040, 2050 and 2060, the national carbon emissions should be no more than 95×10^8, 65×10^8, 40×10^8 and 25×10^8 t respectively (the remaining carbon emissions of 25×10^8 t will be sequestered or buried by carbon sinks and CCUS technology to achieve the carbon neutrality target). In the base scenario and the technical advancement scenario, the future installed capacity of each type of electricity is set in advance (assumed to be a multiple of the installed capacity in 2020)[13], while the carbon neutrality scenario does not set the future installed capacity of electricity in advance, but uses the built-in OSeMOSYS open source energy modeling system and the GLPK solver to optimize the installed capacity ratio of each type of electricity automatically to meet the demand of terminal power consumption while meeting the requirements for carbon emission limit and energy cost.

Table 1　Parameters for the three energy consumption scenarios

Consumption scenarios	Year	Share of electricity in terminal effective energy consumption/%	Annual hydrogen consumption/10⁸t	Comprehensive efficiency of terminal fuel/%	Comprehensive efficiency of electricity/%	Electricity transmission loss rate/%	Installed capacity of coal power generation/10⁸kW	Installed capacity of gas power generation/10⁸kW	Installed capacity of non-fossil-energy power generation/10⁸kW	Carbon emission limit/10⁸t
Baseline Year	2020	45	0.33	36.00	34.00	5.60	10.80	0.98	9.55	99
Base scenario	2040	50	0.50	36.50	34.50	5.00	8.64	1.47	23.88	
	2060	55	0.70	37.00	35.00	4.50	5.40	1.96	33.43	
Technical advancement scenario	2040	55	0.63	37.30	35.30	4.80	5.40	1.96	28.65	
	2060	65	1.00	38.50	36.50	4.00	3.24	2.45	42.98	
Carbon neutrality scenario	2040	60	0.75	38.00	36.00	4.50				65
	2060	75	1.30	40.00	38.00	3.50				25

1.3　Forecast results and analysis

1.3.1　Terminal effective energy consumption intensity

Before using the neural network model developed from training to predict terminal energy consumption intensity, the reliability should be verified first. The fitting results show that there is a strong correlation between the sample data, and the neural network model derived from training can accurately describe the mapping relationship between the data. The goodness-of-fit of the training set, validation set, test set and the full set are around 99% (Fig. 2), with very small fitting error and strong generalization, which indicates there's no over-fitting and the neural network model is reliable. Then, the neural network model derived from training was used to predict the terminal effective energy consumption intensity from 2021 to 2060 (Table 2). The results show that the effective energy consumption intensity of terminal sectors will increase year after year, with the growth rate increasing more rapidly from 2021 to 2040, and slowing down and plateauing from 2040 to 2060. Among the sectors, the industrial sector has the highest effective energy consumption intensity, about 1.07tce/person in 2060, followed by the households and the transportation sector, about 0.14tce/person and 0.13tce/person respectively in 2060.

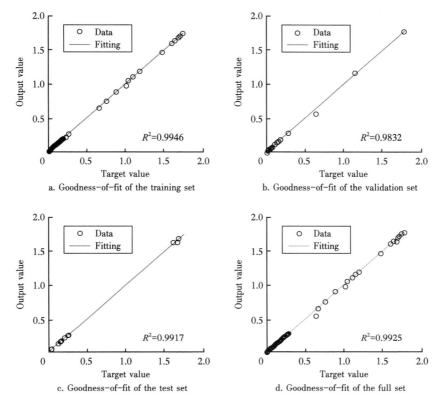

Fig. 2　Goodness-of-fit of BP neural network sample set

Table 2　Prediction of terminal effective energy consumption intensity for different sectors

Year	Terminal effective energy consumption intensity (tce/person)				
	House-holds	Industrial sector	Construction sector	Transportation sector	Other sectors
2020	0.1099	0.8684	0.0233	0.1055	0.1457
2025	0.1274	0.9547	0.0255	0.1179	0.1530
2030	0.1348	1.0006	0.0274	0.1253	0.1604
2035	0.1386	1.0282	0.0285	0.1304	0.1648
2040	0.1405	1.0424	0.0289	0.1322	0.1671
2045	0.1415	1.0504	0.0291	0.1332	0.1684
2050	0.1424	1.0571	0.0293	0.1338	0.1694
2055	0.1432	1.0628	0.0294	0.1341	0.1704
2060	0.1438	1.0671	0.0295	0.1342	0.1710

1.3.2　Total consumption of primary energy

The forecast results show that with the growth of population and terminal effective energy consumption intensity, the total consumption of primary energy in China will continue to rise from

2021 to 2035, reaching a peak of about (59.4~60.7)×10⁸tce by 2035 (Fig. 3). After 2035, with the decrease of population, the stabilization of terminal effective energy consumption intensity and the improvement of comprehensive energy efficiency, the total consumption of primary energy will decrease year after year, and it will drop to (54.1~56.7)×10⁸tce in 2060. Among the three scenarios, the total primary energy consumption in the carbon neutrality scenario is the lowest, because it benefits from technical advancement, increased electrification degree of terminal sectors, and improved comprehensive energy efficiency, which means that less primary energy needs to be provided for the same effective energy consumption demand at the terminal sectors, and the reduced demand for primary energy also contributes to the realization of emission reduction targets.

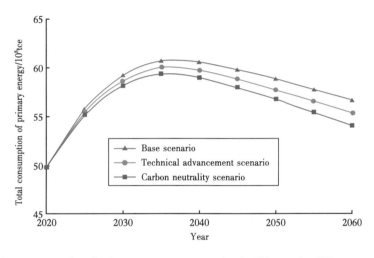

Fig. 3 Forecast of total primary energy consumption in China under different scenarios

In terms of energy mix, as the share of electricity and hydrogen in terminal sectors continues to increase, the share of non-fossil energy in energy consumption is also increasing, because non-fossil energy is mainly converted into electricity or hydrogen (hydrogen production through electrolysis of water with non-fossil energy) to be consumed by the terminal sectors (Figs. 4–6). Under the carbon neutrality scenario, when the carbon emissions from fossil fuel reach the limit, the model will choose non-fossil energy to fill the gap in electricity supply, so non-fossil energy will get the highest growth under the carbon neutrality scenario, and the non-fossil energy consumption will rise to $41.6×10^8$tce in 2060 (Fig. 6), accounting for about 77.0% of the total primary energy consumption. The proportion of fossil energy consumption will overall continue to decrease in next decades, and coal contributes to the dramatic drop most. Coal consumption will drop to $3.3×10^8$tce in 2060 under the carbon neutrality scenario, accounting for about 6.0% of total primary energy consumption in that year. The significant drop in coal consumption is essential for achieving the carbon emission upper limit of $25×10^8$t in 2060. Oil consumption grows slowly between 2021 and 2030, and shows a declining trend year by year after 2030. Oil consumption will drop to $3.5×10^8$tce in 2060 under the carbon neutrality scenario.

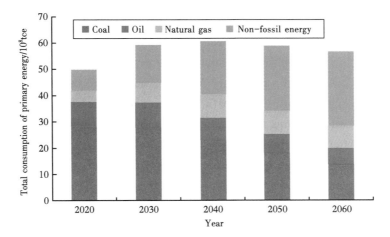

Fig. 4 Forecast of energy mix in China under the base scenario

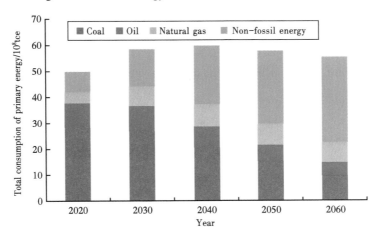

Fig. 5 Forecast of energy mix in China under the technical advancement scenario

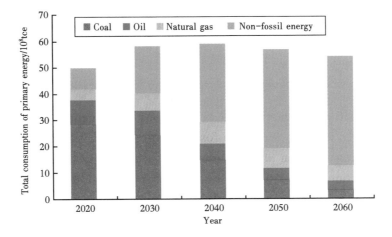

Fig. 6 Forecast of energy mix in China under the carbon neutrality scenario

1.3.3　Carbon emissions from energy consumption

The carbon emissions from energy consumption in China will reach a peak in 2025–2027. In the base scenario, the peak carbon emissions from energy consumption will be approximately $107.6×10^8$t (Fig.7). In the carbon neutrality scenario, because of the relatively small increase in total energy consumption and the significant increase in the share of non-fossil energy consumption, the carbon emissions from energy consumption will reach the peak sooner, about $103.4×10^8$t in 2025. After the carbon emission peak, the share of coal and oil consumption will further drop, the share of non-fossil energy and natural gas consumption will further increase, and the carbon emissions from energy consumption will continue to decrease. By 2060, the carbon emissions in three scenarios will be reduced to $63.0×10^8$t, $48.6×10^8$t and $25.0×10^8$t respectively. The carbon emissions in both the base scenario and the technical advancement scenario will have declined significantly by 2060, but they still remain at a high level, so it's impossible to achieve the carbon neutrality target under these two scenarios. As the carbon emission limit has been set in advance, the carbon emissions in the carbon neutrality scenario will decrease year after year strictly in accordance with the carbon emission limit. According to the assumption, the carbon emissions will be $25.0×10^8$t in 2060, which will reach the carbon neutrality target.

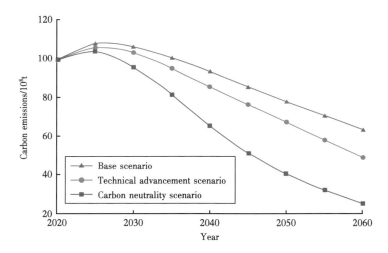

Fig. 7　Forecast of carbon emissions from energy consumption in China under different scenarios

In the carbon neutrality scenario, carbon emissions from energy consumption will reach the peak in 2021–2025, during which the fossil energy consumption will keep growing and the peaking of coal consumption plays an important role in the peaking of carbon emissions from energy consumption; 2026–2035 is the initial stage of carbon emission reduction, during which it is expected that about $22×10^8$t of carbon dioxide will be reduced and about 28% of coal consumption will be replaced by other energies. In this stage, the growth rate of non-fossil energy consumption will not be sufficient to fully compensate for the energy shortfall caused by coal reduction, so natural gas as a clean and low-carbon energy source will see a major boom. The share of natural gas in energy consumption will rise to about 13% in 2035; 2036–2050 is the stage of in-depth emission reduction, during which it is expected that about $40×10^8$t of carbon dioxide will be reduced. The reduction of total energy consumption after the population peak provides favorable conditions for carbon emission reduction, and the growth of the proportion of electricity and hydrogen in terminal energy consumption and the improvement of comprehensive energy efficiency are also important stimuli of in-depth emission reduction; 2051–2060 is the crucial stage of emission reduction, during which about $15×10^8$t of carbon dioxide will be reduced, and eventually the goal of carbon neutrality will be achieved. In this stage, due to the further increase in the proportion of electricity and hydrogen in terminal energy consumption, which will rise to about 62% and 16% respectively, the industrial, transportation and power sectors will be fully decarbonized. Electricity and hydrogen energy are mainly produced from non-fossil energy, so it is expected that the non-fossil energy power (including the non-fossil energy power used for production of green hydrogen through electrolysis) will account for more than 80% of total power in 2060. The large-scale growth in non-fossil energy power has higher requirements for power grid, energy storage facilities, power for peak regulation and terminal electrification degree.

1.3.4 Natural gas consumption

Natural gas consumption will reach the peak value around 2040, with a peak of about $6700×10^8 m^3$ in the base scenario (Fig.8), accounting for about 14.7% of total energy consumption. Due to the carbon emission limit and the relatively low total primary energy consumption, natural gas consumption under the carbon neutrality scenario is lower than that in the other two scenarios. Natural gas consumption in this scenario is expected to grow rapidly from 2021 to 2035. During this period, natural gas consumption rises sharply due to the combined effects of continuous growth in total energy consumption, a significant decrease in the share of coal in power generation, and continuous growth of domestic natural gas reserve and production, which plays an important role in bridging the energy consumption gap caused by coal reduction. The power generation sector will contribute the highest growth in natural gas consumption, with $1050×10^8 m^3$ of additional natural gas consumption during this period, accounting for about 43% of the total increase, followed by the industrial sector, which will consume about $680×10^8 m^3$ more natural gas, accounting for about 28% of the total increase. The natural gas consumption will plateau from 2036 to 2045. Since coal power will fall to a low level, non-fossil energy power will start to grow rapidly because of technology breakthroughs, and the new non-fossil energy power will be sufficient to compensate for the withdrawal of coal power during this period. Moreover, the total energy consumption will start to decrease year after year. Therefore, the growth rate of natural gas consumption will slow down and be stable at $(5700\sim6100)×10^8 m^3$. Natural gas consumption will be declining after 2045, and the natural gas consumption market will be gradually replaced by non-fossil energy due to the carbon emission limit. To meet the carbon emission reduction target, the LEAP model replaces gas power with non-fossil energy power while optimizing the installed capacity of electricity, so that the natural gas consumption for gas power generation will continuously decrease from 2046 to 2060 by about $780\times10^8m^3$, followed by the industrial sector which will get a drop of about $440\times10^8m^3$, and the total natural gas consumption will drop to $4300\times10^8m^3$ in 2060.

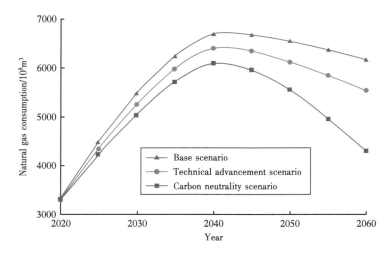

Fig. 8　Forecast of natural gas consumption in China under different scenarios

2　Forecast of natural gas production in China

2.1　Forecast method and scenario assumption

According to the forecast results of natural gas consumption in China, the natural gas consumption in the carbon neutrality scenario will peak at $6100\times10^8m^3$ (Fig.8), and the natural gas consumption in 2060 will remain above $4000\times10^8m^3$, which is still higher than the predicted peak natural gas production in China, so the upstream natural gas production in China is not influenced by the Dual Carbon Target, and the domestic natural gas production should be as much as possible to meet the demand of natural gas consumption. The current methods for predicting natural gas production mainly include the Weng's Model, Grey-Hubbert Model, production composition method, reserve-production ratio control method and analogy method. In this paper, the more widely used production composition method was used to forecast the natural gas production in China from 2021 to 2060.

With gas field/block as the basic unit, the production composition method is used to forecast natural gas production based on key parameters including the reserve base of different types of gas reservoirs and the production pattern of different types of gas reservoirs at different stages of development, and the production of each unit is aggregated to predict natural gas production in China[14-16]. Many parameters can affect the prediction results in the production composition method, and the prediction results vary widely with different parameter settings, so three scenarios were defined in this paper, including the base scenario, the exploration and development (E&D) technical advancement scenario, and the E&D technical breakthrough scenario. The parameter settings of different scenarios are shown in Table 3.

Table 3 Parameters for the three natural gas production forecast scenarios

Type of natural gas	Resources/ $10^{12}m^3$	Current proven rate/%	Current remaining proven recoverable reserves/ $10^{12}m^3$	Parameters for the base scenario in 2060/%			Parameters for the E&D technical advancement scenario in 2060/%			Parameters for the E&D technical breakthrough scenario in 2060/%		
				Proven rate	Reserve utilization rate	Recovery degree	Proven rate	Reserve utilization rate	Recovery degree	Proven rate	Reserve utilization rate	Recovery degree
Conventional gas	146.96	11.48	4.88	23.0	53.0	40.0~50.0	24.5	55.0	42.5~52.5	26.0	57.0	45.0~55.0
Shale gas	105.72	1.91	0.39	18.5	40.0	25.0	20.0	42.0	27.0	21.5	44.0	29.0
CBM	28.08	2.61	0.31	10.0	42.0	30.0	12.0	44.0	32.0	14.0	46.0	34.0

Currently, more than 540 gas fields have been developed in China, which are located in the basins including Ordos, Sichuan, Tarim, South China Sea, Qaidam, Bohai, East China Sea, Junggar and Songliao, etc. The development stages of different basins vary widely, so the gas fields are divided into developed gas fields and new exploration fields according to the proven degree of their reserves, and into conventional gas (including tight gas), shale gas and coalbed methane according to types of gas reservoirs. The new proven reserves of different types of gas reservoirs during the forecast period are drawn from the data in relevant research papers[14]. Some of the proven reserves are located in environmental protection areas, unprofitable areas, or the areas that cannot be fully utilized during the forecast period due to the productivity construction progress, so a new parameter, reserve utilization rate, is proposed. The reserve utilization rate of different types of gas reservoirs refers to the experience of gas fields (Table 3). For the production performance of different types of gas reservoirs, the production law of the developed gas reservoirs is taken as a reference. For example, the annual decline rate of conventional gas reservoirs is assumed to be 6%~20% (6%~12% for carbonate gas reservoirs and deep high-pressure gas reservoirs, and about 20% for tight gas reservoirs)[15], that of shale gas reservoirs is assumed to be 35%, and that of coalbed methane reservoirs is assumed to be 25%. In addition, the recovery degree of different types of gas reservoirs during the forecast period refers to the empirical recovery degree of developed gas reservoirs and cannot be higher than the maximum recovery factor of the same type of gas reservoirs specified in the petroleum industry standard Calibration Method of Recoverable Reserve [17]. For example, the recovery degree of conventional gas reservoirs is assumed to be 40%~55% (50%~55% for carbonate gas reservoirs and deep high-pressure gas reservoirs, and 40%~45% for tight gas reservoirs), 25%~29% for shale gas reservoirs, and 30%~34% for coalbed methane reservoirs.

2.2 Forecast results and analysis

The forecast results show that the accumulative production of developed gas fields during the forecast period will reach $(4.1\sim4.5)\times10^{12}m^3$, and the accumulative production of new exploration fields will reach $(5.8\sim8.2)\times10^{12}m^3$, of which the production under the base scenario is lower than that under the other scenarios due to the lower proven rate of reserve, reserve utilization rate and the recovery degree during the forecast period. Under the base scenario, the annual gas production will peak at about $2800\times10^8m^3$ in 2035 and drop to $1550\times10^8m^3$ in 2060 (Fig.9). Under the E&D technical advancement scenario, the extensive use of new technologies drives continuous growth in natural gas reserve and production, with production peaking at $3100\times10^8m^3$ in 2040 and remaining above $2300\times10^8m^3$ in 2060 (Fig.10). Under the E&D technical breakthrough scenario, the technical breakthroughs in exploration lead to growth in new proven reserve to $43.7\times10^{12}m^3$, and technical breakthroughs in development field lead to growth in new utilized reserve in new exploration fields to $21.9\times10^{12}m^3$, the average recovery degree will increase to 38.1%, and the production will increase to $3400\times10^8m^3$ in 2045 (Fig.11).

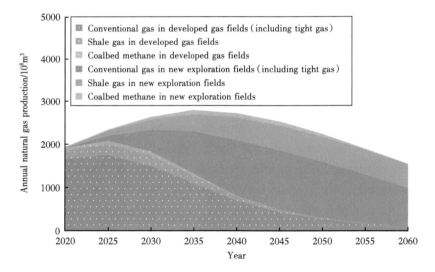

Fig. 9 Forecast of natural gas production in China under the base scenario

The production during the forecast period varies for different types of gas reservoirs under different forecast scenarios. The annual conventional gas production (including tight gas) peaks at $(2100\sim2300)\times10^8m^3$, the annual shale gas production peaks at $(600\sim1050)\times10^8m^3$, and the annual coalbed methane production peaks at $(150\sim220)\times10^8m^3$. Conventional gas will always play a critical role in natural gas production, with a contribution rate of more than 60%, while shale gas will be the key to production growth, with new production accounting for more than 35% of the total new production when production reaches its peak. The model does not predict the production of gas hydrate, and future breakthroughs in gas hydrate exploration and development technologies are expected to further stimulate gas production growth.

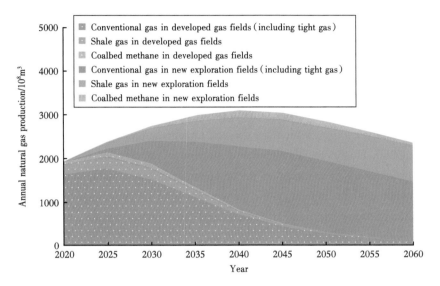

Fig. 10 Forecast of natural gas production in China under the E&D technical advancement scenario

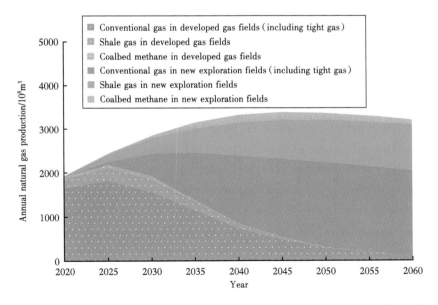

Fig. 11 Forecast of natural gas production in China under the E&D technical breakthrough scenario

3 Reflection and suggestion

3.1 Building a new energy system of "non-fossil energy + natural gas + electricity + hydrogen"

To achieve the emission reduction target, the energy mix in China has to be decarbonized. With the total primary energy consumption increasing and coal consumption decreasing significantly, it is crucial to build a new energy system of "non-fossil energy + natural gas + electricity + hydrogen". Under the carbon neutrality scenario, non-fossil energy and natural gas are the primary energy sources with great potential of growth, which are expected to represent about 87% of the total primary energy consumption in 2060, while electricity and hydrogen is the important secondary energy, which is expected to represent about 78% of the terminal energy consumption in 2060. However, due to the limitation of materials, technology and cost, the growth of non-fossil energy consumption in the short term is not fast enough to meet the urgent need for substantial coal reduction. Wind power and photovoltaic power generation are also subject to weather and environmental factors, and their power outputs are discontinuous and unstable, while natural gas power generation is more stable and flexible. Therefore, natural gas should complement non-fossil energy sources to maximize its role of power stabilization and peak regulation. In addition, the utilization rate of non-fossil energy can be improved by converting unstable non-fossil energy into stable chemical energy in hydrogen through production of green hydrogen by water electrolysis based on non-fossil energy power. This shows that the emission reduction target has pushed the rapid growth of non-fossil energy and natural gas consumption, and the efficient utilization of non-fossil energy and natural gas at the terminal sectors has contributed to the rapid growth of electricity and hydrogen energy. These four energy sources will complement each other and become the pillars of the future energy consumption system in China.

3.2 Increasing terminal consumption of natural gas

Natural gas consumption in China is expected to continue to grow from 2021 to 2040, so it makes sense to take advantage of the critical growth period over the next 20 years to expand the share of natural gas in terminal energy consumption and enlarge the role of natural gas in reducing carbon emissions. Urban gas and industrial gas have been the main drivers of natural gas consumption growth in recent years. To continue to expand the use of urban gas and industrial gas, it is still necessary to take advantage of clean heating in winter policy and coal-to-gas conversion policy in northern China to accelerate the replacement of coal boilers with gas boilers, and to replace coal with natural gas for fuels in industrial furnaces. Since the price of natural gas is higher than that of coal, financial subsidies can be provided for gas boilers and gas furnaces to drive continuous growth in demand for urban gas and industrial gas. Gas power generation is currently the third largest gas-consuming sector in China. Under the carbon neutrality scenario, new gas power will replace some of the coal power and become a new engine driving the growth of natural gas consumption in China. However, the current share of gas power in total power in China is relatively low, at $0.25×10^8 kW·h$ in 2020, representing only 3.2% of the total compared to 40.6% in the U.S., 36.5% in the U.K., and 23.4% in the world by average, which is obviously a huge gap. Compared with coal power, hydro-power, and non-fossil energy power, gas power in China is at a disadvantage in terms of the installed capacity and cost, and the cost of gas power generation has remained high at 0.55~0.60yuan/(kW·h), which has seriously inhibited the growth of gas power in China. To drive high-quality growth of gas power, a clear development plan for gas power should be formulated at the policy level, appropriate subsidies should be provided for gas power, and technical innovation should be stepped up to enable localization of core components of gas turbines so as to reduce the cost of gas power generation [18].

3.3 Driving continuous expansion of reserve and production of natural gas

Measures should be taken to accelerate sustained growth of natural gas reserve and production through theoretical and technical innovation to ensure national energy supply. To maintain high-level growth of natural gas reserve and production in China, upstream production should focus on: (1) Increasing investment in natural gas exploration and consolidating the reserve base. The overall proven rate of natural gas reserve in China is less than 10%, which is relatively low [14], and natural gas reserves still have huge potential for growth. In the future, we need to further intensify exploration of gas resources in marine carbonate formations, continental deep strata of the foreland thrust belt, lithologic oil and gas reservoirs, marine areas and unconventional gas reservoirs, and try to find new gas resources with high-quality for gas field development. (2) Stick to theoretical and technical innovation to enable effective development of gas reservoirs in deep strata, gas reservoirs in deep water areas, unconventional gas reservoirs and other complex types of gas reservoir [19-21]. For deep and ultra-deep gas reservoirs, we should strengthen the research and development of ultra-deep high-precision three-dimensional seismic imaging technology, safe and rapid drilling technology, ultra-deep oil and gas layer identification technology, and ultra-deep fracturing stimulation technology; for marine gas reservoirs, marine oil and gas geophysical prospecting technology should be further developed, and development of marine drilling engineering technology and equipment should be promoted; for shale gas reservoirs, apart form steadily advancing the efficient development of marine shale gas in medium-shallow strata, new technologies for exploration and development of deep shale gas should be developed, and technological breakthroughs in rotary steering, high-precision evaluation of sweet-spot interval, and intensive and efficient fracturing of long horizontal sections should be made; for tight gas, the key is to develop recovery enhancement technologies that focus on multi-layer stereoscopic development, in-situ water prevention and control during gas production, and well-type and well-pattern optimization; for coalbed methane, the key is to strengthen technical research and development of coalbed methane in medium and low rank coal seams, fragmented soft and low-permeability coal seams, and deep coal seams. (3) Policy subsidies should be implemented in parallel with low-cost development. Adhering to low-cost development, unconventional natural gas resources with low or no economic benefits will be developed in an economical and effective manner through technical innovation, while policy subsidies will be provided to help drive sustainable development of unconventional natural gas.

3.4 Improving the production, supply, storage and marketing system for natural gas

Under the carbon neutrality scenario, the natural gas consumption in China will continue to grow. To meet the demand for natural gas, infrastructures that support the growth of natural gas consumption should be deployed in advance, and the production, supply, storage and marketing system for natural gas should be gradually improved. Specific suggestions include: (1) Improving the import capacity of the four major natural gas import routes. Currently, the three major onshore natural gas import routes (Central Asia ABC Pipeline, China-Russia Pipeline and China-Myanmar Pipeline) have not yet reached their designed transportation capacity, and in the future, the feasibility of constructing other import pipelines such as the China-Russia Western Gas Pipeline should be discussed while continuing to make up the designed transportation capacity of pipelines according to the agreement. In addition, measures should be taken to continue to expand the coastal LNG (liquefied natural gas) receiving stations and enhance the LNG receiving and offloading capacity. (2) Further integrating domestic pipeline networks, strengthening the interconnection of import pipelines, domestic trunk pipelines, regional pipeline networks, LNG receiving stations, underground gas storage and other facilities to build a "national network". PipeChina will be responsible for natural gas coordination and dispatch across the country, and all parties should cooperate with each other to ensure the national energy supply. (3) Currently, the emergency storage capacity of natural gas in China is slightly inadequate, and the storage capacity of underground gas storage, LNG receiving stations and LNG storage tanks, and the peak regulation capacity of gas fields should be continuously improved in accordance with the requirement for natural gas emergency storage of "gas storage of no less than 10% of the annual contract sales for gas suppliers, no less than 5% of the annual gas consumption for urban gas companies, and no less than 3d of gas consumption for local governments in their jurisdictions" as proposed in the Opinions on Accelerating Construction of Gas Storage Facilities and Improving the Market Mechanism of Gas Storage and Peak Regulation Auxiliary Services [22] issued by China Development and Reform Commission. (4) The Opinions on Promoting the Coordinated and Stable Development of Natural Gas[23] issued by the State Council states that the construction of natural gas production, supply, storage and marketing system should be accelerated to strike the balance of natural gas suppl and demand. The natural gas industry should manage all aspects of production, supply, storage and marketing in a meticulous manner, and establish and improve the institutional mechanism for coordinated and stable development focusing on supply and demand forecast and early warning mechanism, comprehensive coordination mechanism, demand side

4 Conclusions

The BP neural network-LEAP model, which is established by combining the BP neural network and the LEAP that is improved by introducing two new parameters of comprehensive energy efficiency and terminal effective energy consumption, has been proved to be a reliable model through fitting of historical data and can be used for forecasting future energy consumption. With the carbon emission limit taken into account, the prediction results are in line with the trend of natural gas consumption in the context of Dual Carbon Target.

Under the carbon neutrality scenario, the total primary energy consumption in China will peak at about 59.4×10^8 tce around 2035, and gradually decrease after 2035, finally drop to 54.1×10^8 tce in 2060; the carbon emissions from energy consumption in China will peak at about 103.4×10^8 t in 2025, and drop to 25.0×10^8 t in 2060.

The natural gas consumption in China features three stages under the carbon neutrality scenario. The period from 2021 to 2035 is the stage of rapid growth in natural gas consumption, with the power generation and industrial sectors seeing the highest growth; the period from 2035 to 2045 marks the plateauing of natural gas consumption, and after 2045, natural gas consumption will decline due to carbon emission limit.

Natural gas production in China is expected to peak around 2040 with annual gas production of about $(2800\sim3400) \times 10^8 m^3$. The conventional gas (including tight gas) is still the dominant natural gas production, and shale gas production will register the most significant growth.

Nomenclature

E_{tv}—terminal effective energy consumption, tce;

E_t—terminal energy consumption, tce;

E_s—total consumption of primary energy, tce;

m—number of output vectors in output layer;

n—number of input vectors;

x—input vector, $x = \{x_1, x_2, \cdots, x_n\}$;

y—expected vector, $y = \{y_1, y_2, \cdots, y_m\}$;

$\tilde{y}$—output vector of the output layer, $\tilde{y} = \{\tilde{y}_1, \tilde{y}_2, \ldots, \tilde{y}_m\}$;

α_c—share of non-fuel chemical products in terminal energy consumption, %;

α_e—share of electricity in terminal energy consumption, %;

γ_c—share of non-fuel chemical products in terminal effective energy consumption, %;

γ_e—share of electricity in terminal effective energy consumption, %;

ζ—comprehensive energy efficiency, i.e., the coefficient that integrates the energy conversion efficiency and energy work efficiency, %;

ζ_e—comprehensive efficiency of electricity, %;

ζ_f—comprehensive efficiency of terminal fuels, %;

θ—transmission loss rate of the power grid, %;

λ—energy conversion efficiency, %;

λ_c—conversion efficiency of non-fuel chemicals, %;

ω—work efficiency after energy conversion, %;

ω_e—work efficiency of electricity, %;

ω_f—work efficiency of terminal fuels, %.

References

[1] ZHOU Shuhui, WANG Jun, LIANG Yan. Development of China's natural gas industry during the 14th Five-Year Plan in the background of carbon neutrality[J]. Natural Gas Industry, 2021, 41(2): 171–182.

[2] ZOU Caineng, MA Feng, PAN Songqi, et al. Earth energy evolution, human development and carbon neutral strategy[J]. Petroleum Exploration and Development, 2022, 49(2): 411–428.

[3] ZOU Caineng, XIONG Bo, XUE Huaqing, et al. The role of new energy in carbon neutral[J]. Petroleum Exploration and Development, 2021, 48(2): 411–420.

[4] BP. Statistical review of world energy 2021[R/OL]. (2021-07-08)[2022-10-28]. http://large.stanford.edu/courses/2021/ph240/conklin2/docs/bp-2021.pdf.

[5] International Energy Agency. Net zero by 2050: A roadmap for the global energy sector[R/OL]. (2021-05-01)[2022-10-28]. https://www.iea.org/reports/net-zero-by-2050.

[6] WU Wei, ZHANG Tingting, XIE Xiaomin, et al. Research on regional low carbon development path based on LEAP model: Taking Zhejiang Province as an example[J]. Ecological Economy, 2019, 35(12): 19–24.

[7] National Bureau of Statistics. National data[OL]. [2022-10-28]. https://data.stats.gov.cn.

[8] Project Comprehensive Report Preparation Team. Comprehensive report of research on China's long term low carbon development strategy and transformation path[OL]. China Population Resources and Environment, 2020, 30(11): 1–25.

[9] LI Hongmei. China will reach its peak population of 1.45 billion in 2029[R/OL]. (2015-11-11)[2022-10-28]. http://www.gov.cn/xinwen/2015-11/11/content_2963792.htm.

[10] CNPC Economics & Technology Research Institute. World and China energy outlook in 2050 (edition 2019)[R/OL]. [2022-10-28]. https://wenku.baidu.com/view/2b330b10aa956bec0975f46527d3240c8547a14d.html.

[11] China Hydrogen Alliance. White paper on China's hydrogen energy and fuel cell industry[M]. Beijing: People's Daily Press, 2020.

[12] DING Zhongli. The challenges and opportunities of carbon neutrality for China[R/OL]. (2022-01-09)[2022-10-28]. https://mp.weixin.qq.com/s/7xZoE0xfTCv5xXJkSE4AKA.

[13] National Energy Administration. National Energy Administration releases 2020 national electricity industry statistics[R/OL]. (2021-01-20)[2022-10-28]. http://www.nea.gov.cn/2021-01/20/c_139683739.htm.

[14] LI Luguang. Development of natural gas industry in China: Review and prospect[J]. Natural Gas Industry, 2021, 41(8): 1–11.

[15] JIA Ailin, HE Dongbo, WEI Yunsheng, et al. Predictions on natural gas development trend in China for the

next fifteen years[J]. Natural Gas Geoscience, 2021, 32（1）: 17–27.

[16] LU Jialiang, ZHAO Suping, SUN Yuping, et al. Natural gas production peaks in China: Research and strategic proposals[J]. Natural Gas Industry, 2018, 38（1）: 1–9.

[17] Ministry of Energy of the People's Republic of China. Calibration method for recoverable reserves of gas field: SY/T 6098—1994[S].（2019-11-11）[2022-10-28]. https://max.book118.com/html/2019/1111/6044011234002122.shtm.

[18] CHEN Rui, ZHU Boqi, DUAN Tianyu. Role of natural gas power generation in China's energy transformation and suggestions on its development[J]. Natural Gas Industry, 2020, 40（7）: 120–128.

[19] HE Dongbo, JIA Ailin, JI Guang, et al. Well type and pattern optimization technology for large scale tight sand gas, Sulige Gas Field[J]. Petroleum Exploration and Development, 2013, 40（1）: 79–89.

[20] MENG Dewei, JIA Ailin, JI Guang, et al. Water and gas distribution and its controlling factors of large scale tight sand gas: A case study of western Sulige Gas Field, Ordos Basin, NW China[J]. Petroleum Exploration and Development, 2016, 43（4）: 607–614.

[21] JIA Ailin, WEI Yunsheng, JIN Yiqiu. Progress in key technologies for evaluating marine shale gas development in China[J]. Petroleum Exploration and Development, 2016, 43（6）: 949–955.

[22] National Development and Reform Commission. Opinions on accelerating the construction of gas storage facilities and improving the market mechanism of gas storage and peak regulation auxiliary services[R/OL].（2018-04-26）[2022-10-28]. https://www.ndrc.gov.cn/xxgk/zcfb/ghxwj/201804/t20180427_960946_ext.html.

[23] State Council of the People's Republic of China. Opinions on promoting the coordinated and stable development of natural gas industry[R/OL].（2018-08-30）[2022-10-28]. http://www.gov.cn/zhengce/content/2018-09-05/content_5319419.htm.

摘自:《Petroleum Exploration and Development》, 2023, 50（2）: 492-504

双碳背景下中国天然气供需形势预测

贾爱林　程　刚　陈玮岩　李易隆

中国石油勘探开发研究院

摘要：引入能源综合利用效率及终端有效能源消费量等新参数对 LEAP（Long-range Energy Alternatives Planning System）模型进行了改进，并提出 BP（Back Propagation）神经网络—LEAP 组合模型对未来中国一次能源消费总量、能源消费结构、能源消费碳排放量、天然气消费量等关键数据进行了预测，同时应用产量构成法对中国天然气产量进行了预测，并基于天然气供需预测结果，对"双碳"背景下中国天然气行业发展提出了建议。研究表明，"双碳"背景下中国一次能源消费总量将于 2035 年前后达峰，峰值约为 $59.4×10^8$ t 标准煤；能源消费碳排放量将于 2025 年达峰，峰值约为 $103.4×10^8$ t；天然气消费量将于 2040 年前后达峰，峰值约为 $6100×10^8 m^3$，天然气消费增幅最大的部门为电力生产部门与工业部门。中国天然气产量峰值为 $(2800~3400)×10^8 m^3$，其中常规气（含致密气）产量峰值为 $(2100~2300)×10^8 m^3$，页岩气产量峰值为 $(600~1050)×10^8 m^3$，煤层气产量峰值为 $(150~220)×10^8 m^3$。"双碳"背景下中国天然气消费量与产量均将进一步增长，天然气行业发展前景广阔。

关键词：双碳目标；能源结构；碳排放量；天然气消费量；天然气产量；新型能源体系；终端消费规模；产供储销

0　引言

2020 年在第七十五届联合国大会上中国首次提出"二氧化碳排放力争于 2030 年前达到峰值，努力争取 2060 年前实现碳中和"[1-3]。中国目前是世界最大的能源消费国，与世界主要经济体相比，能源消费中煤炭占比较高，2020 年就达到了 56.8%；中国也是最大的碳排放国，2020 年中国能源消费碳排放量约为 $99.0×10^8$ t，约占世界碳排放总量的三分之一[4-5]。联合国《巴黎气候变化协定》中将全球平均气温较前工业化时期上升幅度控制在 2℃ 以内，并努力将温度上升幅度限制在 1.5℃ 以内作为长期目标。中国作为最大的碳排放国，"双碳"目标的实现将对《巴黎气候变化协定》长期目标的实现起到积极作用。

近年来，国家大力倡导清洁能源，天然气勘探开发进程不断加快，天然气产量与消费量屡创新高，2020 年中国天然气产量达 $1925×10^8 m^3$，消费量达 $3280×10^8 m^3$。"双碳"背景下，天然气作为清洁低碳的化石能源必将在能源结构中扮演更加重要的角色。本文通过引入 BP（Back Propagation）神经网络—LEAP（Longrange Energy Alternatives Planning System）组合模型、产量构成法对"双碳"背景下中国天然气供需形势进行预测，并对天然气行业在"双碳"背景下的发展方向进行了探讨。

基金项目：中国石油天然气股份有限公司科学研究与技术开发项目"复杂天然气田开发关键技术研究"（编号：2021DJ17）；中国石油天然气股份有限公司科学研究与技术开发项目"致密气勘探开发技术研究"（编号：2021DJ21）。

1 中国天然气消费量预测

常用的天然气消费量预测方法包括类比法、能源消费比例法、部门分析法、用气项目分析法、系统动力学模型等，但这些传统方法基本不涉及碳约束问题[1]。本文将BP神经网络—LEAP组合模型用于天然气消费量预测，模型兼顾了"能源消费—碳约束—能源成本"三者之间的平衡，预测结果更加符合"双碳"背景下天然气消费量变化趋势。

1.1 天然气消费量预测模型

1.1.1 BP神经网络

BP神经网络是目前应用最广泛的人工神经网络模型之一，标准的BP神经网络由输入层、输出层和两者之间的若干隐含层构成，每一层可以有若干个节点，层与层之间节点的链接状态通过权重来体现。BP神经网络善于挖掘数据之间的线性或非线性关系，其优势在于无须事先确定输入输出之间的映射关系数学方程，仅通过自身的训练就可优化网络结构并调节各网络节点权重及阈值，并基于训练得到的网络模型对关键参数进行预测。

BP神经网络的模型训练过程由正向传播和反向传播构成。正向传播过程中，首先对训练样本(x, y)进行归一化处理，其中输入向量$x=\{x_1, x_2, \cdots, x_n\}$，期望向量$y=\{y_1, y_2, \cdots, y_m\}$。被归一化后的样本数据传播至隐含层中进行计算，将计算的结果作为输入传递给下一个节点，依次计算，直到传播至输出层。若输出层输出的结果$\tilde{y}=\{\tilde{y}_1, \tilde{y}_2, \cdots, \tilde{y}_m\}$与期望向量$y$之间的误差大于误差极限，训练过程则反向传播，误差通过隐含层被反馈到输入层。通过多次迭代，不断对网络上各个节点间的权重进行调整，从而逐渐降低误差，直到满足精度要求。

1.1.2 LEAP模型

LEAP模型是一种典型的基于"自下而上"模拟方法建立的"能源—环境—经济"多领域综合模拟系统。LEAP模型主要用于预测不同情景下国家、地区或行业的能源需求量和由此产生的碳排放量，从而为政策制定部门提供能源规划的决策参考[6]。

LEAP模型的主要优点包括：（1）模型具有庞大的技术和环境数据库（TED）作为支撑，该数据库收录了不同行业、不同类型能源的碳排放指标，因此非常适合用于研究"碳约束"情景下能源消费变化趋势。（2）模型应用范围广泛，可用于国家、地区等不同空间尺度，工业、交通、电力等不同行业部门的能源消费预测。（3）模型考虑要素全面，从能源供给侧、需求侧、转化侧等多个维度构建预测模型，预测结果准确可靠。（4）模型内置开源能源建模系统（OSeMOSYS）与GNU线性编程套件（GLPK）求解器，可用于自动优化能源消费结构，从而达到"能源消费—碳约束—能源成本"三者平衡，减少人为主观设置对预测结果的影响。

1.1.3 LEAP模型改进方法

LEAP模型建立过程中首先需要设置终端（需求侧）能源消费量，终端能源消费量与一次能源消费量之间存在转化效率，如2020年全国终端能源消费量约35×10^8t标准煤，而一次能源消费量约49.8×10^8t标准煤。部分一次能源如天然气经处理厂、净化厂处理后，或煤炭经过洗煤、脱硫后可直接用于终端消费，天然气与煤炭在加工处理和运输过程中原料损失较少，能源转化率基本在 95% 以上。剩余部分一次能源如煤炭、石油、天然气、水力、风能、太阳能、核能、地热能（地热发电）等需经过中间转化环节生成二次能源方可用于终端消费，从一次能源转化为电力的转化效率约 40%，石油炼化的转化效率约 94%[7]。

目前普遍认为"双碳"背景下电力将在终端能源消费中发挥更大作用，这是因为非化石能源主要在电力领域替代化石能源，预计 2060 年电力在终端能源消费中的占比将增长至 60% 以上（2020 年约 27%）[8]。随着电力在终端消费中的占比逐渐升高，因 LEAP 模型中电力的能源转化效率（约 40%）远低于其他能源的转化效率（90% 以上），因此相同终端能源消费量的前提下，电力占比越高，则一次能源消费总量越高，这一结果与实际情况存在差异。这是因为 LEAP 模型仅考虑了一次能源与终端用能之间的转化效率，却未考虑终端用能的做功效率，如燃油汽车 100km 油耗约 10 L，热当量约 10.6kg 标准煤，而电动汽车 100km 耗电约 16kW·h，相同电力生产全过程耗能平均仅 5.2kg 标准煤；再如终端燃气炉灶的热能利用率约 50%，而电磁炉的做功效率可达 85% 左右，可见终端用能过程中电力比非电力能源做功效率更高。因此，在设置能源利用效率时不仅需要考虑一次能源到终端用能的转化效率，还需考虑终端用能的做功效率。

为改进 LEAP 模型，定义能源综合利用效率如下：

$$\zeta = \lambda \omega \tag{1}$$

式中，ζ 为能源综合利用效率，%；λ 为能源转化效率，%；ω 为能源转化后的做功效率，%。

终端能源消费量与终端有效能源消费量之间存在转换关系：

$$E_{tv} = E_t \alpha_e \omega_e + E_t \alpha_c + E_t (1 - \alpha_e - \alpha_c) \omega_f \tag{2}$$

式中，E_{tv} 为终端有效能源消费量，t（标准煤）；E_t 为终端能源消费量，t（标准煤）；α_e 为电力在能源消费终端中的占比，%；ω_e 为电力的做功效率，%；α_c 为非燃料化工制品在终端能源消费中的占比，%；ω_f 为终端燃料的做功效率，%。

传统 LEAP 模型仅凭借终端能源消费量与能源转化效率计算一次能源消费量，改进模型则通过终端有效能源消费量与能源综合利用效率对未来一次能源消费总量进行预测：

$$E_s = \frac{E_{tv} \gamma_e}{(1-\theta) \zeta_e} + \frac{E_{tv} \gamma_c}{\lambda_c} + \frac{E_{tv} (1 - \gamma_e - \gamma_c)}{\zeta_f} \tag{3}$$

式中，E_s 为一次能源消费总量，t（标准煤）；γ_e 为电力在终端有效能源消费中的占比，%；ζ_e 为电力的综合利用效率，%；θ 为电网的输电损失率，%；γ_c 为非燃料化工制品在终端有效能源消费中的占比，%；λ_c 为非燃料化工制品的转化效率，%；ζ_f 为终端燃料的综合利用效率，%。

电力在终端能源消费中的占比与电力在终端有效能源消费中的占比之间可相互转换：

$$\alpha_e = \frac{E_{tv} \gamma_e}{E_t \omega_e} \tag{4}$$

1.1.4 BP 神经网络—LEAP 组合模型

虽然 BP 神经网络可对未来能源消费相关参数进行预测，但单独使用 BP 神经网络不足以对全国能源消费结构演变、碳排放量、天然气消费量等复杂系统进行预测。LEAP 模型平台综合考虑了居民生活、工业、交通、建筑等终端能源消费，电力生产、化工等中间环节的能源转化，以及一次能源、二次能源供应等，涉及的影响因素更多，但 LEAP 模型中的众多参数，特别是终端各部门有效能源消费强度等关键参数需提前人为设定，而这些关键参数在相关研究论文中难以找到参考值，且人为主观设置容易造成较大的预测误差。因此本文提出 BP 神经网络—LEAP 组合模型（图 1），充分利用两种方法的优势，提升预测结果的严谨性和客观性。

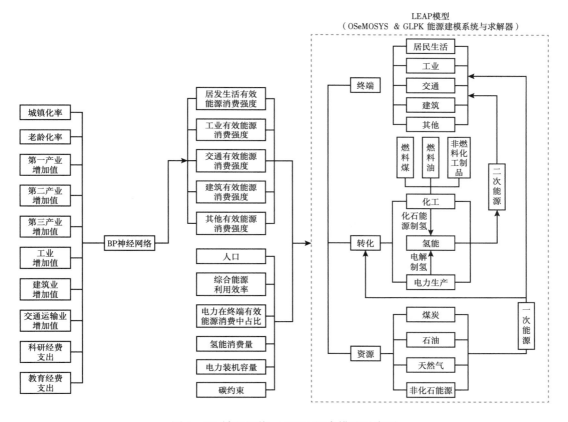

图 1 BP 神经网络—LEAP 组合模型示意图

终端有效能源消费强度（包括居民生活、工业、交通、建筑及其他部门）受到城镇化率、老龄化率、三次产业增加值、工业增加值、建筑业增加值、交通运输业增加值、科研经费支出、教育经费支出等参数的影响。因此首先需统计相关参数的历史数据，再基于 BP 神经网络挖掘这些关键参数的线性或非线性关系，对终端 5 大部门有效能源消费强度进行预测，并将结果代入 LEAP 模型中，通过 LEAP 模型模拟不同情景下能源供需平衡，进而预测全国能源消费量、天然气消费量等数据。

1.2 参数选取与情景设置

BP 神经网络—LEAP 组合模型中所涉及的关键参数均取自国家发布数据、行业发展规划或权威机构的研究成果。具体参数取值如下：(1) 整理国家统计局官网发布的 2001—2020 年人口、城镇化率、老龄化率、三次产业增加值、工业增加值、建筑业增加值、交通运输业增加值、科研经费支出及教育经费支出等作为输入向量；整理居民生活、工业、交通、建筑及其他部门能源消费数据[7]，按照 (2) 式转化为终端有效能源消费强度并作为期望向量；整理得到的输入向量与期望向量即为 BP 神经网络训练样本。(2) 2021—2060 年人口数据取自中国政府网、产业信息网等发布的数据，人口预计 2030 年达到峰值，约 $14.5×10^8$ 人[9]，2060 年将降至约 $12.9×10^8$ 人。(3) GDP（国内生产总值）增长率引用文献中的数据，2021—2030 年 GDP 年均增速为 5.0%~5.5%，2030—2050 年为 3.0%~4.0%，2050—2060 年为 3.0%~3.5%[1]。(4) 城镇化率及老龄化率引用文献中的数据，2020 年城镇化率为 63.9%，2060 年达 75.0%；2020 年老龄化率为 13.5%，2060 年达 28.0%[10]。(5) 预计 2060 年中国将成为中等发达国家，因此三次产业结构可参考当前韩国等中等发达国家数据，预计 2060 年中国第一、二、三产业增加值在 GDP 中占比分别调整至 4%，31%，65%。(6) 2001—2020 年，历年工业增加值增长率约为历年第二产业增加值增长率的 0.9 倍，历年交通运输业增加值增长率约为历年第三产业增加值增长率的 0.8 倍，历年建筑业增加值增长率约为历年城镇化率增长率的 4.5 倍，因此 2021—2060 年工业、交通运输业与建筑业增加值的增长率分别假设为对应参数的相应倍数。(7) 2001—2020 年，历年科研经费支出增长率约为历年 GDP 增长率的 1.5 倍，历年教育经费支出增长率约为历年 GDP 增长率的 1.2 倍，因此 2021—2060 年科研及教育经费支出的增长率分别假设为当年 GDP 增长率的相应倍数[7]。(8) 非燃料石油化工制品石油消费量参考中国石油经济技术研究院《世界能源展望 2019》基准情景数据[10]。(9) 氢能消费量应用文献中的数据，2060 年碳中和情景下中国氢气产量将达到 $1.3×10^8$ t，其中非化石能源制绿氢达到 $1.0×10^8$ t，届时工业领域用氢约 $7800×10^4$ t，交通运输领域用氢约 $4100×10^4$ t，其他领域约 $1200×10^4$ t[11]。

为了研究不同技术条件、政策措施对能源消费与碳排放量的影响，本文设置基础情景、技术进步情景、碳中和情景（考虑技术进步与碳约束）3 种情景（表 1）。技术进步主要包括终端用能设备的普遍电气化、终端用能设备能源综合利用效率的普遍提升、先进电网的广泛应用、氢能的广泛应用、非化石能源发电技术与燃气发电技术的广泛应用等。基础情景和技术进步情景不对碳排放做任何限制，而碳中和情景则提前设置碳约束条件。碳约束数据综合参考丁仲礼院士"减排四步走"论断及清华大学《中国长期低碳发展战略与转型路径研究》中全球 2℃ 温升控制情景的碳排放数据[8, 12]，即 2030 年，2040 年，2050 年，2060 年全国碳排放量分别不高于 $95×10^8$ t，$65×10^8$ t，$40×10^8$ t，$25×10^8$ t（剩余 $25×10^8$ t 碳排放由碳汇及 CCUS 技术等固碳或埋存，从而实现碳中和目标）。基础情景和技术进步情景中未来各类电力装机容量均为提前设定的参数（假定为 2020 年电力装机容量的若干倍数）[13]，碳中和情景则不对未来电力装机容量进行提前设定，而是采用模型内置 OSeMOSYS 开源能源建模系统与 GLPK 求解器自动优化各类电力装机容量配比，在兼顾碳排放约束及能源成本的前提下，满足终端电力消费需求。

表 1 3 种能源消费情景参数设置

消费情景	年份	电力在终端有效能源消费中的占比 /%	年氢能消费量 / 10^8t	终端燃料综合利用效率 / %	电力综合利用效率 / %	电力输送损失 / %	煤电装机容量 / 10^8kW	燃气发电装机容量 / 10^8kW	非化石能源电力装机容量 / 10^8kW	碳约束条件 / 10^8t
基准年	2020	45	0.33	36.00	34.00	5.60	10.80	0.98	9.55	99
基础情景	2040	50	0.50	36.50	34.50	5.00	8.64	1.47	23.88	
	2060	55	0.70	37.00	35.00	4.50	5.40	1.96	33.43	
技术进步情景	2040	55	0.63	37.30	35.30	4.80	5.40	1.96	28.65	
	2060	65	1.00	38.50	36.50	4.00	3.24	2.45	42.98	
碳中和情景	2040	60	0.75	38.00	36.00	4.50				65
	2060	75	1.30	40.00	38.00	3.50				25

1.3 预测结果与分析

1.3.1 终端有效能源消费强度

在将训练得到的网络模型用于终端有效能源消费强度预测之前,首先需验证神经网络模型的可靠性。拟合结果表明,样本数据间具有很强的相关性,训练得到的神经网络模型可以准确描述数据之间的映射关系。训练集、验证集、测试集及全部样本集的拟合优度均在 99% 左右(图 2),拟合误差小,泛化能力强,不存在过拟合现象,神经网络模型可靠。基于训练得到的神经网络模型对 2021—2060 年终端有效能源消费强度进行预测(表 2),结果表明终端各部门有效能源消费强度将逐年递增,其中 2021—2040 年增长速度较快,2040—2060 年增速放缓并逐渐趋稳。各部门中工业部门的有效能源消费强度最高,2060 年约 1.07t(标准煤)/ 人;居民生活、交通运输部门次之,2060 年分别约 0.14t(标准煤)/ 人和 0.13t(标准煤)/ 人。

表 2 终端各部门有效能源消费强度预测

年份	有效能源消费强度 / [t(标准煤)/ 人]				
	居民生活	工业部门	建筑部门	交通部门	其他部门
2020	0.1099	0.8684	0.0233	0.1055	0.1457
2025	0.1274	0.9547	0.0255	0.1179	0.1530
2030	0.1348	1.0006	0.0274	0.1253	0.1604
2035	0.1386	1.0282	0.0285	0.1304	0.1648
2040	0.1405	1.0424	0.0289	0.1322	0.1671
2045	0.1415	1.0504	0.0291	0.1332	0.1684
2050	0.1424	1.0571	0.0293	0.1338	0.1694
2055	0.1432	1.0628	0.0294	0.1341	0.1704
2060	0.1438	1.0671	0.0295	0.1342	0.1710

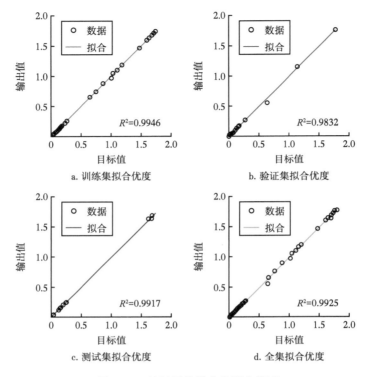

图 2 BP 神经网络样本集拟合优度

1.3.2 一次能源消费总量

预测结果表明随着人口及终端有效能源消费强度的增长，2021—2035 年中国一次能源消费总量仍将不断攀升，2035 年前后将达到峰值，约为（59.4~60.7）×10^8t（标准煤）（图 3）。2035 年后随着人口数量的降低、终端有效能源消费强度的趋稳及能源综合利用效率的提升，一次能源消费总量将逐年递减，到 2060 年降低至（54.1~56.7）×10^8t（标准煤）。3 种情景中，

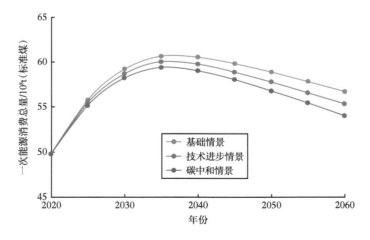

图 3 不同情景下中国一次能源消费总量预测

碳中和情景一次能源消费总量最低，这是因为该情景得益于技术进步、终端电气化程度增加、能源综合利用效率提升，相同终端有效能源消费需求的情况下，资源供应端所需提供的一次能源量更少，更少的一次能源需求也为减排目标的实现提供了条件。

从能源消费结构来看，由于电力及氢能在终端消费中的占比逐年增加，非化石能源以电力和氢能（非化石能源电力电解制绿氢）为载体，其在能源消费中的占比也逐年升高（图4—图6）。碳中和情景下，当化石能源所产生的碳排放量达到碳约束条件时，模型将选择非化石能源电力补齐电力供应缺口，因此碳中和情景下非化石能源增幅最大，2060年非化石能源消费量将增长至$41.6×10^8$ t（标准煤）（图6），约占一次能源消费总量的77.0%。未来化石能源消费占比整体呈逐年递减趋势，其中煤炭递减幅度最大，碳中和情景下2060年煤炭消费量将递减至$3.3×10^8$ t（标准煤），约占当年一次能源消费总量的6.0%，煤炭消费的大幅下跌为实现2060年碳排放上限$25×10^8$ t目标提供了必要条件。2021—2030年石油消费量缓慢增长，2030年后石油消费量呈逐年递减趋势，碳中和情景下2060年石油消费量将递减至$3.5×10^8$ t（标准煤）。

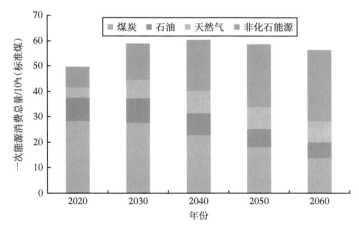

图4 基础情景下中国能源消费结构预测

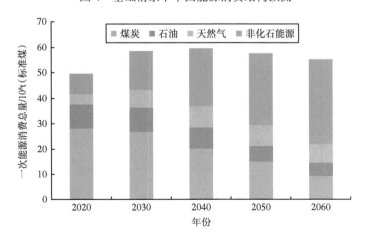

图5 技术进步情景下中国能源消费结构预测

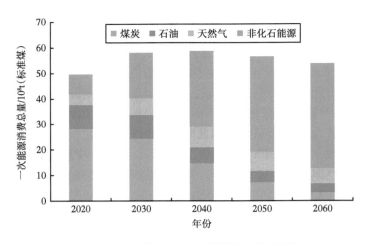

图 6 碳中和情景下中国能源消费结构预测

1.3.3 能源消费碳排放量

中国能源消费产生的碳排放将于 2025—2027 年达峰，基础情景下峰值约为 107.6×10^8 t（图 7）。碳中和情景下，得益于能源消费总量增幅相对较小且非化石能源消费占比大幅上升，将更早实现能源消费碳达峰，2025 年峰值约 103.4×10^8 t。碳排放过峰后，煤炭及石油消费占比进一步降低，非化石能源与天然气消费占比进一步提升，能源消费碳排放量将逐年下降，到 2060 年 3 种情景下碳排放量将分别降低至 63.0×10^8 t，48.6×10^8 t，25.0×10^8 t。2060 年基础情景与技术进步情景下碳排放量虽都已大幅下降，但碳排放量仍然维持在较高水平，因此这两种情景都不足以实现碳中和目标。由于提前设置碳约束条件，碳中和情景下碳排放图 7 不同情景下中国能源消费碳排放量预测量严格按照碳约束条件逐年递减，根据假设，2060 年碳排放量 25.0×10^8 t 已达到了碳中和目标。

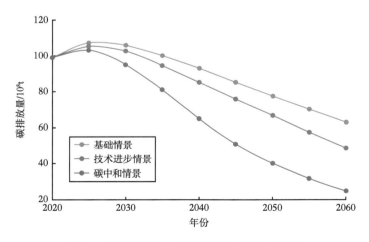

图 7 不同情景下中国能源消费碳排放量预测

碳中和情景下，2021—2025 年为能源消费碳达峰阶段，期间化石能源消费量依然保持增长，煤炭消费达峰为能源消费碳达峰起到了重要作用。2026—2035 年为减排初始阶段，期间预计减排约 $22×10^8$t 二氧化碳，将有约 28% 的煤炭消费量被替代，非化石能源消费增速不足以完全弥补减煤留下的能源缺口，天然气作为清洁低碳能源将迎来大发展，2035 年天然气在能源消费中的占比将提升至 13% 左右。2036—2050 年为深度减排阶段，期间预计减排约 $40×10^8$t 二氧化碳，人口过峰后带来的能源消费总量减少为减排创造了有利条件，此外电力、氢能消费占比的增长及能源综合利用效率的提升也是深度减排得以实现的重要原因。2051—2060 年为减排攻坚阶段，预计减排约 $15×10^8$t 二氧化碳，并最终实现碳中和目标。由于该阶段电力及氢能在终端能源消费中的占比进一步增长（分别增长至约 62% 和 16%），工业、交通、电力等领域将全面实现低碳化，电力和氢能是非化石能源的主要载体，预计 2060 年非化石能源电力（包括电解水制绿氢）将占总电力的 80% 以上，大规模非化石能源电力的投入，对电网、储能设施、调峰电源及终端电气化水平等提出了较高要求。

1.3.4 天然气消费量

天然气消费量将于 2040 年前后达峰，基础情景下峰值约为 $6700×10^8m^3$（图 8），约占能源消费总量的 14.7%。因存在碳约束条件且一次能源消费总量相对较低，碳中和情景下天然气消费量低于前两种情景。该情景下 2021—2035 年为天然气消费的快速增长期，期间受能源消费总量逐年增长、煤电占比大幅下降、国内天然气持续增储上产等综合影响，天然气消费量迅速增长，为弥补减煤留下的能源消费缺口起到了重要作用。其中电力生产部门天然气消费量增幅最大，2021—2035 年新增天然气消费量约 $1050×10^8m^3$，约占总新增量的 43%；其次为工业部门，新增天然气消费量约 $680×10^8m^3$，约占总新增量的 28%。2036—2045 年为天然气消费的峰值平台期，煤电已降至较低水平，非化石能源电力因技术突破已进入快速发展期，新增非化石能源电力足以弥补期间逐年退出的煤电，且能源消费总量逐年递减，因此天然气消费量增速放缓，维持在 $(5700~6100)×10^8m^3$。2045 年后天然气消费量将进入递减期，受碳约束条件限制，天然气消费市场将逐步被非化石能源替代。为满足

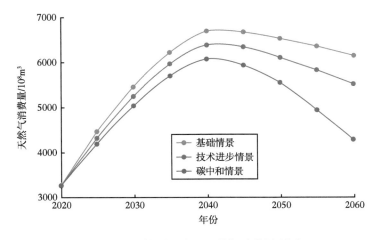

图 8 不同情景下中国天然气消费量预测

减排目标，LEAP 模型在电力装机容量优化过程中，用非化石能源电力替代了燃气电力，使 2046—2060 年燃气发电天然气消费量逐年下降，降幅约为 $780×10^8m^3$，其次为工业部门，降幅约 $440×10^8m^3$，2060 年天然气消费总量将降至 $4300×10^8m^3$。

2 中国天然气产量预测

2.1 预测方法与情景假设

根据中国天然气消费量预测结果可知，碳中和情景下天然气消费峰值将达 $6100×10^8m^3$（图8），2060 年天然气消费量依然维持在 $4000×10^8m^3$ 以上，仍高于中国天然气产量预测峰值，因此中国上游天然气生产不受"双碳"目标约束，天然气需应产尽产。目前天然气产量预测的方法主要包括广义翁氏模型、灰色—哈伯特组合模型、产量构成法、储采比控制法、类比法等，本文选用其中应用较为广泛的产量构成法对 2021—2060 年中国天然气产量进行预测。

产量构成法是以气田/区块为基本单位，根据不同类型气藏储量基础及不同类型气藏在不同开发阶段的生产规律等关键指标对天然气产量进行预测，并将各单元产量叠加进而预测中国天然气产量[14-16]。产量构成法中影响预测结果的参数众多，不同参数设置预测结果差异较大，因此本文设置 3 种情景，包括：基础情景、勘探与开发技术进步情景、勘探与开发技术突破情景，不同情景参数设置见表3。

表3 3种天然气产量预测情景下参数设置

天然气类型	资源量/$10^{12}m^3$	目前探明率/%	目前剩余探明技术可采储量/$10^{12}m^3$	2060年基础情景参数/%			2060年技术进步情景参数/%			2060年技术突破情景参数/%		
				探明率	储量动用率	采出程度	探明率	储量动用率	采出程度	探明率	储量动用率	采出程度
常规气	146.96	11.48	4.88	23.0	53.0	40.0~50.0	24.5	55.0	42.5~52.5	26.0	57.0	45.0~55.0
页岩气	105.72	1.91	0.39	18.5	40.0	25.0	20.0	42.0	27.0	21.5	44.0	29.0
煤层气	28.08	2.61	0.31	10.0	42.0	30.0	12.0	44.0	32.0	14.0	46.0	34.0

目前中国已开发气田 540 余个，涉及鄂尔多斯、四川、塔里木、南海、柴达木、渤海、东海、准噶尔、松辽等盆地。不同区域的开发阶段差异较大，故将气田按照探明情况分为老区与新区，按照类型分为常规气（含致密气）、页岩气及煤层气。不同类型气藏预测期内新增探明储量参考相关文献数据[14]。因部分探明储量位于环境敏感区或无效益区内，或受产建进度影响，预测期内无法完全动用，因此引入储量动用率这一参数，不同类型气藏储量动用率参考气田经验值（表3）。不同类型气藏生产动态参考已开发气藏生产规律，如常规气藏按照 6%~20% 的年综合递减率弥补递减（其中碳酸盐岩气藏、深层高压气藏等年综合递减率为 6%~12%，致密气约为 20%）[15]，页岩气约为 35%，煤层气约为 25%。不同类型气藏在预测期内采出程度参考已开发气藏经验采收率，且满足预测期采出程度不高于石油行业标准《可采储量标定方法》中规定的同类型气藏极限采收率[17]，如常规气藏采出程度取 40%~55%（其中碳酸盐岩气藏、深层高压气藏等采出程度为 50%~55%，致密气为

40%~45%），页岩气为 25%~29%，煤层气为 30%~34%。

2.2 预测结果与分析

预测结果表明，老区在预测期内累计产量将达（4.1~4.5）×10^{12}m^3，新区在预测期内累计产量将达（5.8~8.2）×10^{12}m^3。其中基础情景下因储量探明率、储量动用率及预测期采出程度较小，产量低于其他情景，2035 年产量达到峰值，约 2800×10^{8}m^3，2060 年产气量递减至 1550×10^{8}m^3（图 9）。勘探与开发技术进步情景下，新技术的广泛应用推动天然气持续增储上产，2040 年产量峰值将达 3100×10^{8}m^3，2060 年依然维持在 2300×10^{8}m^3 以上（图 10）；勘探与开发技术突破情景下，勘探领域的技术突破使新增探明储量增长至 43.7×10^{12}m^3，开发领域的技术突破使新区新增动用储量增长至 21.9×10^{12}m^3，平均采出程度增长至 38.1%，2045 年将上产至 3 400×10^{8}m^3（图 11）。

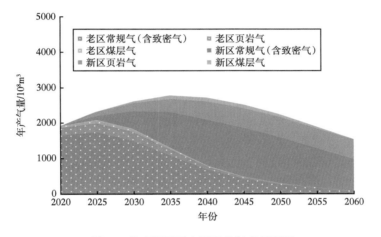

图 9　基础情景下中国天然气产量预测

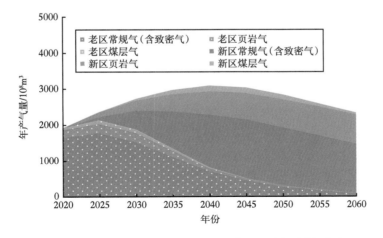

图 10　勘探与开发技术进步情景下中国天然气产量预测

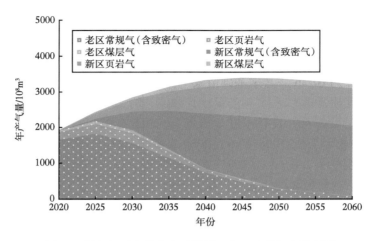

图 11　勘探与开发技术突破情景下中国天然气产量预测

不同类型气藏在不同预测情景下预测期产量也存在差异，常规气（含致密气）产量峰值为（2100~2300）×$10^8 m^3$，页岩气产量峰值为（600~1050）×$10^8 m^3$，煤层气产量峰值为（150~220）×$10^8 m^3$。在天然气产量构成中，常规气将始终发挥产量基石的作用，产量贡献率始终高于60%；页岩气则是上产关键，产量达峰时，页岩气新增产量占总新增产量的比例将达35%以上。模型未对天然气水合物产量进行预测，未来天然气水合物勘探开发技术的突破有望为天然气产量增长提供新的动力。

3　思考与建议

3.1　构建"非化石能源+天然气+电力+氢能"新型能源体系

为实现减排目标，中国能源消费结构需深度脱碳。在一次能源消费总量增长而煤炭消费量大幅下降的情况下，构建"非化石能源+天然气+电力+氢能"新型能源体系是大势所趋。碳中和情景下，非化石能源与天然气是潜力巨大的一次能源，预计2060年非化石能源与天然气约占一次能源消费总量的87%，电力与氢能为终端重要的二次能源，预计2060年电力与氢能约占终端能源消费的78%。然而受材料、技术、成本等因素制约，短期内非化石能源消费增长速度还无法满足深度减煤的迫切需求。风力发电、光伏发电也易受天气、环境等因素影响，存在电力输出不连续、不稳定等劣势，天然气发电则相对更加稳定、灵活。因此，天然气应与非化石能源形成优势互补，充分发挥燃气电力作为稳定电源、调峰电源的作用。此外，通过非化石能源电力电解水制绿氢等方式，将不稳定的非化石能源转化为氢能中稳定的化学能，可提升非化石能源的利用率。由此可见减排目标刺激了非化石能源与天然气消费的快速增长，非化石能源与天然气在终端的高效利用又促进电力与氢能的快速增长。4种能源相辅相成，互为补充，成为未来中国能源消费体系的支柱。

3.2　扩大天然气终端消费规模

2021—2040年，中国天然气消费量有望继续保持增长，因此需利用未来20年的关键增长期，扩大天然气在终端能源消费中的使用规模，增加天然气减排贡献。城镇燃气与工业用气是近年来拉动天然气消费增长的主要引擎，为继续扩大城镇燃气与工业用气规模，未来仍需利用北方地区冬季清洁取暖、煤改气等政策优势，加大燃气锅炉对燃煤锅炉的替代，在工业炉窑燃料方面也应加大天然气对煤炭的替代。天然气相对煤炭存在价格劣势，可通过财政补贴等方式对燃气锅炉、燃气工业炉窑等给予运营支持，推动城镇燃气与工业用气需求持续增长。发电用气目前是中国第3大用气部门，碳中和情景下，新增的燃气电力将替代部分煤电，并成为拉动中国天然气消费增长的新引擎。然而目前中国燃气发电量在总发电量中的占比较低，2020年燃气发电量为0.25×10^8 kW·h，仅占总发电量的3.2%，而美国为40.6%、英国为36.5%、世界平均水平为23.4%，可见差距巨大。与煤电、水电、非化石能源电力相比，中国燃气电力在体量和成本上都存在劣势，燃气发电成本始终居高不下，为0.55~0.60元/(kW·h)，严重制约了中国燃气电力的发展。为实现燃气电力高质量发展，政策层面应制定明确的燃气电力发展规划，给予燃气电力适当的政策补贴，加大科技创新实现燃气轮机核心组件国产化，从而降低燃气发电成本[18]。

3.3 推动天然气持续增储上产

通过理论与技术创新实现天然气持续增储上产，保障国家能源供应安全。为保持中国天然气储量和产量的高峰增长，上游生产应重点关注：（1）加大天然气勘探投资，夯实储量基础。中国天然气整体探明程度还比较低，探明率低于10%[14]，天然气储量仍具增长潜力，未来需进一步加大对海相碳酸盐岩地层、前陆冲断带陆相深层、岩性地层油气藏、海域与非常规等天然气资源的风险勘探，努力为天然气开发寻找优质接替资源。（2）坚持理论与技术创新，推动深层、深水、非常规等复杂类型天然气资源的效益开发[19-21]。对于深层—超深层气藏，应加强超深层高精度三维地震成像技术攻关，加大安全快速钻井、超深层油气层识别、超深层压裂改造等技术攻关；对于海域天然气藏，继续发展海洋油气物探技术，推进海洋钻井工程技术装备研发；对于页岩气，在稳步推进中浅层海相页岩气高效开发的基础上，突破深层海相页岩气勘探开发新技术，加大旋转导向、高精度"甜点"段精细评价、长水平段密集高效压裂等技术攻关；对于致密气，重点发展以多层系立体开发、原位防水控水采气、井型井网优化等为核心的提高采收率技术；对于煤层气，应加大中低阶煤层、碎软低渗透煤层及深部煤系的煤层气开发技术攻关等。（3）政策补贴与低成本开发并举。坚持走低成本开发之路，通过技术创新将原来低效益或无效益的非常规天然气资源经济有效开发，同时结合政策补贴，帮扶非常规天然气可持续发展。

3.4 完善天然气产供储销体系

碳中和情景下，中国天然气消费量将继续保持增长，为满足天然气消费需求，应提前部署与天然气消费增长相匹配的基础设施，逐步完善天然气产供储销体系。具体建议包括：（1）积极推进4大天然气进口通道的进口能力建设，目前陆上3大天然气进口通道（中亚ABC、中俄、中缅）均未达到设计输气能力，未来在按照协议继续补齐设计输气能力的基础上，还应充分讨论中俄西线等其他进口管道建设的可行性。此外，还应继续扩建沿海LNG（液化天然气）接收站，提升LNG接卸能力。（2）进一步整合国内管网资源，加强进口管道、国内干线管道、区域管网、LNG 接收站、储气库等设施的互联互通，打造"全国一张网"，并由国家石油天然气管网集团有限公司负责全国天然气协调调度，各方积极协调配合，保障国家能源供应安全。（3）目前中国天然气应急储备能力略显不足，应按照中国发展改革委员会《关于加快储气设施建设和完善储气调峰辅助服务市场机制的意见》[22]提出的"供气商不低于其年合同销售量10%，城市燃气企业不低于其年用气量5%，地方政府不低于管辖区3天用气量"的天然气应急储备要求，持续提升地下储气库、LNG 接收站、LNG 储罐等储气能力及气田调峰产能。（4）国务院《关于促进天然气协调稳定发展的若干意见》[23]中指出要加强天然气产供储销体系建设，促进天然气供需动态平衡。天然气行业应在产、供、储、销各环节进行精细管理，建立健全以供需预测预警机制、发展综合协调机制、需求侧管理和调峰机制、市场化价格机制等为核心的协调稳定发展体制机制，促进全产业链健康有序发展。

4 结论

LEAP 模型经引入能源综合利用效率及终端有效能源消费量两项新参数改进后与 BP 神经网络相结合构建的 BP 神经网络—LEAP 组合模型，经历史数据拟合验证模型可靠，可用于未来能源消费预测，考虑碳约束条件后，天然气消费量预测结果符合"双碳"背景下的变化趋势。

碳中和情景下，中国一次能源消费总量将于 2035 年前后达峰，峰值约为 $59.4×10^8$t（标准煤），2035 年后一次能源消费总量逐年降低，2060 年将降至 $54.1×10^8$t（标准煤）；中国能源消费碳排放量将于 2025 年达峰，峰值约为 $103.4×10^8$t，到 2060 年将降低至 $25.0×10^8$t。

碳中和情景下中国天然气消费存在 3 个阶段，2021—2035 年为天然气消费的快速增长期，增幅最大的部门为电力生产部门与工业部门；2036—2045 年为天然气消费的峰值平台期，2045 年后受碳约束条件限制，天然气消费量将进入递减期。

中国天然气产量预计将于 2040 年前后达到高峰，产量规模约为 $(2800~3400)×10^8m^3$，其中常规气（含致密气）仍是产量的主体，页岩气产量增长幅度最大。

参 考 文 献

[1] 周淑慧,王军,梁严. 碳中和背景下中国"十四五"天然气行业发展[J]. 天然气工业, 2021, 41（2）: 171-182.

[2] 邹才能,马锋,潘松圻,等. 论地球能源演化与人类发展及碳中和战略[J]. 石油勘探与开发, 2022, 49（2）: 411-428.

[3] 邹才能,熊波,薛华庆,等. 新能源在碳中和中的地位与作用[J]. 石油勘探与开发, 2021, 48（2）: 411-420.

[4] BP. Statistical review of world energy 2021[EB/OL].（2021-07-08）[2022-10-28]. http://large.stanford.edu/courses/2021/ph240/conklin2/docs/bp-2021.pdf.

[5] International Energy Agency. Net zero by 2050: A roadmap for the global energy sector[EB/OL].（2021-05-01）[2022-10-28]. https://www.iea.org/reports/net-zero-by-2050.

[6] 吴唯,张庭婷,谢晓敏,等. 基于 LEAP 模型的区域低碳发展路径研究：以浙江省为例[J]. 生态经济, 2019, 35（12）: 19-24.

[7] 国家统计局.国家数据[DB/OL].[2022-10-28].https：//data.stats.gov.cn/.
[8] 项目综合报告编写组.《中国长期低碳发展战略与转型路径研究》综合报告[J].中国人口·资源与环境，2020，30（11）：1-25.
[9] 李红梅.2029年我国达到人口峰值14.5亿人[EB/OL].（2015-11-11）[2022-10-28].http：//www.gov.cn/xinwen/2015-11/11/content_2963792.htm.
[10] 中国石油经济技术研究院.2050年世界与中国能源展望（2019版）[R/OL].[2022-10-28].https：//wenku.baidu.com/view/2b330b10aa956bec0975f46527d3240c8547a14d.html.
[11] 中国氢能源及燃料电池产业创新战略联盟.中国氢能源及燃料电池产业白皮书[M].北京：人民日报出版社，2020.
[12] 丁仲礼.碳中和对中国的挑战和机遇[EB/OL].（2022-01-09）[2022-10-28].https：//mp.weixin.qq.com/s/7xZoE0xfTCv5xXJkSE4AKA.
[13] 国家能源局.国家能源局发布2020年全国电力工业统计数据[EB/OL].（2021-01-20）[2022-10-28].http：//www.nea.gov.cn/2021-01/20/c_139683739.htm.
[14] 李鹭光.中国天然气工业发展回顾与前景展望[J].天然气工业，2021，41（8）：1-11.
[15] 贾爱林，何东博，位云生，等.未来十五年中国天然气发展趋势预测[J].天然气地球科学，2021，32（1）：17-27.
[16] 陆家亮，赵素平，孙玉平，等.中国天然气产量峰值研究及建议[J].天然气工业，2018，38（1）：1-9.
[17] 中华人民共和国能源部.气田可采储量标定方法：SY/T 6098—1994[S/OL].（2019-11-11）[2022-10-28].https：//max.book118.com/html/2019/1111/6044011234002122.shtm.
[18] 陈蕊，朱博骐，段天宇.天然气发电在我国能源转型中的作用及发展建议[J].天然气工业，2020，40（7）：120-128.
[19] 何东博，贾爱林，冀光，等.苏里格大型致密砂岩气田开发井型井网技术[J].石油勘探与开发，2013，40（1）：79-89.
[20] 孟德伟，贾爱林，冀光，等.大型致密砂岩气田气水分布规律及控制因素：以鄂尔多斯盆地苏里格气田西区为例[J].石油勘探与开发，2016，43（4）：607-614.
[21] 贾爱林，位云生，金亦秋.中国海相页岩气开发评价关键技术进展[J].石油勘探与开发，2016，43（6）：949-955.
[22] 中华人民共和国国家发展和改革委员会.关于加快储气设施建设和完善储气调峰辅助服务市场机制的意见[EB/OL].（2018-04-26）[2022-10-28].https：//www.ndrc.gov.cn/xxgk/zcfb/ghxwj/201804/t20180427_960946_ext.html.
[23] 中华人民共和国国务院.关于促进天然气协调稳定发展的若干意见[EB/OL].（2018-08-30）[2022-10-28].http：//www.gov.cn/zhengce/content/2018-09/05/content_5319419.htm.

摘自：《石油勘探与开发》，2023，50（2）：431-440

常规天然气藏均衡开发理论与关键核心技术

何东博[1,2]　贾爱林[1,2]　位云生[1,2]　郭建林[1,2]
闫海军[1,2]　孟德伟[1,2]　刘华勋[1,2]　刘群明[1,2]

1. 中国石油勘探开发研究院；2. 提高油气采收率全国重点实验室

摘要：常规天然气藏（含致密气藏）是天然气产量的主力军和"压舱石"。为了推动我国气田开发水平的整体提升，基于气藏开发实践认识，剖析了常规天然气藏开发面临的非均衡动用与非均匀水侵两个核心问题，提出了常规气均衡开发理论，建立了天然气采收率数学评价模型，并依据模型关键参数确定了气藏均衡开发关键核心技术。研究结果表明：（1）气藏均衡开发理论内涵是通过打开压降通道或控制气水关系，降低气藏废弃压力，实现地层能量利用效率和采收率最大化；（2）气藏压降波及系数、压力衰竭效率、水侵波及系数及宏观水驱气效率是影响天然气采收率的4个关键参数，4个关键参数的乘积与叠加组合影响相应水侵与非水侵气藏的采收率；（3）气藏均衡开发基本原理包括储量均衡动用和气藏均衡压降两个方面，储量均衡动用核心技术包括开发单元精细划分、井型井网优化、储层改造与地面增压，气藏均衡压降核心技术包括水侵优势通道刻画、生产制度优化、水侵动态预警与综合治水等；（4）常规天然气藏开发始终要围绕提高4个关键参数开展工作，进而实现气藏的均衡开发，实现气藏开发效益最大化。结论认为，均衡开发理论的提出和实践有效支撑了鄂尔多斯盆地苏里格致密砂岩气藏和四川盆地安岳气田龙王庙组气藏的高效开发，该理论与技术对推动我国常规天然气藏提高采收率及保障国家能源安全具有重要作用。

关键词：常规天然气藏；均衡开发理论；储量均衡动用；气藏均衡压降；弹性能量；采收率

0 引言

近20年，我国天然气产量增长迅猛[1]，常规天然气藏（含致密气，下同）仍是我国天然气效益开发的主体，普遍具有储层非均质性强或边底水发育的特征[2]。据中国石油第四次资源评价[3]，我国常规天然气藏可采资源量达 $58.3\times10^{12}m^3$，主要分布在四川盆地、鄂尔多斯盆地、塔里木盆地和南海海域。截至2021年底，我国累计探明常规天然气藏地质储量达 $15.5\times10^{12}m^3$。因此，常规天然气藏的科学高效开发对提升我国天然气开发水平及保障国家能源安全有积极作用。

不同于石油的开发，天然气通常采用衰竭式开发，主要围绕地层压力开展工作，压力是天然气藏开发的核心[4]。国外常规气主要通过井网加密和控水采气等技术方法提高气藏采收率[5-6]，国内通过对威远震旦系、克拉2、苏里格、磨溪龙王庙等诸多气藏的开发实践，认识到常规天然气藏开发主要表现为两方面特征：（1）天然气在连通的"缝—洞—孔"微观

基金项目：中国石油天然气股份有限公司"十四五"科技专项"致密气勘探开发技术研究"（编号：2021DJ2104）、"复杂天然气田开发关键技术研究"（编号：2021DJ1704），中国石油油气和新能源分公司科技项目"水驱碎屑岩气藏剩余气分布规律与提高采收率方法研究"（编号：2022KT0904）。

储渗介质、"井底—有效储层边界"宏观储渗体中实现压力逐级降落,受储层的非均质性影响,气藏压降波及范围有限,导致平面及剖面上部分储量未动用或未充分动用,压降波及范围内压力衰竭效率低,影响最终采收率;(2)如果气藏含水,储层的非均质性和流体分布的复杂性导致边底水过早、过快侵入气藏,造成局部"水封气",部分气井过早无法生产,大幅缩短气藏无水产气期,进一步影响气藏采收率[7-8]。

针对非均衡动用与非均匀水侵两个核心问题,从压力衰竭和地层水驱替两个角度,分析影响气藏采收率的主要因素,依据物质平衡方程和天然气状态方程,构建气藏均衡开发数学模型,提出均衡开发基本原理,总结提升实现常规天然气藏均衡开发的技术方法,并在苏里格致密气和龙王庙边底水两类气藏开发实践中得到应用。研究成果对常规天然气藏开发评价、开发方案编制和开发调整优化措施制订,实现气藏科学高效开发具有重要指导意义,对推动我国常规天然气藏提高采收率有积极作用。

1 面临的主要问题

国内外常规天然气开发实践表明[9-11],影响常规天然气藏采收率大小和开发效果好坏的两个关键因素是储层物性与连通性、地层水水体大小与水侵模式。整体来说,常规天然气藏开发主要面临两方面问题:(1)非均衡动用。该问题主要是针对常规无水气藏,特别是强非均质性常规天然气藏,受岩性或物性较差储层的阻挡,气藏不能完全连通,被分隔成多个气藏单元,同一单元内部储层品质、储层类型、储层孔隙结构等组合特征也不尽相同(图1),由于有效储层本身的强非均质分布和三维地震及地质认识精度的局限,部分气藏单元储量不能得到有效动用,故从整个气藏来看,储量在平面上和纵向上动用不均衡,影响气藏最终采收率;(2)非均匀水侵。这一问题主要针对常规水驱气藏,特别是边底水气藏。处理好气水接触关系和水体能量利用,最大限度发挥天然气自身弹性能量是开发的关键。

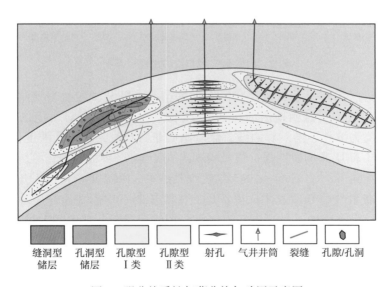

图 1 强非均质性气藏非均匀动用示意图

常规天然气藏边底水水体能量可划分为三个层次：（1）最理想的"正能量"，即通过部署科学的井网密度和制订合理的气井生产制度，维持水体均匀推进，缓慢补充地层能量为气藏赋能，延长气藏无水采气期并持续高产；（2）"零能量"，即通过有效的堵水或排水措施，保证核心区域气井不见水或尽可能晚见水，最大限度发挥气藏本身的弹性能量；（3）最差的"负能量"，即由于井网部署或开发技术策略不合理导致气井过早见水，一方面储层孔隙中形成水封气，阻碍气体本身能量的发挥；另一方面储层和井筒中出现气水两相流，消耗储层中气体弹性能量。有水气藏高效开发的过程就是追求地层水的"正能量"，做到地层水的"零能量"，避免地层水的"负能量"，关键在于准确认识气井、天然裂缝或高渗透通道与边底水接触关系（图2），并在此基础上制订科学合理的井网与生产制度。如果地层水非均匀水侵造成气井过早见水，气藏无水采气期将大幅缩短，对气藏造成不可逆的伤害，影响气藏最终采收率和开发效果。

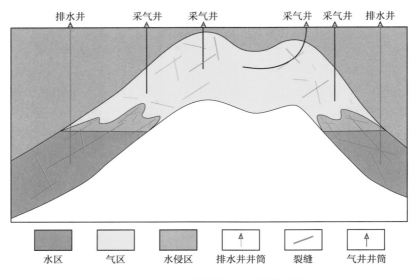

图 2　边底水气藏非均匀水侵示意图

四川盆地威远气田震旦系气藏是我国发现的第一个整装碳酸盐岩气藏，为裂缝—孔洞型强非均质性底水气藏，探明地质储量 $400\times10^8m^3$。气藏储层为灯影组二段岩溶孔洞型储层，储集空间主要为溶孔、溶洞和裂缝，储层基质非常致密，平均孔隙度仅 2%，渗透率介于 0.001~0.04mD，储层非均质性强，气藏表现出"双气水"界面特征，裂缝、洞穴原始气水界面与孔隙储层不同[12-13]。1964—1965 年发现并试采，1968 年正式投入开发，1970 年底开始产水。由于对有水气藏开发规律认识不足，气藏长期不均衡高速开采，底水快速沿高角度裂缝侵入气藏，多点突破，过早大规模出水，致使分布于孔隙中的大量天然气被水包围，导致"水封气"形成，产能大幅度下降[14]。虽然后期采取了系列排水采气措施复产，但生产效果均不太理想。截至 2022 年底，该气藏在开发过程中受非均匀水侵影响，导致水封气形成，开发 52 年共采出天然气 $159\times10^8m^3$，采出程度仅为 39.75%，气藏最终采收率较低、开发效果较差。

2 均衡开发理论

2.1 均衡开发内涵

常规天然气藏储层非均质性和流体分布的复杂性，往往导致气藏储量动用程度低和"水封气"的形成。气藏均衡开发就是通过控制气水关系或疏通压降通道，调整地下流体渗流场，降低气藏废弃地层压力，保障地层弹性能量的有效释放，深度挖掘气藏开发潜力，实现地层能量利用效率最大化和采收率最大化。即气藏均衡开发的过程就是追求采收率最大化的过程。

2.2 均衡开发数学表征

依据均衡开发内涵，均衡开发追求采收率最大化，影响气藏采收率量化评价包括4个方面：（1）压降波及系数（E_D），表示气藏开发过程中压力波及范围内的储量占比，用于表征气藏开发过程中储量动用程度；（2）纯气区压力衰竭效率（E_p），表示压力波及范围内衰竭区由于压力下降所采出天然气储量占比，用于表征气藏开发过程中衰竭区储量的采出效率；（3）水侵波及系数（E_v），表示压力波及范围内水侵区体积占比，用于表征气藏开发过程中地层水侵入气藏程度；（4）宏观水驱气效率（E_w），表示压力波及范围内水侵区由于压力衰竭和含气饱和度变化采出天然气储量占比，用于表征气藏开发过程中水侵区储量采出效率。

4个评价参数表达式为：

$$E_D = \frac{G_D}{G} \qquad (1)$$

$$E_p = 1 - \left(\frac{p_1}{Z_1}\right) / \left(\frac{p_i}{Z_i}\right) \qquad (2)$$

$$E_v = \frac{W_e - W_p B_w}{G_D B_{gi}} \times \frac{1}{E_R} \qquad (3)$$

$$E_w = 1 - \left[\left(\frac{p_2}{Z_2}\right) / \left(\frac{p_i}{Z_i}\right)\right] \frac{S_{gr}}{1-S_{wi}} \qquad (4)$$

式中，E_D表示压降波及系数，无因次；G表示原始地质储量，$10^8 m^3$；G_D表示动态控制储量，$10^8 m^3$；E_p表示压降衰竭效率，无因次；p_1表示动态控制部分的纯气区地层压力，MPa；p_i表示原始地层压力，MPa；Z_1表示压力p_1状态下气体偏差系数，无因次；Z_2表示压力p_2状态下气体偏差系数，无因次；Z_i表示原始状态下偏差系数，无因次；E_v表示水侵波及系数，无因次；W_e表示累计水侵量，$10^8 m^3$；W_p表示累计产水量，$10^8 m^3$；B_w表示地层水体积系数，无因次；B_{gi}表示原始地层压力（p_i）时天然气体积系数，无因次；E_R表示微观水驱气效率，$E_R = 1 - \frac{S_{gr}}{1-S_{wi}}$，无因次；$S_{gr}$表示水侵区域残余气饱和度；$S_{wi}$表示原始含水饱和度；$E_w$表示宏观水驱气效率，无因次。

以物质平衡理论为基础，忽略储层孔隙压缩和地层水膨胀，纯气区地层压力为 p_1，对应水侵区地层压力为 p_2 时，气藏压降波及范围内剩余地质储量[15]为：

$$G_c = \frac{GB_{gi}(1-E_v)}{B_{g1}} + \frac{GB_{gi}E_v}{B_{g2}} \times \frac{S_{gr}}{1-S_{wi}} \tag{5}$$

式中，G_c 表示剩余地质储量，$10^8 m^3$；$\frac{GB_{gi}(1-E_v)}{B_{g1}}$ 表示未水侵区域剩余地质储量，$10^8 m^3$；$\frac{GB_{gi}E_v}{B_{g2}} \times \frac{S_{gr}}{1-S_{wi}}$ 表示水侵区域剩余地质储量，$10^8 m^3$；B_{gi} 表示原始地层压力（p_i）时天然气体积系数，无因次；B_{g1} 表示纯气区地层压力（p_1）时天然气体积系数，无因次；B_{g2} 表示水侵区地层压力（p_2）时天然气体积系数，无因次。

据此，可得压降波及范围内纯气区地层压力为 p_1，对应水侵区地层压力为 p_2 时气藏采出程度：

$$\eta = E_D\left(1-\frac{G_c}{G}\right) = E_D\left[1-\frac{B_{gi}(1-E_v)}{B_{g1}} - \frac{B_{gi}E_v}{B_{g2}} \times \frac{S_{gr}}{1-S_{wi}}\right] \tag{6}$$

式中，η 表示气藏采收率或采出程度，无因次。

代入天然气状态方程，整理式（6）得：

$$\eta = E_D\left[1-\left(\frac{p_1}{Z_1}\right)\bigg/\left(\frac{p_i}{Z_i}\right)\right](1-E_v) + E_D E_v\left\{1-\left[\left(\frac{p_2}{Z_2}\right)\bigg/\left(\frac{p_i}{Z_i}\right)\right] \times \frac{S_{gr}}{1-S_{wi}}\right\} \tag{7}$$

即：

$$\eta = E_D E_p(1-E_v) + E_D E_v E_w \tag{8}$$

式（8）为气藏采出程度统一计算公式。当气藏无水侵时，$E_v=0$，气藏采出程度 $\eta=E_D E_p$；当纯气区地层压力为 p_1，取废弃地层压力为 p_a 时，式（8）则为采收率计算公式。

3 均衡开发基本原理

从气藏采收率计算的通用数学模型可看出，常规天然气藏均衡开发需要遵循基本原理：（1）对于储渗空间复杂的强非均质性气藏，在储层精细预测的基础上，通过合理设置井网密度提高气藏压降波及系数，通过储层改造和地面增压等措施提高压力衰竭效率，力争做到"储量均衡动用"；（2）对于气水关系复杂的气藏，在水体发育特征与气水接触关系认识的基础上，通过合理部署井型、井位、配产及排采措施保持水体均匀整体推进，提高水侵波及系数和宏观水驱气效率，降低残余气量，力争做到"气藏均衡压降"。

3.1 储量均衡动用

储量均衡动用主要针对强非均质性衰竭开发气藏，对于该类气藏开发，储量均衡动用主要面临3方面矛盾：（1）有效储层空间叠置样式、展布规模及分布频率与经济极限井网密度之间的矛盾；（2）有效储层层间非均质性与射孔选层优化之间的矛盾；（3）有效储层层内非均质性与层内储量充分动用之间的矛盾。

针对3方面的矛盾，从气藏采收率评价模型出发，制订3方面措施：（1）差异化部署井网，实现兼顾井间产量干扰的最大化储量控制，最终达到储量平面上均衡动用；（2）通过加大储层改造强度和规模即可实现多层合采动用，最终达到储量纵向上均衡动用；（3）采用MRC井+储层改造是解决层内非均质性所造成储量动用困难的有效方式，可以有效穿透层内物性阻流夹层，充分沟通有效储层，最终达到储量的整体均衡动用。这要求在具体气藏开发过程中，要基于储层精细描述与预测结果，明确有效储层空间结构、规模尺度与分布特征，准确认识储层平面、层间、层内等空间非均质性对提高压降波及系数和压力衰竭效率的影响机理，提出井网井型优化部署、射孔选层及储层改造等实施方案，支撑该类气藏开发全过程实现储量均衡动用。

3.2 气藏均衡压降

对于边底水气藏，通常储层连通性好，压降波及系数较高，气藏开发重点围绕均衡压降开展工作。边底水气藏在不同开发阶段面临两方面问题：（1）开发初期，受气藏采气和井位部署不合理影响，很容易造成气藏开发的非均匀水侵；（2）开发中后期，单井见水后，受气井生产制度和治水对策不合理的影响，气藏即大面积水侵，水侵区残余气量大、废弃压力高，导致该类气藏开发采收率偏低。

针对不同阶段面临的主要问题，从气藏采收率评价模型出发，制订3方面具体措施：（1）井型井位优化部署，兼顾储量最大程度动用和气水界面缓慢抬升，构筑地下气水渗流通道，实现地层水在全气藏范围内均匀侵入；（2）生产制度优化，兼顾气藏生产规模、不同井区气井产能和地层水缓慢推进，实现水侵区残余气量最小化；（3）综合治水，包括地层水侵入通道上部署排水井控制水侵前缘侵入速度、局部水封气解封、排水采气清除井底积液等手段，进一步降低气藏废弃地层压力。这要求在具体的气藏开发过程中，地震与地质相结合精细刻画储层的非均质性特征，准确部署气藏开发井网，准确刻画气藏开发过程中水侵优势通道，优化不同气井、不同井区和全气藏生产制度，动静态综合预测水侵方向及水侵量，提出针对性排水采气等综合治水对策，在压力衰竭效率最大化的前提下，提高水侵波及系数，追求宏观水驱气效率最大化，从而实现全气藏均衡压降。

4 均衡开发核心技术方法

受气藏全过程开发机理的差异影响，不同类型气藏实现均衡开发的影响因素具有较大差异，开发思路和核心技术方法各有侧重。对于边底水不发育的强非均质性气驱气藏，核心是提高压降波及系数和压力衰竭效率，实现储量均衡动用；对于边底水发育的水驱气藏，核心是在压力衰竭效率最大化的前提下，提高水侵波及系数，追求宏观水驱气效率最大化，实现气藏均衡压降（表1）。

4.1 储量均衡动用技术

强非均质性气驱气藏优势是没有连通水体，或者仅有少量的凝析水或层间滞留水，难点是有效储层在空间上的展布及高效的工程技术措施，综合来看，储量均衡动用主要需要4个方面的技术方法（表1）。

表1 气藏提高采收率技术方向、手段及作用机理表

技术方向	技术手段	作用机理
提高压降波及系数	井网加密	提高井间未动用储量的动用程度
	井型优化	
	侧钻	
	储层改造	改善连通性与渗透性，充分动用有效储层内部储量
	查层补孔	提高纵向层位储量动用程度
优化水侵波及系数	排堵阻水	改变或扩大水侵路径，提高废弃时水侵波及系数
	高部位布井	增加避水高度，提高水侵波及系数
	水平井开发	改变水侵形态，提高水侵波及系数
	优化配产	控制水锥，提高水侵波及系数
提高压力衰竭效率	排水	降低地层渗流及井筒管流阻力
	机抽或柱塞等	降低管流阻力
	井口增压	降低井口压力
提高宏观水驱气效率	水封气解封	解除水封气
	注二氧化碳等气体	增能，同时置换天然气

注：二氧化碳提高采收率属于尚需要研究探索的新技术。

4.1.1 开发单元精细划分技术

储层非均质性体现在纵向、平面、层间和层内三维空间上的非均匀分布，有效储层识别与空间展布预测是开发单元划分的基础。通过三维地震处理解释预测有效储层"体"、井点成像测井校正井筒钻遇的有效储层"线"、取心和岩心分析校正有效储层"点"，结合沉积相、岩石相等地质学特征，预测井间、层间的有效储层分布[14]。在此基础上，考虑流体和压力系统，划分纵向和平面开发单元，为井型、井网部署提供地质依据。

4.1.2 井型井网优化技术

强非均质性气藏有效储层多分散发育的特征决定了直井+丛式井的主力开发方式。在有效储层空间结构、发育规模等精细表征的基础上，开展井网优化研究，确定经济有效的合理井网密度，是实现储量均衡动用和兼顾效益采收率最大化的关键。基于密井网解剖、开发效果分析及数值模拟论证，建立井网密度—单井EUR—采收率—经济效益协同约

束评价模型,确定井间干扰平衡点与效益最优控制点,从而分别获得技术与经济两个层面的合理井网密度,两者之间范围即兼顾经济效益和采收率的合理井网密度区间(图3)。直井+丛式井作为主要开发方式的同时,保持气田长期规模稳产需要大量的建产井和接替井,为减少开发井数和管理工作量,加快建产节奏并提高经济效益,需要优选地质目标,在有效储层集中发育程度高的区域进行水平井开发。例如苏里格致密砂岩气田,在多期次河道频繁迁移与切割叠置的沉积特征下,可优选出厚层块状型、物性夹层垂向叠置型、泥质夹层垂向叠置型、横向切割叠置型和横向糖葫芦串型等5种适于水平井部署的气层分布模式[15-16]。在此基础上,建立4项水平井部署条件标准:(1)具有储层发育及产量较高的入靶端和出靶端对比井;(2)砂岩厚度大于15m且横向分布稳定;(3)气层厚度大于6m且纵向储量集中度大于60%;(4)储层含气性检测显示良好。优化设计4项水平井开发参数:(1)南北向的水平段方位;(2)1000~1200m的水平段长度;(3)100~150m的裂缝间距;(4)(500~600)m×1400m的近似梯形井网。最终形成与苏里格致密气地质特征相适应的水平井优化设计技术,实现储量高效动用,支撑气田加快产建节奏和减轻工作量压力。

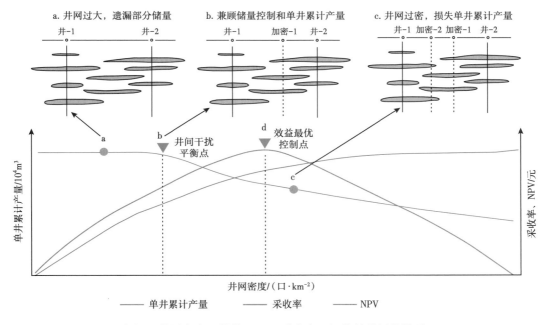

图3 井网密度—单井EUR—采收率—经济效益评价模型

4.1.3 储层改造技术

储层改造一方面可提高气井泄气范围,另一方面可疏通或打开流动通道,降低气体在地层中的渗流阻力。储层改造技术经历了单井单层压裂到多层多段"改造"油气藏的发展升级[17]。直井压裂立足纵向多层的有效控制和动用,水平井采用长水平段多段压裂,在人工裂缝方位与砂体展布特征有利、砂体平面上连续性好、气层厚度较大等地质条件具备的情况下,开展大规模压裂,使裂缝最大程度接触油气藏,提高水平段整体渗流能力,以期获得最大泄流范围，尽可能实现提高储量动用程度和单井产量的目的。除此之外，侧钻水平井、查层补孔，针对老井的二次改造措施通过打开新的有效储层，提高井间未动用储量动用程度，挖掘老井潜在生产能力，进一步提高了气藏整体的压降波及系数。

4.1.4 地面增压技术

人工增压是提升气藏压力衰竭效率的有效手段，通过降低气井废弃压力进而降低废弃产量、实现提高气井最终累计产量和采收率的目的。增压措施通常应用于气井生产的中后期，地层弹性能量衰竭严重，气井进入定压降产或间歇生产阶段，开展增压措施以维持气井工业气流开采[18]，从而降低气藏废弃压力，进一步提高气藏整体衰竭效率。

4.2 气藏均衡压降技术

实现边底水驱气藏均衡压降，主要思路是通过井震结合准确刻画储渗介质的非均质性，动静态综合分析地层水赋存状态，建立气水分布模式；通过优选井位和储层改造，构建有利于降低气藏快速水侵风险的气水渗流通道，提高水侵波及系数。通过气井优化配产，实现水侵前缘均匀推进，提高水侵波及系数和纯气区压力衰竭效率。通过综合治水，进一步挖掘气藏开发潜力，最大程度发挥天然气弹性能量，降低残余气含量，提高宏观水驱气效率，追求气藏采收率最大化（表1）。核心技术方法包括4项：

4.2.1 水侵通道刻画技术

水侵通道一般包括小断层、小裂缝和高渗透率条带3种类型，水侵通道刻画技术主要是基于动静态资料综合分析，预测3种类型水侵通道分布。水侵通道刻画结合动态数值模拟方法[19]，可以有效预测不同井型井网部署模式下地层水侵前缘形态、地层水推进范围与速度，从而优化井位部署方案，形成有利于天然气弹性膨胀能量释放、延缓地层水不均匀水侵的气水渗流场。其中，小断层刻画一般是利用正演技术，分析不同断距断层在地震剖面上的响应特征，建立微小断层识别模板，预测小断层分布，结合储层发育厚度和断层封堵性分析，将其划分为封堵性好的小断层和封堵性差的小断层。小裂缝预测主要利用地震的曲率体几何属性，结合蚂蚁体追踪方法，将小裂缝空间展布刻画出来。高渗透率条带刻画基于对优质储层的预测结果，通过渗透率级差或变异系数，动静态综合建立高渗透率条带门槛值，刻画高渗透率条带分布。依据小断层、小裂缝和高渗透率条带分布特征，结合开发井连通性分析、开发动态分析，建立水侵模式，预测不同井区水侵风险，为生产制度优化、水侵预警和综合治水提供依据。

4.2.2 生产制度优化技术

在井网完善的条件下，有水气藏采气速度是影响气藏水侵强弱最重要的因素，由于气藏水侵通道、水侵模式和地层水能量存在差异，不同井区、不同部位井的生产制度优化是影响非均匀水侵的核心因素。对于水侵气藏生产制度优化，目前形成了基于大数据分析的产水气藏运行痕迹智能追踪方法，通过改进气藏分区物质平衡、地下—井筒—地面一体化模型数据自动交互迭代、地面生产数据自动拟合技术，形成人工认知适度约束条件下的深度神经网络机器学习方法，实现智能评估可动水体储量、预测水侵趋势变化、确定最佳生产制度。

4.2.3 水侵动态预警技术

气井见水后产能将大幅降低,严重影响气井开发效果。国内外对于气井见水风险的评估主要在见水时间预测及水侵量评价,考虑因素相对单一,同时对于非均质性较强的气藏适用性较差。还有通过生产水气比、油压下降速度等生产动态来判断气井产水来源及水侵强度的方法,水侵预测准确性较差。也有通过物质平衡曲线、试井曲线等对水侵特征进行识别与分析,但是主要针对单井水侵动态进行分析,很难对全气藏水侵情况进行定量化统一评价。针对上述水侵评价存在的问题,围绕全气藏水侵预警,形成了以嵌入式离散裂缝建模与差分网格建模为基础的数值模拟预报水侵方法。裂缝作为主要的水侵优势通道,裂缝建模的精确度是气藏三维地质建模中的关键环节,嵌入式离散裂缝建模在裂缝建模方法中有其独特的优势,裂缝外区域应用差分网格建模与数值模拟,能够与裂缝建模较好地耦合,实现不同介质高精度准确还原气藏开发动态过程,拟合产水气井产水特征,实时掌握气藏水侵动态,从而达到水侵预报的目的。

4.2.4 综合治水技术

在早期有水气藏开发中,由于经验的缺乏和有限的技术手段,治水措施常常表现出一些不完善之处,治水效果也达不到理想的效果。治水效果不理想主要包括以下4个方面:(1)对气藏构造、小断层、小裂缝、高渗透率条带等特征认识不够深入;(2)对水体活跃性认识不足;(3)忽视井网对避免水侵通道形成、促使气藏均衡开发的重要性;(4)水侵预测手段有限导致治水被动,延误了最佳治水时机。基于准确刻画水侵通道、动态监测气水界面变化、大数据气井动态分析、高精度数值模拟等手段,形成递进式整体治水模式,指导气藏科学合理开发。递进式治水新模式以理论认识为基础,治水对策因时而异,由完整监测体系数据分析驱动,更加侧重监测数据的及时获取和系统分析。早期阶段,合理部署井型井网,优化气井配产,适当防控剧烈水窜危害,大产水气井控产防止过早水淹停产,水侵优势通道部署排水井,做到早期重点防范。中期阶段,注重生产井功能转化,建立完善的监测系统,有针对性地治理水淹风险井,延缓气井生产状态恶化,系统开展气藏开发优化调整。后期阶段,保障产水水平井、大斜度井正常携液生产;气藏生产、监测、排水井重新调配优化;评价气井技术经济条件,实施低效井关停优化。在递进式高效控水开发模式中,除气藏直接治水防控措施之外,以气藏间接治水作为有效辅助,以井网完善为主,包括生产井网完善、监测井网完善和井功能动态调整。同时,在水侵通道认识较清楚的情况下,还可采用封堵水侵通道的方法,如俄罗斯奥伦堡气藏为裂缝—孔隙型碳酸盐岩气藏,与我国威远气田极为相似,开发过程中在地层水活跃的裂缝发育带注入高分子聚合物黏稠液建立阻水屏障,变水驱为气驱,开发效果良好。

5 应用实践

均衡开发理论与技术方法有效推动了我国气田开发水平的不断提升,以我国最大的天然气田——苏里格致密砂岩气田和我国最大的整装碳酸盐岩气藏——安岳气田龙王庙组气藏为例,分析均衡开发的实践过程及其重要意义。

5.1 苏里格致密砂岩气田开发实践

苏里格致密砂岩气田是强非均质性气藏衰竭开发的典型代表，其含气面积 $1.5×10^4 km^2$，探明地质储量 $2.3×10^{12} m^3$，累计投产气井 17000 余口，2022 年产气 $302×10^8 m^3$，是我国储量和产量规模最大的天然气田。该气田在构造平缓的盆地斜坡背景上广泛分布了河流相砂体，有效砂体以心滩沉积的中粗粒石英砂岩为主，含气砂体呈透镜体状分散分布，厚度介于 2~5m，宽度介于 100~500m，长度介于 300~700 m，70% 以上的含气砂体互不连通[20]。总体看，有（13~15）$×10^4$ 个相对独立的气藏单元（单砂体）构成了气田的复杂地质面貌。

针对气藏储层发育特征，从气藏采收率模型出发，按照均衡开发理念，重点依靠开发单元划分、井型井网优化和地面增压，提高压降波及系数和压力衰竭效率。由于气藏的开发是一个渐进的过程，对砂体规模、尺度、物性分布等特征的认识也是一个不断加深的过程，本质上说该气藏的开发是气藏采收率和经济效益之间的一个动态平衡的过程，主体开发方式主要依靠不断加密井网从而提高压降波及系数和压力衰竭效率。井网密度的调整大致经历 3 个阶段：（1）开发早期阶段，由于砂体分布预测难度大，气田采用 600m×800m 直井井网开发，受单井控制范围小和砂体控制程度不足影响，该阶段压降波及系数只有 35% 左右，同时苏里格致密砂岩气田地面采用中低压集气，且普遍采用地面增压，实际动态控制范围内的压力衰竭效率可达到 85%，因此该阶段的采收率约 30%[21]；（2）当前随着多个密井网先导试验区的实施及地质认识的逐步加深，井网逐步调整至 500m×650m，单井井均面积内的压降波及系数提高到 51%，采收率相应地由 30% 提高到 43%；（3）未来，随着开发技术进步和开发成本、销售气价等经济效益指标向好，开发井网有望进一步优化、加密至 4 口井 $/km^2$，全气藏井均面积内的压降波及系数将超过 63%，同时在开发中后期排水采气、地面增压等工艺措施的实施，进一步降低废弃地层压力，提高压降衰竭效率，气田采收率将超过 50%。

5.2 安岳气田龙王庙组气藏开发实践

安岳气田龙王庙组气藏是边底水气藏水驱开发的典型实例，该气藏含气面积 $823km^2$，探明地质储量 $4404×10^8 m^3$，是我国目前发现最大的特大型海相单体碳酸盐岩气藏[22-25]。龙王庙组气藏地质条件复杂，气藏构造幅度低，气水过渡带占含气面积比例高达 37%；储层孔隙度低，平均孔隙度仅 4.3%，易水锁；储层非均质性强，渗透率级差高达 450 倍，易发生非均匀水侵；同时超压水体弹性膨胀能量强，估算水体体积超过 $25×10^8 m^3$。2022 年水侵替换系数介于 0.15~0.4，为次活跃水驱气藏。

针对气藏特征，按照均衡开发理念，重点突出全气藏、不同井区均衡压降，依靠水侵通道刻画、生产制度优化、水侵动态预警等措施，综合形成"早期防控水突进、中期防控水淹、晚期防控水封"的全生命周期递进式控水开发模式。（1）开发早期，该阶段气藏表现为超压特征，通过井网优化与采速优化达到"边控内放"，防止边底水过早侵入气藏，从而提高纯气区压降波及系数和压力衰竭效率，实现气藏范围内压力均衡压降。（2）开发中期，该阶段气井能够充分携液，重点通过生产制度优化和生产井功能转化，一方面控制水侵通道前缘地层水过快侵入井底，另一方面合理利用气藏能量，保持一部分气井携液正常生产，防止气井水淹停产，从而进一步提高压力衰竭效率和宏观水驱气效率，实现不同井区压力均衡压降。（3）开发晚期，地层水大量侵入气藏，重点通过排水采气优化，低部位排水井排水、高部位优化采气，防止水封气形成，从而提高水侵波及系数、持续提高宏观水驱气效率，进一步实现气藏压力均衡压降。整体来说，气藏采用全生命周期递进控水开发模式，在不同开发阶段实现了压力均衡压降。综合评价认为，龙王庙组气藏原始地层压力达76MPa，偏差因子1.36，主要开发单元磨溪8、9、10井区的平均废弃地层压力为15MPa，对应偏差因子1.42，全气藏压降波及系数83%、压力衰竭效率为71%。根据龙王庙组气藏数值模拟结果计算水侵波及系数60%，考虑水侵后残余气饱和度计算宏观水驱气效率81%。按照采收率模型，龙王庙组气藏计算采收率将达到64%。

6 结论

（1）常规天然气藏均衡开发理论是在不断总结国内外不同类型气藏开发经验与教训的实践中逐步形成的。均衡开发采用人工措施和系列技术方法，调控气水关系、疏通或建立压降通道，在压力衰竭效率最大化的前提下，提高水侵波及系数，追求宏观水驱气效率最大化，从而实现全气藏均衡压降，支撑气藏采收率最大化目标的实现。围绕均衡开发基本内涵，建立了均衡开发采收率的理论通式，提出了均衡动用和均衡压降两个基本原理，以此指导系列均衡开发配套技术的发展和改进。

（2）储量均衡动用技术主要包括开发单元精细划分技术，明确储量空间发育与分布模式；井型井网优化技术，提高压降波及系数；储层改造和地面增压技术，提高压力衰竭效率。气藏均衡压降技术主要包括水侵优势通道刻画技术，明确水侵优先路径；生产制度优化技术，优化水侵波及系数，提高宏观水驱气效率；排水采气及地面增压技术，进一步提高压力衰竭效率。

（3）均衡开发理论与技术支撑了苏里格致密砂岩气田强非均质致密砂岩气藏与安岳气田龙王庙组碳酸盐岩边底水气藏开发实践，有效提高气藏压降波及系数、压力衰竭效率、水侵波及系数和宏观水驱气效率，最大程度利用地层原始弹性能量，指导了气藏高效开发和优化调整，苏里格致密砂岩气田采收率可超过50%，安岳气田龙王庙组气藏采收率可达到64%。

参 考 文 献

[1] 马新华. 中石油天然气即将进入跨越式发展阶段［C］//第一届全球智库峰会演讲集. 北京：中国国际经济交流中心，2009：172-173.

[2] 贾爱林，何东博，位云生，等. 未来十五年中国天然气发展趋势预测［J］. 天然气地球科学，2021，32（1）：17-27.

[3] 李建忠，郑民，郭秋麟，等. 第四次油气资源评价［M］. 北京：石油工业出版社，2019.

[4] 马新华，陈建军，唐俊伟. 中国天然气的开发特点与对策［J］. 天然气地球科学，2003，14（1）：15-20.

[5] HASAN M，ELIEBID M，MAHMOUD M，et al. Enhanced gas recovery（EGR）methods and production enhancement techniques for shale & tight gas reservoirs［C］//SPE Kingdom of Saudi Arabia Annual Technical Symposium and Exhibition. Dammam：SPE，2017：SPE-188090-MS.

[6] WALKER T. Enhanced gas recovery using pressure and displacement management[D]. Baton Rouge: Louisiana State University, 2005.
[7] 李士伦, 汪艳, 刘廷元, 等. 总结国内外经验, 开发好大气田[J]. 天然气工业, 2008, 28（2）: 7-11.
[8] 孙玉平, 陆家亮, 万玉金, 等. 法国拉克、麦隆气田对安岳气田龙王庙组气藏开发的启示[J]. 天然气工业, 2016, 36（11）: 37-45.
[9] 贾爱林, 闫海军. 不同类型典型碳酸盐岩气藏开发面临问题与对策[J]. 石油学报, 2014, 35（3）: 519-527.
[10] 贾爱林, 闫海军, 郭建林, 等. 全球不同类型大型气藏的开发特征及经验[J]. 天然气工业, 2014, 34（10）: 33-46.
[11] 何东博, 闫海军, 杨长城, 等. 安岳气田灯影组四段气藏特征及开发技术对策[J]. 石油学报, 2022, 43（7）: 977-988.
[12] 唐泽尧, 孔金祥. 威远气田震旦系储层结构特征[J]. 石油学报, 1984, 5（4）: 43-54.
[13] 文华川. 威远气田的气水关系[J]. 天然气工业, 1986, 6（2）: 14-19.
[14] 刘二本. 威远气田震旦系气藏气井生产动态特征和强化排水的设想[J]. 天然气工业, 1985, 5（1）: 41-46.
[15] 李传亮. 油藏工程原理[M]. 北京: 石油工业出版社, 2005.
[16] 贾爱林, 程立华. 数字化精细油藏描述程序方法[J]. 石油勘探与开发, 2010, 37（6）: 709-715.
[17] 何东博, 王丽娟, 冀光, 等. 苏里格致密砂岩气田开发井距优化[J]. 石油勘探与开发, 2012, 39（4）: 458-464.
[18] 何东博, 贾爱林, 冀光, 等. 苏里格大型致密砂岩气田开发井型井网技术[J]. 石油勘探与开发, 2013, 40（1）: 79-89.
[19] 雷群, 管保山, 才博, 等. 储集层改造技术进展及发展方向[J]. 石油勘探与开发, 2019, 46（3）: 580-587.
[20] 王继平, 张城玮, 李建阳, 等. 苏里格气田致密砂岩气藏开发认识与稳产建议[J]. 天然气工业, 2021, 41（2）: 100-110.
[21] 李滔, 李骞, 胡勇, 等. 不规则微裂缝网络定量表征及其对多孔介质渗流能力的影响[J]. 石油勘探与开发, 2021, 48（2）: 368-378.
[22] 李熙喆, 郭振华, 万玉金, 等. 安岳气田龙王庙组气藏地质特征与开发技术政策[J]. 石油勘探与开发, 2017, 44（3）: 398-406.
[23] 贾爱林, 闫海军, 郭建林, 等. 不同类型碳酸盐岩气藏开发特征[J]. 石油学报, 2013, 34（5）: 914-923.
[24] 马新华, 杨雨, 文龙, 等. 四川盆地海相碳酸盐岩大中型气田分布规律及勘探方向[J]. 石油勘探与开发, 2019, 46（1）: 1-13.
[25] 谢军. 安岳特大型气田高效开发关键技术创新与实践[J]. 天然气工业, 2020, 40（1）: 1-10.

摘自:《天然气工业》, 2023, 43（1）: 76-85

鄂尔多斯盆地苏里格致密砂岩气田提高采收率关键技术及攻关方向

吴 正[1,2] 江乾锋[1,2] 周 游[1,2] 何亚宁[1,2]
孙岩岩[1,2] 田 伟[1,2] 周长静[1,2] 安维杰[1,2]

1. 低渗透油气田勘探开发国家工程实验室；2. 中国石油长庆油田公司

摘要：鄂尔多斯盆地苏里格气田是我国最大的致密气田，探明地质储量超 $2×10^{12}m^3$，是中国石油长庆油田公司天然气稳产、上产的主力军。目前气田已进入稳产阶段，最大限度地延长气田稳产时间已成为现阶段气田开发的重点和难点。为了解决苏里格气田井间、层间剩余气储量规模大、动用率低等一系列高效开发问题，基于开发地质、气藏工程、钻采工艺和地面集输等开展多学科联合攻关了致密气提高采收率主体技术，进行了气藏描述与剩余气表征、井网加密优化、直井分层压裂、水平井分段分簇体积压裂技术改进升级等试验，并明确了致密气藏提高采收率的下步攻关方向。研究结果表明：（1）井网加密优化是提高采收率最主要的手段，可提高气田采收率 6% 以上；（2）储层改造工艺、排水采气技术的不断升级与推广应用，均可提高气田采收率 2% 以上，进一步降低井口压力的集输工艺可提高气田采收率约 1.5%；（3）提出了以最大程度动用储量为导向的提高采收率技术攻关方向，需重点围绕剩余气精细表征、井网井型优化、致密多薄层水平井穿层压裂、智能化排水采气及多级增压等新技术开展攻关研究。结论认为，开展提高采收率关键技术攻关，将实现气田采收率提高 10%~15%，为苏里格气田 $300×10^8m^3/a$ 规模长期稳产及长庆气区上产 $500×10^8m^3/a$ 提供有力的技术支撑，气田的稳产将积极保障国家能源安全。

关键词：鄂尔多斯盆地；苏里格气田；致密砂岩气藏；提高采收率；剩余气分布；储层改造；排水采气；地面集输

0 引言

鄂尔多斯盆地苏里格气田是目前我国发现并投入开发的储量和产能规模最大的天然气田，也是我国致密砂岩气田的典型代表[1-5]，具有"薄储层、强非均质性、低渗透率、低压力、低丰度"特征，勘探面积达 $5.5×10^4km^2$，累计探明天然气地质储量超 $2×10^{12}m^3$。2022 年产量跨越 $300×10^8m^3$ 大关，天然气累计产量超过 $3000×10^8m^3$。经过 20 年的开发实践，苏里格气田创新形成了致密气富集区筛选、水平井分段压裂、低成本开发等配套技术，有力支撑了苏里格气田的规模上产、稳产。目前气田已进入稳产阶段，最大限度地延长气田稳产时间成为现阶段气田开发的重点和难点[4]。

国内外致密气藏开发实践表明[1-2]，致密气藏提高采收率关键技术主要包括剩余储量精细描述、井网优化及加密调整、生产方式及制度优化、降低废弃条件、低产低效井排采措

基金项目：中国石油天然气股份有限公司科学研究与技术开发项目"已开发气田提高采收率方法研究与先导试验"（编号：2022KT0901）。

施优化等方面[3]。苏里格气田自2006年规模开发以来一直对提高气藏采收率进行不断研究，并开展提高气藏采收率先导试验，井网密度由初期的1.4口/km^{2}加密到3.0口/km^2，储量动用程度有了较大的提高；储层改造由直井多层到水平井多段、段内多缝、体积压裂，直井分压层数达到8层，水平井压裂段数超过20段，单井产量得到较大提升；气井生产方式由放压生产转变为井下节流控压生产，降低了储层应力敏感影响，充分利用地层能量；自主研发排水采气关键设备及工具，形成了以泡沫排水、柱塞气举、速度管柱为主的排水采气技术系列，提升产量的同时延长了气井生产周期；通过地面增压降低废弃产量和废弃井口压力，有效降低了气藏废弃条件，进一步增加了气井累积采气量。通过运用提高采收率系列技术，气田最终采收率提升至32%。

与国内外致密气藏相比，苏里格气田目前采收率仍较低[1-2]。苏里格气田河道砂体叠置关系及气水分布复杂，井间和层间仍存在大量剩余气，亟须攻关剩余储量有效动用技术。现有储层改造技术适应性不强，改造规模、强度、方式、效果及经济性需要进一步优化；目前排水采气措施有效率低，地面集输技术适应性仍需进一步提高[4-8]。基于气藏地质及生产动态特征研究，开展气藏描述与剩余气表征，攻关剩余储量有效动用技术，升级换代关键工艺技术，有效支撑苏里格致密气田采收率的提高，同时为国内外同类气藏开发提供经验借鉴。

1 苏里格气田基本地质特征

苏里格气田位于鄂尔多斯盆地伊陕斜坡西北侧，主要产层为上古生界二叠系石盒子组盒8段和山西组山1段，以陆相河流三角洲沉积体系为主，河道经过多期改道、叠置，砂体呈片状连续分布[6]。经压实、胶结、溶解等成岩作用形成致密储层，孔隙类型以次生溶蚀孔、残余粒间孔和晶间孔为主。在普遍低渗透致密背景下，孔隙度和渗透率相对高且含气性好的砂体形成"有效砂体"，是产能主要贡献者。不同于砂体的大规模连续分布，有效砂体发育规模较小[9]，在空间上呈多层透镜状分布，与连片的致密砂体形成"砂包砂"二元结构[10-11]。

岩心化验分析及测井解释成果统计表明，上古生界二叠系石盒子组盒8段和山西组山1段储层孔隙度介于2.0%~12.0%，平均为8.2%；渗透率介于0.1~1.0mD，平均为0.75mD。其中，气田中部物性最好，其次为西部，东部最差。受构造演化、生烃强度、成藏期次与储层致密时间匹配关系等因素影响，不同区带含气性存在明显差异，中部含气性较好，盒8段含气饱和度达到66.1%，东部含气性较差，西部储层普遍受含水影响、含气性最差。

2 提高采收率技术现状及应用成效

2.1 致密砂岩气藏采收率影响因素

致密砂岩气藏采收率影响因素众多，其中开发井网影响气藏地质储量动用程度，对气藏采收率影响最大；生产方式优化可减小储层应力敏感度，充分利用地层能量，是影响采收率的又一重要因素；通过降低废弃产量和废弃井口压力可有效降低气藏废弃条件，进而增加单井累计采气量，提高气藏采收率；此外气井精细管理、排水采气优化等均可一定程度上提高单井累计产气量，进而提高气藏采收率。

2.2 井网优化试验

气田开发初期，基于单井数值模拟技术确定了 600m 井距、1200m 排距的基础井网，在此基础上，苏里格气田先后开展了两次井网加密优化试验。2009—2013 年，结合有效砂体解剖及不稳定试井解释成果，确定了井距 600m，排距 800m 的平行四边形井网，井网密度由初期的 1.4 口 /km^2 加密至 2.1 口 /km^2。2014—2018 年，综合有效砂体解剖、干扰试井分析、气藏地质建模及数值模拟一体化研究，兼顾经济效益约束，形成苏里格特有的多学科结合井网密度优化模型，最终将苏里格中区井网密度优化为 3.0 口 /km^2[12]，其中井距 500m、排距 650m。

2.2.1 定量描述苏里格气田砂体构型单元规模

依托井网加密试验，在高分辨率层序地层学指导下，使用测井、录井、岩心及动态资料综合分析，依据沉积旋回特征，将地层进一步细分，将原盒 8 段及山 1 段 7 个小层划分为 16 个单层。基于单层划分，在辫状河沉积模式指导下，以干扰响应为约束，对砂体构型单元进行空间组合，将储层描述对象由复合河道砂体延伸到单砂体，砂体规模由 15~20m 细化至 5~8m，定量分析不同级次砂体规模及空间叠置关系（图 1），对进一步精细刻画井间储层空间展布及单砂体规模，提升苏里格致密砂岩气藏储层地质认识具有极强的现实意义[13]。

2.2.2 评价单井泄流范围

苏里格气田密井网区精细地质解剖显示，气藏具有有效砂体发育规模小，数量多的特征。气井生产动态分析得出随气井生产时间延长，致密气藏渗流边界将缓慢增大，预测投产 2 年左右，单井控制面积评价结果较为可靠。因此，重点选取密井网区生产时间超过 600 天的气井，采用产量不稳定分析方法开展控制面积评价，明确气井泄流范围及分布频率，主要介于 0.12~0.43km^2，平均为 0.28km^2，其中 P50 井控面积为 0.25km^2（图 2、图 3）。

2.2.3 建立井间干扰概率与井网密度关系

随着开发井网密度的增大，即井距、排距的不断缩小，井间干扰的概率明显提高，定义井间干扰概率为干扰井数与总井数的比值[14]：

$$F = \frac{n_1}{n_1 + n_2} \qquad (1)$$

式中，F 表示井间干扰概率；n_1 表示存在干扰井数，口；n_2 表示不存在干扰井数，口。

苏里格气田共开展了 47 个井组的干扰试验，其中井距干扰试验 25 井组；当井距小于等于 400m，9 个井组中有 6 个井组见到干扰，干扰概率为 66.6%；井距小于等于 500m，17 个井组中有 10 个井组见到干扰，干扰概率为 58.8%。排距干扰试验 29 井组，当排距小于等于 600m，12 个干扰井组中有 4 个井组见到干扰，干扰概率为 33.3%；排距小于等于 700m，19 个干扰井组中有 5 个井组见到干扰，干扰概率为 26.3%（图 4、图 5）。

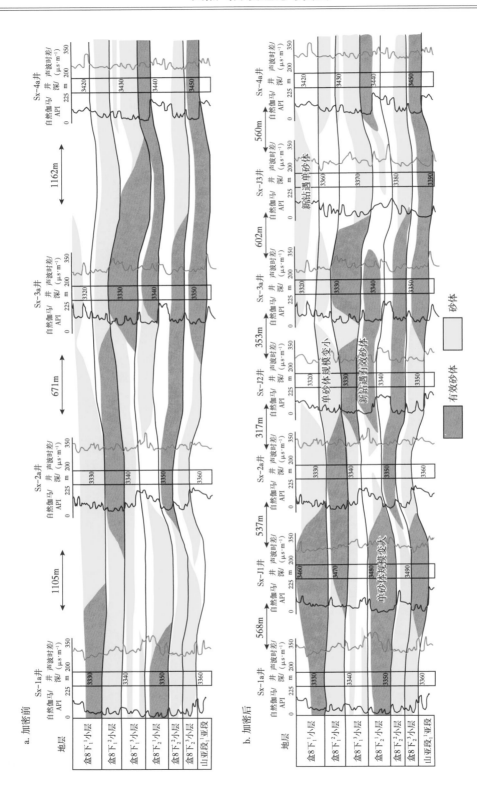

图 1 密井网试验区加密前后钻遇单砂体对比图

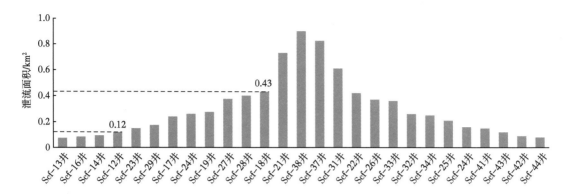

图 2　井控面积分布图

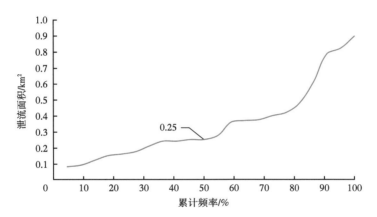

图 3　井控面积概率分布图

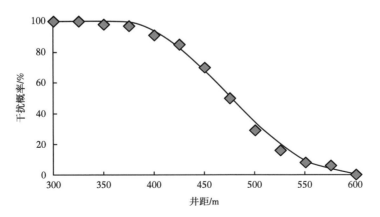

图 4　井间干扰概率与井距关系曲线图

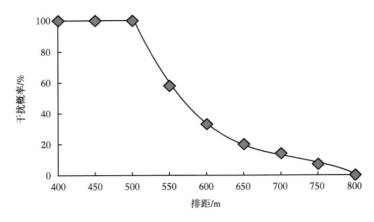

图 5 井间干扰概率与排距关系曲线图

2.2.4 优化不同储量丰度试验区合理井网

气田合理开发井网指在目前技术经济条件下,尽可能最大化提高储量动用程度,保证获得较好的经济效益,同时实现较高的开发指标。合理井网密度应基于气井最终累计采气量的预测,综合考虑气价、成本等因素,结合经济评价,以气田生命周期内获得的利润为判别标准,求取经济极限井网密度和经济最佳井网密度。

依据采收率定义,可得到不同开发井网密度条件下的采收率变化曲线(储量丰度:$1.4×10^8m^3/km^2$)。在无井间干扰时,采收率随井网密度增大几乎呈线性增加,但当井网密度增大到一定程度,井间干扰导致采收率增幅变小。总体上,苏里格气田中区典型区块合理井网密度介于3~4口/km^2,预测采收率由42.6%提高到45.0%,采收率提高2.4%(图6)。

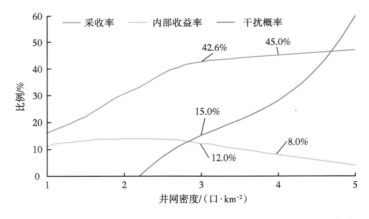

图 6 苏里格气田中区井网密度与采收率、内部收益率、干扰概率关系图

2.3 储层改造技术

2.3.1 完善直井连续分层压裂,提升多层系动用效果

针对气田纵向多层系发育特征,苏里格气田前期直井分层压裂以机械封隔器分压工艺

为主，2017年以来，为解决机械分压工艺施工排量小、压后井筒管柱复杂等问题，攻关形成连续油管、可溶桥塞/球座等新型分层压裂技术[15]，施工排量由 2~3m³/min 提高至 4~10m³/min，压裂级数不受限制，压后井筒全通径，满足直井不同类型储层差异化压裂改造及后期排采技术需求（表1）。2017年以来，苏里格气田累计完成直井多层系连续油管、可溶桥塞分层压裂工艺 685 口井，测试求产 326 口，平均无阻流量为 14.6×10⁴m³/d。通过提高压裂改造规模及施工排量，试气日产量与区块常规井相比提高 15% 以上。

表1　致密气直/定向井连续分压技术性能指标对比表

技术系列	技术特点	性能指标	适应储层	注入方式
机械封隔器分层压裂	压裂完井管柱一体化	分压 3~5 层	上、下古生界叠合发育储层	油管注入
	施工排量低、管柱复化	排量 2~3m³/min		
连续油管分层压裂	井筒全通径	无限级分压	较发育的薄互储层（致密1类储层）	油管环空注入
	定点精准分层压裂 φ50.8mm 或 φ60.3mm 油管生产	排量 4~5m³/min		
电缆桥塞	压裂级数不受限	无限级分压 排量 6~10m³/min	致密厚砂体储层（致密2类、3类储层）	光套管注入
	井筒全通径、大排量			
	压裂作业费降低 20%			
	φ50.8mm 或 φ60.3mm 油管生产			

2.3.2　水平井分段压裂技术升级换代，单井产量大幅提升

2010 年以来苏里格气田水平井累计压裂 1400 余口井，前期主体采用多级滑套水力喷射、裸眼封隔器分段压裂工艺。为了进一步提高段间封隔有效性和裂缝改造体积，2018 年以来长庆气区攻关形成水平井固井完井桥塞分段压裂技术，实现了由裸眼完井到固井完井的转变。固井桥塞技术指标为：自主研发 φ114.3 mmDMS 全金属可溶球座关键工具，具备无限级分压能力，压后实现井筒免钻磨作业；研发不同粒径组合暂堵转向关键材料，形成分段多簇动态暂堵转向技术，分簇成功率提高至 70% 以上；构建形成适合沙漠地形地貌的大平台固井桥塞拉链式工厂化作业模式，致密气大井丛工厂化压裂由平均压裂段数 2~3 段/天提高至 6~8 段/天，创造单平台日施工 30 段的国内新纪录。2018 年以来，固井完井桥塞分段压裂技术在长庆气区实现全面规模化应用，截至 2022 年年底，规模应用 998 口井，平均无阻流量由 45.0×10⁴m³/d 增加到 60.0×10⁴m³/d，水平井单井产量大幅提升。

2.4　排水采气技术

针对气井生产中后期"低压、低产、小水量"特点，通过持续攻关与试验，自主研发排水采气关键设备及工具，形成了以泡沫排水、柱塞气举、速度管柱为主的排水采气技术系列，基本解决不同类型排水采气问题[16]（表2）。2022 年低含水气藏三项主体技术实施用于 11586 口井，年增产气量 28.79×10⁸m³。

表 2　主体排水采气工艺技术适应条件表

类型	日产气量 / $10^4 m^3$	套压 / MPa	日产水量 / m^3	气液比 / $[m^3 \cdot (10^4 m^3)^{-1}]$
泡沫排水	> 0.5	> 8.0	< 25.0	—
速度管柱	> 0.3	> 4.0	< 16.0	—
	0.3 ~ 0.5	—	—	1.0 ~ 5.0
柱塞气举	0.1 ~ 0.3	—	—	0.3 ~ 1.0
	< 0.1	—	—	< 0.3

2.4.1　泡沫排水采气技术

近年来自主泡排剂用量逐渐加大，走泡排剂自主研发之路，提高药剂性能，是引领工艺技术、提质降本增效的必然措施[17]。针对常规泡排剂适用性不强、成本高的问题，结合苏里格气田不同区块水质差异，自 2016 年开展泡排药剂的自主研发，初步形成低成本 CQF 泡排剂产品系列，携液率较同类产品提高 10% 以上，药剂成本下降 20% 以上。系列泡排剂累计应用 2653 口井，单井增产气量 $0.13 \times 10^4 m^3/d$，累计增产气量 $4.03 \times 10^8 m^3$，成本降低 20% 以上。

针对人工工作量大，研发系列化自动加注装置，开发了自动控制系统，泡排措施的及时性、准确性大幅提高，井口加药周期从人工 3~5 天延长至 30 天，现场应用 256 口井，实施工作量降低 70%，措施有效率提高 15%。

2.4.2　速度管柱排水采气技术

针对连续油管悬挂和密封问题，近年来自主研发了悬挂器、操作窗等关键装置及工具，联合研发了 CT70 级外径 36.75mm 国产连续油管，性能满足要求，成本较引进设备降低近 50%。累计应用 625 口井，平均增产 $0.35 \times 10^4 m^3/d$，累计增产气量 $26.12 \times 10^8 m^3$。

2.4.3　柱塞气举排水采气技术

针对产气量 $3000 m^3/d$ 以下气井排水采气难题，自 2013 年开始自主研发了适用于多井型、复杂井筒环境的系列化柱塞工具，建立了柱塞气举远程监控平台，实现了柱塞远程自动调参，实现了低产气井自动高效排液（表 3）。针对常规柱塞建立了柱塞运行故障诊断及处理方法，形成技术标准指导现场应用。2022 年应用于 1301 口井，累计推广 5999 口井，年累计增产 $13.12 \times 10^8 m^3$。

表 3　系列化柱塞气举工具表

柱塞工具	技术特点	适用条件
柱状	柱状结构简单、耐磨	产量较高
衬垫式	密封性好	产量较低
刷式	通过性好	管壁不光滑

续表

柱塞工具	技术特点	适用条件
快落	连续生产	产气量大于 7000m³/d
组合式	特殊井积液问题	组合生产管柱
自缓冲	无须井下限位器	大井斜 60°
套管柱塞	密封、自捕捉	柱塞类型

2.4.4 同步回转排水采气技术

同步回转排水采气装置作为一项新型排水采气技术，采用"循环补能＋抽吸增压"排水采气方式，通过补充外来气源增大气井携液生产能力，辅助抽吸增压方式降低井口压力，提高生产举升压差，实现气井连续稳定生产。措施在气井产量降至原油管临界携液流量前适时介入，可延长气井连续生产时间周期，提升产水气井稳产能力，延长气井全生命周期，有利于提高气井最终采收率。2017 年以来累计开展了同步回转增压排水采气试验 73 口井，井均日增产气量 $0.43×10^4m^3$，累计增产 $5816×10^4m^3$，成为解决产水积液井的重要手段。

2.5 地面集输工艺

针对气田"低压、低渗透、低丰度"特点，已形成了"井下节流，井口不加热、不注醇，中低压集气，带液计量，井间串接，常温分离，二级增压，集中处理"具有苏里格气田特色的中低压集气工艺模式[18]。目前已建集气站 193 座，集气干线 29 条（968.2km），处理厂 7 座，具备年处理天然气 $300×10^8m^3$ 能力。

3 下一步攻关方向

前期在剩余气空间分布规律研究基础上，借鉴密井网试验及工具应用取得的成果，初步形成了提高采收率技术。但苏里格气田提高采收率技术及成效对比国内外致密气田开发效果仍有较大差距，主要表现在井间、层间剩余气分布规律不清、600m×800m 老井网区加密方式及经济下限不明、现有多层多段改造模式适应性不强、水平井排水采气措施有效率低等诸多方面。综合分析认为，苏里格致密砂岩气田提高采收率下一步应从储层精细描述、剩余气挖潜、井网井型优化、储层改造、气井优化配产、排水采气工艺及降低气井废弃压力等方面开展技术攻关。

3.1 储层精细描述

在前期细分 16 个单层基础上，进一步细化砂体构型单元研究[19]，开展"复合河道—单河道—单砂体"三个层级的储层定量表征[20]，刻画单砂体空间展布及叠置关系，明确砂体规模和叠置规律，构建储层地质知识库。建立三维构型模型，结合气藏数值模拟，预测剩余气空间分布，分析剩余气主控因素、类型、规模，指导井位部署与剩余气挖潜（图7）。

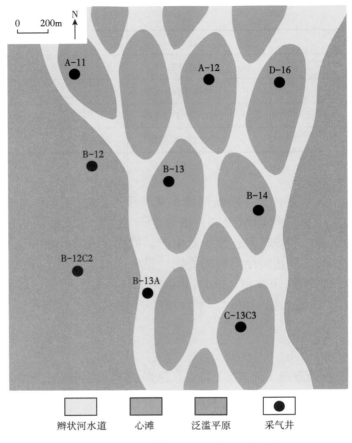

图 7 盒 8 下$^{1-1}$ 小层四级构型平面图

3.2 剩余气挖潜及井网井型优化

根据剩余气分布情况，可将已动用储量区剩余气划分为井网未控制型、水平井未动用次产层型、复合砂体阻流型、射孔未完善型和动用未采出型共计 5 种[21]，根据不同类型剩余气制订井间加密、老井侧钻、查层补孔等挖潜措施（表 4）。

表 4 剩余气类型及挖潜措施表

剩余气分布		剩余气类型	挖潜措施	开发条件
已动用区	井间	井网未控制型	小井眼加密、井间加密	增采气量＞经济成本
	井间	复合砂体阻流带	老井侧钻	增采气量＞经济成本
	井间	投产未产出（含水淹滞留气）	优化生产制度、排水采气、增压开采	高于内部收益率
	层间	水平井未动用次产层	水平井动用	增采气量＞经济成本
	层间	直定向井未射开气层	查层补孔	增采气量＞经济成本
未动用区		未钻井开发	优化开发井型、井网	高于内部收益率

苏里格气田密井网区精细评价表明，对储量丰度介于（1.3~1.8）×$10^8m^3/km^2$ 的储层，3~4 口/km^2 的井网密度既能保证经济效益又可提高采收率，当井网密度达到 5 口/km^2 时，内部收益率为零（图8），因此苏里格气田目前井网密度为 3 口/km^2、储量丰度介于（1.2~1.5）×$10^8m^3/km^2$ 时，类比储量丰度介于（1.3~1.8）×$10^8m^3/km^2$ 的储层，井网密度加密到 4 口/km^2，气田采收率可提高 6.8%（图9）。在储层厚度大、物性好、分布稳定区域可进行水平井部署[18]。井网较稀的区域可采用直定向井为主、水平井为辅模式，直定向井井网密度 4 口/km^2，水平井水平段长度介于 1000~1500m，局部根据砂体规模适当调整。

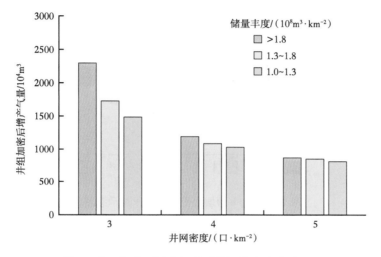

图8 井组加密后增产气量随井网密度变化关系图

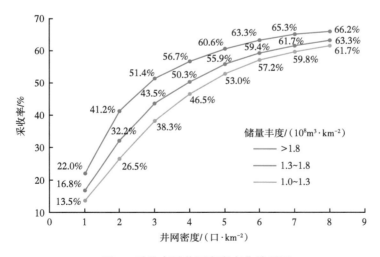

图9 采收率随井网密度变化关系图

3.3 储层改造技术攻关

针对有效砂体多期叠置，储层隔夹层发育特征，以提高储层纵向动用程度为目标，在物模实验和岩石力学地应力研究基础上,开展穿层压裂数值模拟,并结合暂堵转向压裂、裂缝监测等技术[22],攻关形成适合发育薄夹层储层的水平井穿层压裂工艺(图10),进一步提升储层改造技术水平,预计水平井累计产气可增加10%,气田最终采收率可提高2.0%以上。

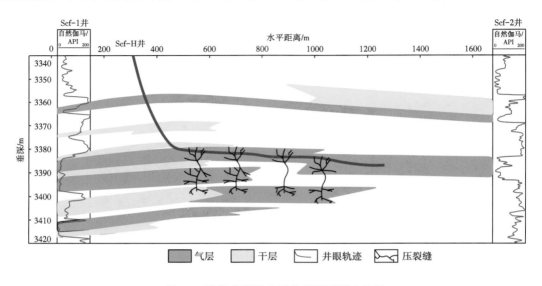

图10 致密多薄层水平井穿层压裂示意图

3.4 气井优化配产

苏里格气田气井以井下节流的开采方式生产,同时受应力敏感影响[23],气井无稳产期,即投产就开始递减。为控制递减、减少应力敏感,需开展气井优化配产研究,合理控制气井压差和压降速率,确定不同类型气井初期配产与合理产量的关系,优化初期配产,进一步提高气井累计产气。

3.5 排水采气技术攻关

以累计产气量最大化为目标,统筹考虑技术衔接性及经济性,通过攻关连续管完井采气一体化、复杂管柱水平井柱塞排采、复合排采工艺、智能化排水采气等技术,进一步降低综合成本、提升技术适应性,提高气藏采收率及开发效益,预计气田排水采气年均可增产 $17.9 \times 10^8 m^3$,提高气田最终采收率约2.0%。

3.6 增压开采技术

随着苏里格气田不断开发,低压、低产井将逐年增多,为确保低压、低产井连续生产,提高单井累计采气量和气田采收率,需进一步降低气井废弃压力。目前降低气井井口压力通常有三种增压方式:单井增压、阀组增压、集气站增压。采用单井增压和阀组增压都存在管理点多,投资大的难题。考虑气田总体工艺,采用集气站和天然气处理厂两级增压工艺、合理分配压比,最大限度地降低能耗、延长工艺流程的适应性,提高气井累计产量[24]。

两级增压技术(螺杆机 + 往复机)大规模的应用于国内煤层气[25]和页岩气的开发中,技术较为成熟。苏里格气田降低气井井口压力可借鉴国内煤层气开发模式,开展以站内螺杆机和往复机组合方式的试验与攻关，探索适合于苏里格气田开发的井口二级增压技术。预计可降低单井废弃地层压力 0.6MPa，提升单井累产约 $80×10^4m^3$，可提高气田采收率约 1.5%。

4 结论

（1）根据苏里格致密砂岩气藏有效砂体规模小、呈透镜状分散分布的地质特征，及"一井一藏"特征，认为提高井网密度对储量的控制程度是提高气田采收率的主要手段。同时通过储层压裂改造、生产制度优化、排水采气等方式充分利用井控区地层能量、降低废弃压力、有效延长气井生命周期，均可进一步提高气田采收率。

（2）近二十年开发实践表明，井网加密优化、储层改造与排水采气工艺技术升级、地面集输等提高采收率技术在苏里格气田均取得了较好的应用成效。基于多个密井网先导试验区地质解剖与开发效果分析，预计井网由目前的 3 口 /km² 加密到 4 口 /km²，采收率可提高 6.8%；直井连续分层及水平井分段压裂技术的不断升级与推广应用，大幅提高直井与水平井累积产气量，可提高采收率 2.0% 以上；泡沫排水、柱塞气举、速度管柱为主的排水采气技术助力不同类型产水井产能挖潜，可提高采收率约 2.0%；低压集输较常规气藏可降低气井井口废弃压力 0.6MPa，提高采收率 1.5%，总体可提高气田采收率 10% 以上。

（3）针对苏里格气田采收率较国际指标仍有较大差距，面临井间、层间剩余气分布规律不清、600m×800m 老井网区加密方式及经济下限不明、现有多层多段改造模式适应性不强、水平井排水采气措施有效率低等诸多难点，下一步将重点围绕剩余气精细表征、井网井型优化、薄储层水平井穿层压裂、智能化排水采气及多级增压等提高采收率新技术开展攻关，进一步完善苏里格致密砂岩气藏提高采收率技术体系，确保实现提高气田采收率 10% 的最终目标。

参 考 文 献

[1] 邹才能, 翟光明, 张光亚, 等. 全球常规—非常规油气形成分布、资源潜力及趋势预测 [J]. 石油勘探与开发, 2015, 42（1）: 13-25.
[2] 贾爱林, 闫海军, 郭建林, 等. 全球不同类型大型气藏的开发特征及经验 [J]. 天然气工业, 2014, 34（10）: 33-46.
[3] 卢涛, 张吉, 李跃刚, 等. 苏里格气田致密砂岩气藏水平井开发技术及展望 [J]. 天然气工业, 2013, 33（8）: 38-43.
[4] 谭中国, 卢涛, 刘艳侠, 等. 苏里格气田"十三五"期间提高采收率技术思路 [J]. 天然气工业, 2016, 36（3）: 30-40.
[5] 王继平, 张城玮, 李建阳, 等. 苏里格气田致密砂岩气藏开发认识与稳产建议 [J]. 天然气工业, 2021, 41（2）: 100-110.
[6] 冀光, 贾爱林, 孟德伟, 等. 大型致密砂岩气田有效开发与提高采收率技术对策——以鄂尔多斯盆地苏里格气田为例 [J]. 石油勘探与开发, 2019, 46（3）: 602-612.
[7] 尹虎, 赵修文, 李黔, 等. 水平井大规模压裂固井水泥石性能设计方法 [J]. 西南石油大学学报（自然科学版）, 2021, 43（4）: 167-174.
[8] 郭平, 景莎莎, 彭彩珍. 气藏提高采收率技术及其对策 [J]. 天然气工业, 2014, 34（2）: 48-55.

[9] 魏红红,李文厚,邵磊,等.苏里格庙地区二叠系储层特征及影响因素分析[J].矿物岩石,2002,22(3):42-46.
[10] 马新华,贾爱林,谭健,等.中国致密砂岩气开发工程技术与实践[J].石油勘探与开发,2012,39(5):572-579.
[11] 贾爱林,王国亭,孟德伟,等.大型低渗—致密气田井网加密提高采收率对策——以鄂尔多斯盆地苏里格气田为例[J].石油学报,2018,39(7):802-813.
[12] 郭智,贾爱林,冀光,等.致密砂岩气田储量分类及井网加密调整方法——以苏里格气田为例[J].石油学报,2017,38(11):1299-1309.
[13] 余浩杰,马志欣,张志刚,等.基于储层构型表征的辫状河地质知识库构建——以苏里格气田SX密井网区为例[J].大庆石油地质与开发,2020,39(2):1-8.
[14] 李跃刚,徐文,肖峰,等.基于动态特征的开发井网优化——以苏里格致密强非均质砂岩气田为例[J].天然气工业,2014,34(11):56-61.
[15] 李宪文,王历历,王文雄,等.基于小井眼完井的压裂关键技术创新与高效开发实践——以苏里格气田致密气藏为例[J].天然气工业,2022,42(9):76-83.
[16] 张春,金大权,李双辉,等.苏里格气田排水采气技术进展及对策[J].天然气勘探与开发,2016,39(4):48-52.
[17] 余淑明,田建峰.苏里格气田排水采气工艺技术研究与应用[J].钻采工艺,2012,35(3):40-43.
[18] 李颖琪,董欣,艾江颖,等.苏里格气田地面集输工艺模式演变及优化探讨[J].内蒙古石油化工,2019,45(12):110-114.
[19] 马志欣,张吉,薛雯,等.一种辫状河心滩砂体构型解剖新方法[J].天然气工业,2018,38(7):16-24.
[20] 马志欣,吴正,张吉,等.基于动静态信息融合的辫状河储层构型表征及地质建模技术[J].天然气工业,2022,42(1):146-158.
[21] 侯科锋,李进步,张吉,等.苏里格致密砂岩气藏未动用储量评价及开发对策[J].岩性油气藏,2020,32(4):115-125.
[22] 何明舫,马旭,张燕明,等.苏里格气田"工厂化"压裂作业方法[J].石油勘探与开发,2014,41(3):349-353.
[23] 李鹏,范倩倩,霍明会,等.苏里格气田气井配产与递减率关系研究及应用[J].西南石油大学学报(自然科学版),2020,42(1):126-132.
[24] 王登海,郑欣,张祥光,等.苏里格气田稳产期地面工程的优化难点与对策[J].天然气工业,2016,36(12):100-107.
[25] 徐凤银,闫霞,林振盘,等.我国煤层气高效开发关键技术研究进展与发展方向[J].煤田地质与勘探,2022,50(3):1-14.

摘自:《天然气工业》,2023,43(6):66-75

中国海上气田开发与提高采收率技术

张　健[1,2]　李保振[1,2]　周文胜[1,2]　周守为[1,3,4]
朱军龙[2,4]　刘　晨[1,2]　李乐忠[1,2]

1. 海洋石油高效开发国家重点实验室；2. 中海油研究总院有限责任公司；
3. 中国海洋石油集团有限公司；4. 中国海洋资源发展战略研究中心

摘要：中国海上目前在生产气田共计30个、气井总数为288口，主要分布在莺歌海盆地、琼东南盆地、珠江口盆地、东海陆架盆地和渤海湾盆地。海上气田的勘探成本、工程建造成本、钻完井和生产操作费用均较高，加之开发调整及生产措施实施难度大，因而陆上气田开发采用的相关方法和技术在海上推广应用受到诸多限制。为了提高中国海上气田开发的效益，有必要归纳和总结我国海上气田在开发技术与提高天然气采收率技术方面的研究成果与实施经验。按照气藏特点，将中国目前的海上气田分为凝析气藏、低渗透气藏、边底水气藏、高温高压含酸气气藏、深水气藏等5种类型；在此基础上，对其地质特征、开发特点及存在的问题分别进行了探讨；进而结合典型案例对各类气藏的配套开发技术与提高天然气采收率技术及实施经验进行了总结；最后对中国海上天然气开发技术的发展方向及潜力给予了展望。

关键词：中国；海上气田；凝析气藏；低渗透气藏；边底水气藏；高温高压含酸气气藏；深水气藏；气田开发；提高采收率

1　研究背景

中国海上目前在生产气田共计30个（本文统计的数据暂未包含中国台湾地区，下同），主要分布在莺歌海、琼东南、珠江口、东海陆架、渤海湾等盆地[1]，气井总数为288口。2022年8月，中国海上气田日产气量为$0.5×10^8 m^3$，采气速度为2%，采出程度为24%。由于海上气田勘探成本、工程建造成本、钻完井和生产操作费用均较高，因而探井评价井少、录取资料少，地质认识不确定性风险大；加之开发调整及生产措施实施难度大，陆上气田开发采用的相关方法和技术在海上推广应用便受到诸多限制[1-3]。

常规天然气田分类标准包括埋藏深度、储层物性、储量规模、流体类型等。为了提高我国海上气田开发的效益，本次研究在系统调研我国海上已开发主力天然气田现状的基础上，按照其典型地质、气藏特点与面临的开发技术挑战，将我国海上气田划分为下述5种类型并进行有针对性地剖析，包括：（1）凝析气藏；（2）低渗透气藏；（3）边底水气藏；（4）高温高压含酸气气藏；（5）深水气藏。在此基础上，对上述5类海上典型气藏的开发开采技术与提高采收率技术进行了详细介绍；进而结合具体气藏实例，阐述了相关技术的实施效果，提出了中国海上天然气开发技术发展建议，以期为同类气藏的开采提供借鉴。

基金项目："十三五"国家科技重大专项课题（编号：2016ZX05025-003）。

2 凝析气藏

我国已在渤海海域、东海盆地和珠江口盆地珠三坳陷勘探发现了一批凝析气藏。这些气藏埋藏普遍较深，一般都超过 3000m，只有 JW 气田例外，其埋深只有 2200m，为一个异常高压气藏，气层压力高达 35MPa。该气藏储层为古近系沙河街组砂岩和古潜山，古潜山储层包括古生界碳酸盐岩、中生界火山岩和元古界花岗岩。这些凝析气藏往往含有底油或油环，甚至含有底水或边水，有的可能是油藏中的凝析气顶，有的在深层是气藏，而在浅层则是油藏（JW 气田）[4-8]。

2.1 开发特征

在此以 JW 凝析气田为例（图 1），介绍该类气藏的开发特点。该气田气油比介于 3000~4200m³/m³，凝析油含量介于 180~240g/m³，凝析油含量中等。地层中反凝析的凝析油量约为 5%，衰竭开发不会造成大量凝析油损失在地下；经论证该气田采用衰竭方式开发。该气藏属于局部具有底油底水的凝析气藏，这种复杂的气藏条件使得部分气井随着生产时间的增长而出黑油出水，影响了气井的产能、最终采收率和稳定供气。为了维持稳定供气，通过对气井的合理管理，减轻出黑油对气田所造成的不利影响，并且通过排液采气提高天然气采收率和底油的动用程度。目前该气田天然气采出程度已超过 60%，并且日产气量在 $5\times10^4 m^3$ 左右，仍在维持稳定供气，气田总体开发效果较好[4-5]。

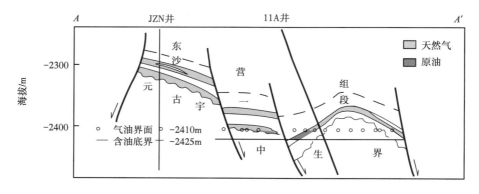

图 1 JW 凝析气田过井剖面图

这种带油环凝析气藏的开发主要具有 2 个特点：（1）相态复杂，凝析油会在储层中反凝析而损失在地下，同时凝析油引起"液锁"现象也有可能造成气井产能下降；（2）气井可能会受到边底油/水的干扰，引起井底积液问题而造成产能严重下降。

2.2 开发技术与提高采收率技术

凝析气藏在开发过程中会发生复杂的物理化学相变，开发机理复杂、开发难度大；开发过程中的液相伤害、天然气水合物堵塞、井筒积液、气窜等都有可能影响气井产能与凝析油采收率。凝析气藏的开发需要综合考虑地质条件、气藏类型、凝析油含量与经济指标等多个方面的因素。对高含凝析油的凝析气藏，要尽可能地防止地层压力降至露点压力以下，以避免大量凝析油损失在地层中，同时对有边底水的凝析气藏还要防止边底水的侵入。

考虑到经济性,目前海上凝析气藏开发仍以衰竭开发方式为主,但围绕提高凝析油采收率已开展了注气、注水维持地层压力的开发技术研究,并计划在BZN等高含凝析油气田开展矿场实践。

2.2.1 动态配产分类管理

根据气田的物性特点、动用程度及压降规律等分区域、分阶段制订动态配产策略,推进气藏均衡开发:(1)高产气井生产稳定、压力充足,开井时率和气井利用率高,采取控制压降速率配产策略,在供气量较低时降低配产,严格控制生产压差,当气量大幅增加时,可以适当提高产量以保证用户需求,能够在短时间内起到快速调峰的作用;(2)低产气井产气携液能力逐渐下降,容易导致井筒积液,可以采取提产带油配产策略,确保其依靠自身能量正常生产,延长气井连续生产时间;(3)临界停喷气井井口压力较低,带液能力差,可以采取不定期配产策略,通过适当关井并根据压力恢复情况间歇性生产。

2.2.2 带油环凝析气藏开发技术

JW凝析气田为带边底油/水的凝析气藏,随着气井生产时间的增长,位于边部的气井和裂缝型地层的底油气井陆续见黑油,部分气井见水。出黑油未出水的气井虽然产能下降,但不会有停喷的危险。正常情况下,随着开采时间的增长,凝析气藏气油比呈稳定上升趋势,但出黑油后气油比则急剧下降(图2)。气井出黑油后极有可能会使气井的产能严重下降。因此气井出黑油后只能适当放大生产压差,从而达到最小携液产量,保持气井的正常生产。

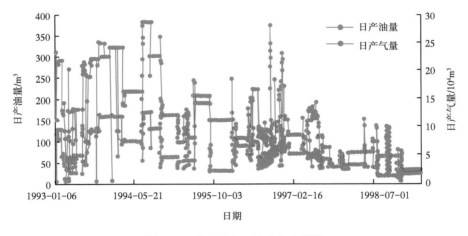

图2 S4井日产气/油动态曲线图

2.2.3 注气提高采收率技术

2019年渤海中部海域发现了BZN凝析气田,目前已探明天然气地质储量约$2000×10^8m^3$,开发潜力巨大。该气藏凝析油含量较高(约711g/m^3),同时又富含CO_2;计划将该气藏产出的CO_2分离后进行回注,一方面可以通过循环注气,保持气藏压力,减少凝析油反凝析,提高凝析油采收率;另一方面因该油田本身产出的气回注与油藏地层与流体兼容性好,不需要管道输送,只需要配备油气分离装备和压缩机,技术上较为经济可行。

关于海上凝析气田开发，已经获得了以下认识：（1）目前海上采用的衰竭式开采方式可以最大限度地获取天然气，并节省开采成本，尽管凝析油采收率较低，但仍然不失为目前海上凝析气田最有效的开发方式；（2）将压力保持在露点以上开采，可以增加凝析油采收率，适用于凝析油含量较高的气田（如 BZN 气田），可通过循环注产出气来保持地层压力；（3）采用水平井开发凝析气田，不但可以提高单井产量，而且还可以提高整个油气田的油气采收率。

3 低渗透气藏

3.1 开发特征

近年来，在海上勘探发现了大量的深部低渗透致密气藏。该类气藏埋深多超过3000m，而且随着埋深的增加，低渗透气藏天然气储量规模越来越大。海上低渗透气田主要分布在 PH 气田、TWT 气田及南海 WCN 气田群[9-12]。下面以 WCN 气田群为例来说明海上低渗透气藏开发的特征。

WCN 气田处于南海西部海域内，距离海南省文昌市东海岸约146km，其主要含气层段位于古近系珠海组一、二、三段，主要沉积环境为扇三角洲；气藏中部埋深约为3700m，是一个受断层封闭的断鼻构造。珠海组整体发育的储层岩石类型主要为长石岩屑砂岩和岩屑长石砂岩。其中珠海组三段Ⅰ气组孔隙度介于 8%~10%、平均值为 6.9%，渗透率介于 0.2~7.9mD、平均值为 1.8mD，为特低孔隙度、低渗透储层。珠海组三段Ⅱ气组孔隙度介于 10%~12%、平均值为 9.8%，渗透率介于 0.8~1.6mD、平均值为 0.9mD，为低孔隙度、低—特低渗透储层；气藏为正常温度压力系统，天然气相对密度约为 0.8，其中甲烷含量介于 35%~79%，重组分含量高；气田凝析油含量介于 109.0~657.4g/m^3。WCN 气田群开发井型为定向井和水平井，依靠天然能量开发。2018 年投入开发后，部分井由于储层物性差、产水量大等原因钻后产能未达预期效果，定向井初期产气量约 3×10^{4}m^3/d，水平井初期产量介于（10~30）×10^{4}m^3/d。截至 2020 年 12 月 31 日，WCN 气田群平均日产气量约为 80×10^{4}m^3、日产凝析油 200m^3，气田采出程度为 9.51%。

3.2 开发技术与提高采收率技术

海上低渗透—超低渗透油气藏自然产能较低，需要实施一定的储层改造措施来释放油气井产能。

3.2.1 酸化技术

抗高温完井产能释放液产能释放增产技术应用于海上低渗透油气藏，取得了良好的解堵增产效果。抗高温产能释放液体系包括双效型固体酸破胶剂、孔道疏通剂、降压助排剂、防水敏剂、防水锁剂及高温缓蚀剂等，能够起到解除堵塞、溶解地层矿物、提高返排效率、预防和解除水敏伤害等作用。WCN 气田的 5 口水平井和 2 口定向井成功应用了抗高温完井产能释放液体系，其中 X3H 水平井共使用 30m^3 抗高温完井产能释放液，测试时该井的最高产气量达到了 46.9×10^{4}m^3/d，是配产量的 1.68 倍，达到了良好的完井增产效果，常规酸化解堵产能释放增产技术成为海上低渗透—超低渗透油气藏的首要选择。

3.2.2 水平井技术

针对WCN气田储层低孔隙度、低渗透率特点，沿用常规直井应对气田开发产量低、产量递减快等问题的办法，采用较大规模的水平井技术进行开发，以获得较高的产能、提升气藏综合开发效果，水平段长度一般约为1200m，现场应用取得了良好的开发效果，水平井的日产气量可达定向井的3~5倍，如图3所示。

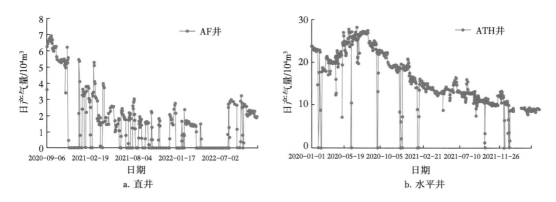

图3 直井与水平井生产曲线对比图

3.2.3 压裂技术

海上油气田受到完井方式、作业空间及施工成本等因素的限制，无法摆放大量的压裂装备，压裂材料的连续供应也存在着巨大的挑战，无法将陆地成功压裂经验直接照搬应用于海上。海上低渗透气藏的增产手段主要依靠酸化解堵、水平井技术及小规模压裂技术。2008年11月，为了提高单井产量和改善开发效果，对TW气田AF井进行了加砂压裂试验，施工排量介于2.2~2.6m³/min，泵压介于14~36MPa，加砂量为17.5m³，累计用液量为250m³，停泵压力为12MPa。经计量，压裂后AF井天然气产量从压前的$0.7×10^4m^3/d$提高到$5.0×10^4m^3/d$左右（图4），油压保持在14~15 MPa，压裂措施取得了良好的增产效果。

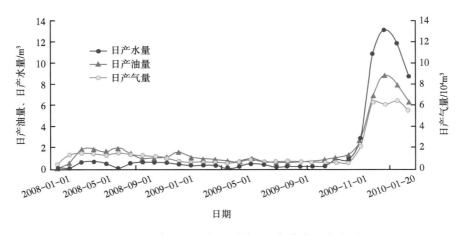

图4 TW气田AF井压裂前后油气水产量变化图

4 边底水气藏

海上在生产气田多数为边水或底水驱动,常规边底水气藏储层岩石类型以砂岩为主,储层渗透性基本为中—高渗渗透率,压力系统以正常压力梯度为主。

4.1 开发特征及存在的问题

以YCT气田为例来说明海上边底水气田开发的特征及所存在的问题。该气田发育3套含气层,沉积环境由三角洲水下分流河道、三角洲外前缘为主的沉积向水下分流河道转变[13]。气藏气水分布受构造、地层和岩性的控制,从气、水分布位置划分应属于边水气藏,气藏埋深介于3600~3960m,具有良好的孔渗条件,孔隙度峰值为14.0%,渗透率峰值为190.0mD,属低孔中渗—中孔高渗储层[13-14]。YCT气田自1996年正式投入生产以来,采用衰竭式开发,投产初期单井日产气量介于(150~200)×10^{4}m^3,气田生产能力旺盛。生产过程中,水淹问题比较明显,自2011年进入产量递减期以来,过半生产井见水,生产形势严峻。截至目前,气田采出程度达70.2%(图5)。YCT气田是南海西部海域投产的第一个气田。针对该气田动静态储量差异大、见水明显、压力下降快等问题,综合分析影响气藏采收率的主要因素,提出考虑储量动静比影响,对水驱气藏采收率标定方法进行改进,利用改进后方法计算得到的YCT气田标定采收率为79%。

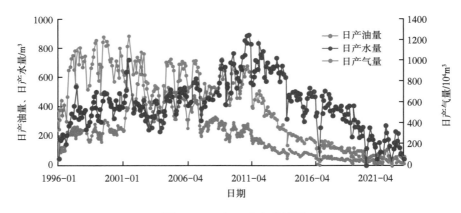

图5 YCT气田生产曲线图

4.2 开发技术与提高采收率技术

中—高渗透边底水驱气藏开发过程中面临的主要问题就是气井出水问题。由于海上气田采气速度普遍较高,因此,不少边底水驱气藏在采出程度较低的时候就已见水,如DFO、LDS、LWT、CXN等气藏均已见水。根据海上气藏开发特点及现场经验,认为海上中—高渗透边底水驱气藏开发技术上应以控水和降压开采为主,具体可以从以下3个方面开展工作:

(1)加强排水采气工艺研究,做好气田出水井的综合治理,延长老气田的经济寿命。海上气田气井见水的治理尚处于起步阶段,借鉴陆地气田已有的排水采气工艺,目前海上气田已在管柱优化、电潜泵排水采气、分层卡水等方面取得了一定的实施效果。例如YCT气田采取综合治水工艺措施，减弱水侵强度。针对YCT气田见水的情况，分别从控水、排水、降低水伤害等角度进行综合治水，通过对7口井实施治水措施后，合计增加日产气量150.2×10^{4}m^3/d。

（2）逐步实施流程降压，提高气田采收率。通过引入压缩机降低井口流压，延长气井生产寿命，提高生产时率，在气田生产中后期提高采收率方面取得了良好的效果，已经成为主要措施之一。如YCT气田于2012年8月通过对压缩机改造，使最低入口压力由2.56MPa降至2.07MPa，后又降至1.38MPa，气田外输日产气量较降压前增加约58×10^{4}m^3/d。

（3）层系优化，适时调整开发层系。强化对于储层的认识，根据生产动态及时分析各层的采出程度，注意由于层间干扰、物性差等因素形成的剩余气富集区，适时进行开发层系调整，提升边底水气田的开发效果。例如YCT气田针对纵向连通性差的问题，对原先射开上部层位的3口井下部地层进行了补射孔作业，补孔实施后，压力梯度测试表明井筒压力明显上升，表明产层下部储量得到了充分动用。通过完善开发井网，气田储量得以充分动用。

5 高温高压含CO_2气藏

5.1 开发特征及存在的问题

近年来在南海西部发现了大量的高温高压天然气藏，其发现与开发给南海西部天然气增储上产带来了重大机遇。这些高温高压气藏具有温度高、压力高、CO_2含量高的"三高"特征[15-17]。以DFO气田FT井区上中新统黄流组气藏为例，该气藏位于南海北部莺歌海海域，距海南省莺歌海镇约100km，海水深度约67m。下面以中深层黄流组FT井区气藏为例，介绍该类气藏的特色开发技术，其构造中心部位为DFO气田构造的断裂复杂带，目的层皆位于背斜构造翼部，主要受构造和岩性的控制，纵向上含气层位多，具有多套气水系统；驱动类型为高温高压的弹性弱边水驱动。其储层表现为中孔低渗的特征，孔隙度平均值为18%，渗透率平均为7mD。地层压力系数介于1.88~2.00，属于异常高压系统，储层压力约52MPa，温度约135℃。天然气探明地质储量近100×10^{8}m^3。中深层黄流组FT井区气藏普遍含CO_2，其含量介于15%~75%，凝析油性质较好。依托该气田现有的设施，新建1座井口平台F平台，于2015年5月投产，采用自喷的方式开采，依靠天然能量衰竭式开发。截止到2020年12月31日，该气田天然气采出程度为43.2%。

由于海上高温高压气藏的特殊性，其天然气开发过程中存在着以下挑战[15-17]：

（1）海上"双高"气藏温度高达200℃，钻井液密度值超过2.0g/cm^3，具有高投入、高技术含量和高风险的特征，普遍存在着钻井事故多、作业周期长、费用高的现象。对生产井来说，还要面对长期生产的井筒完整性难题，给油气生产带来了巨大的安全隐患。

（2）高温高压高含CO_2造成对于流体渗流机理认识不清、关键参数评价难度大等不利因素，测试费用高、测试成功率低，从测试、理论公式计算求取气井产能难度较大。

（3）DFO气田CO_2组分含量超过30%，给气井生产管柱、平台工艺系统和海底管线的安全生产都带来了隐患。同时由于储层非均质性强及断层分割，不同气井天然气组分含量差异大，但下游用户对天然气组分含量的稳定性要求又较高，使得高烃井生产负荷重、压力下降快、区块生产不均衡、气田动用程度不均。

5.2 开发技术与提高采收率技术

5.2.1 勘探开发技术

针对上述挑战,中国海洋石油集团有限公司(以下简称中海油)致力于"双高"气藏勘探开发技术的研究与重点攻关工作,主要理论和技术创新包括:高温高压油气成藏模式及有利勘探区块识别技术、高温高压气藏精确地层压力预监测技术、高温高压气藏钻井液和储层保护技术、高温高压气藏固井技术、高温高压气藏完井工艺及特殊工艺技术等,系统掌握并通过实践积累了较为完整的海上高温高压气藏勘探开发配套技术。

5.2.2 产能评价技术

南海西部海域是海上高温高压气藏的主要分布区,其测试费用高、测试成功率低,通过测试获取气井产能难度大。针对南海西部高温高压高 CO_2 气藏的特征,重点考虑储层应力敏感效应、CO_2 含量、气井表皮系数等参数对气井产能的影响,建立南海西部区域产能预测技术,形成了以高温高压气藏储层非均质精细表征技术、高温高压气藏产能及动储量评价技术为核心的高温高压气藏开发技术系列,有效地推动了东方气田群高温高压气藏的开发,积累了宝贵的海上高温高压气田开发经验(图6)。

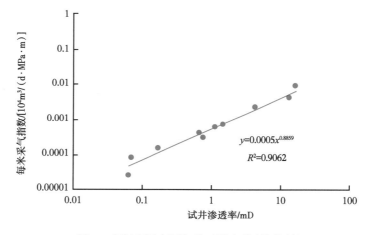

图 6　南海高温高压气井区域产能预测图版

5.2.3 高含 CO_2 气藏的动态优化配产及管材防腐技术

由于海上气田实现联网生产,复杂组分气藏的气井产能、组分均有差异,要制订复杂组分气藏天然气最优化的交错单井配产方案、实现供气量最大化,不仅要满足气藏合理、均衡开采的需要,还要综合考虑气田各关键生产设施的处理能力及下游不同用户对供气量和供气组分的不同需求,进而实现动态优化配产。

气田生产防腐在材质选择上既要考虑成本,又要考虑材料的可靠性,突出防腐的重点对象,对高含 CO_2 区块的气井管柱和主工艺系统管线材料尽量满足防腐蚀的要求,定期进行巡检和测试,防止因腐蚀引起的安全事故的发生。

5.2.4 提高气田采收率潜力及技术攻关方向

中海油目前已发现的高温高压天然气储量超过 $1000×10^8m^3$，中国巨大的能源需求量需要海上气田开发技术的突破。根据研究分析，针对高温高压气藏提出了 4 个技术攻关方向：（1）工艺优化技术；（2）材料防腐技术；（3）温压监测技术；（4）井下流量监测技术。通过攻关实践，在整体加密与综合调整的基础上，可将该类气田的天然气采收率再提高 2%~5%。

6 深水气藏

6.1 气藏特征及存在的问题

当前，深海油气逐渐成为我国油气资源勘探开发的重点领域与方向。对深海油气资源加大勘探开发力度，是未来油气增储上产的关键，对于保障我国能源供应安全具有重大的意义。20 世纪末至 21 世纪初，我国曾与国外两次合作勘探南海莺琼盆地深水区，但均未取得成功。在坚持自主创新、精细勘探与深化研究的基础上，经过近 10 年反复探究和摸索，中海油落实了南海 LSS 区块含油气构造。2014 年发现了储量超过 $1000×10^8m^3$ 的深水大气田。LSS 气田位于琼东南盆地北部海域，距离海南省三亚市约 149km，水深介于 1250~1550m。该深水气藏为沿峡谷呈条带状展布的岩性圈闭气藏，主要发育厚层限制性低—中弯度浊积水道复合体；主要含气层位为上中新统黄流组，埋深约 3000m，属于高孔高渗储层。该气藏含有多套气水系统，但水体能量不大。主要目的层黄流组地层平均压力约 39MPa，压力系数约为 1.2，属正常温压系统，天然气组分中纯烃含量超过 98%。该气田为常温常压条件下的高孔高渗高烃高产的优质大型深水气田。

我国深水气田开发起步较晚，由于深水气田开发技术难度高、风险大、费用高，在深水气田开发方面还面临诸多挑战，包括但不限于：（1）深水陆坡环境条件复杂，存在着台风、内波、滑塌等浅层地质灾害风险；（2）复杂的油气藏特性（高温、高压）和低温的深水环境的不利影响；（3）深水开发钻完井日费高，水深增加使完井作业难度和风险加剧，易生成天然气水合物，隔水管及井筒清洁难度大；（4）深水远距离混输中流动安全保障面临着巨大的挑战[18-19]。

6.2 "深海一号"能源站建设与创新

面对 LSS 超深水气田开发的挑战，中海油研发团队坚持创新导向，一方面积极参考国际上典型深水气田的开发模式、技术方案、建设实践经验与教训，另一方面充分调研、了解国内建造资源并进行定制化设计，以期大幅度降低工程投入，带动国内产业链发展，最终创造性提出在深水区部署一座带立柱储油功能的半潜式生产储卸油平台进行气田开发的模式（图 7）。

"深海一号"大气田于 2021 年 6 月成功投产，是我国首个自主发现和勘探开发的超深水大气田，首次采取"半潜式生产储卸油平台＋水下生产系统＋海底管道"的全海式开发模式，通过自主设计、优化组织与管理、强化技术攻关与创新，成功建造了全球首座 10 万吨级深水半潜式生产/储卸油平台——"深海一号"能源站。在其工程设计过程中取得了多项重大技术创新，包括：（1）半潜式深水多立柱生产储卸油平台理论研究方法和设计技术；（2）陆地建造中首创的世界最大吨级开口结构物预斜回正荷载横向转移技术;(3)万吨级超大结构物大变形半漂浮精准合拢技术。这些技术的创立和成功应用,丰富了我国现有深水油气田开发工程装备的核心技术体系,可以为我国今后深水油气田开发提供有力的支撑和借鉴。

图 7 "深海一号"气田开发项目枢纽示意图

"深海一号"大气田的成功开发,标志着中国海洋石油工业勘探开发和生产能力实现了从 300m 水深到 1500m 超深水的历史性跨越,使我国海洋石油勘探开发能力全面进入"超深水时代"[18-20]。该气田投产后,使中海油在南海的天然气生产供应能力提升到每年 $1.3×10^{10}m^3$ 以上,相当于海南省全年用气量的 2.6 倍,成为南海新的能源中心,对于保障国家能源安全、改善能源结构、推进能源转型、助力实现"双碳"目标,都具有重要的推动和促进作用。

7 结论

(1)结合典型实例,系统总结了我国在海上凝析气藏、低渗透气藏、边底水气藏、高温高压含酸气气藏、深水气藏等方面的开发技术与提高采收率技术进展情况与应用效果。

(2)受作业空间、施工成本等限制,海上低渗透气藏开发难以沿用陆上气田大规模压裂措施。实践证明,酸化、水平井及小规模压裂技术在海上低渗透气藏开发方面可以取得良好的效果。

(3)针对边底水气藏水淹问题,采取补孔措施、完善井网、适时降低井口压力,并且采取控水、排水、降低水伤害等措施,可以在保持气田稳产的同时改善气田开发效果。

(4)我国在海上高温高压含 CO_2 气藏开发方面取得的高温高压气藏地层压力检测、钻完井、产能评价等技术突破,推动了我国海上大型高温高压气田的高效开发。

(5)我国深水气藏开发方面研发出的世界首例深水十万吨级生产/储卸油半潜平台的开

发模式,支撑了我国油气勘探开发向南海深处进军,也为全球类似气田的开发积累和提供了宝贵的经验。

参 考 文 献

[1] 周守为,李清平. 开发海洋能源,建设海洋强国[J]. 科技导报,2020,38(14):17-26.
[2] 郭平,景莎莎,彭彩珍. 气藏提高采收率技术及其对策[J]. 天然气工业,2014,34(2):48-48.
[3] 陈国风. 我国近海天然气田开发中值得重视的几个问题[J]. 中国海上油气(地质),1998,12(6):394-398.
[4] 赵春明,张占女,黄保纲,等. 渤海锦州20-2凝析气田开发实践[J]. 油气井测试,2011,20(1):60-61.
[5] 黄雷,满海强,王迪,等. 渤海凝析气田开发后期技术对策[J]. 石油地质与工程,2021,35(6):63-67.
[6] 赵鹏飞,胡晓庆,武静. 锦州20-2凝析气田南高点油环问题浅析[J]. 中国海上油气,2012,24(3):30-34.
[7] 张迎朝,徐新德,尤丽,等. 珠江口盆地文昌A凹陷低渗凝析气藏天然气成因及成藏模式[J]. 天然气地球科学,2014,9(25):1321-1326.
[8] 王新亮. 海上凝析气田开发中后期存在的问题及技术对策——以平湖气田为例[J]. 石油天然气学报,2020,42(3):106-112.
[9] 谢玉洪. 南海西部低渗油气藏勘探开发探索与实践[J]. 中国海上油气,2018,30(6):80-85.
[10] 沙雁红,周文胜,安桂荣,等. 海上气田开发难点与技术对策[C]// 天然气藏高效开发技术研讨会. 北京:中国石油学会、北京石油学会,2012.
[11] 李久娣,孙莉,陈敏,等. 东海深层低渗储层伤害评价与防治技术[M]. 北京:中国石化出版社,2011.
[12] 郭士生,罗勇,张海山. 东海低孔渗气田压裂技术实践[J]. 石化技术,2016(11):279-279.
[13] 谢玉洪,黄保家. 南海莺歌海盆地东13-1高温高压气田特征与成藏机理[J]. 中国科学:地球科学,2014,44(8):1731-1739.
[14] 郭晶晶,张烈辉,涂中. 异常高压气藏应力敏感性及其对产能的影响[J]. 特种油气藏,2010,17(2):79-81.
[15] 李华,成涛,陈建华,等. 南海西部海域莺歌海盆地东方1-1气田开发认识及增产措施研究[J]. 天然气勘探与开发,2014,37(4):33-37.
[16] 姜平,王雯娟,陈健,等. 崖城13-1气田高效开发策略与实践[J]. 中国海上油气,2017,29(1):52-58.
[17] 张凤红,余元洲,王冬梅,等. 海上复杂断块凝析气田排水采气工艺技术探讨[J]. 中国石油和化工标准与质量,2012,33(16):256-257.
[18] 彭作如,张俊斌,程仲,等. 南海M深水气田完井关键技术分析[J]. 石油钻采工艺,2015,37(1):124-128.
[19] 谢仁军,李中,刘书杰,等. 南海陵水17-2深水气田开发钻完井工程方案研究与实践[J]. 中国海上油气,2022,34(2):116-124.
[20] 尤学刚,周守为,张秀林,等. "深海一号"能源站建设实践与创新[J]. 中国工程科学,2022,24(3):66-79.

摘自:《天然气工业》,2023,43(1):132-140

低压低产页岩气井智能生产优化方法

祝启康[1,2]　林伯韬[1]　杨　光[3]　王俐佳[4]　陈　满[5]

1. 中国石油大学（北京）人工智能学院；2. 中国石油大学（北京）安全与海洋工程学院；
3. 中国石油大学（北京）信息科学与工程学院；4. 四川页岩气勘探开发有限责任公司；
5. 中国石油西南油气田公司四川长宁天然气开发有限责任公司

摘要：针对页岩气井在生产后期因积液和地层压力不足影响产量的问题，提出一种适用于低压低产页岩气井的智能生产优化方法，以人工智能算法为中心，实现气井的自动生产和运行监测。智能生产优化方法基于长短期记忆神经网络预测单井产量变化，指导气井生产，实现积液预警和自动间歇生产等功能，配合可调式油嘴实现气井控压稳产，延长页岩气井正常生产时间，提高井场自动化水平，实现"一井一策"的精细化生产管理模式。现场试验结果显示，优化后的单井最终可采储量可提高15%。相较于衰竭式开发后立刻采用排采工艺的开发模式，该方法更具有经济性，且增产稳产效果显著，具有较好的应用前景。

关键词：页岩气；低压低产气井；生产优化；人工智能；长短期记忆神经网络；可调式油嘴

0　引言

单井产量预测是评价气井生产状况、编制开发方案的重要参考依据，是实现气井智能化生产的关键。目前预测气井产量的方法有数学建模和人工智能算法。常用的数学建模方法包括数值模拟、解析解分析和递减曲线分析。数值模拟方法评价页岩气藏产量准确性较高，但建立模型需要大量的地质资料[1-5]。解析解分析基于页岩气的吸附解吸和扩散规律建立产量模型，理论求解过程复杂，且建模一般需要试井数据[6-8]。递减曲线分析基于生产井的产量历史数据进行产量预测及可采储量估算，主要方法有Arps递减、幂指数递减、扩展指数递减和Duong递减[9-11]，这种方法适合预测长期产量变化，对日产量预测精度低。

随着机器学习理论与技术的发展，神经网络模型开始广泛应用于石油工程领域。吴新根等[12]引入前馈神经网络（BP）预测油田产量效果良好。Calvette等[13]讨论了长短期记忆神经网络（LSTM）模型预测油气产量相比油藏数值模拟的优势。Wang等[14]使用集成方法、线性回归、支持向量机、回归树、高斯过程回归、LSTM等5种模型预测油井产量，发现LSTM模型的预测结果最准确。Lee等[15]使用LSTM模型预测加拿大Alberta地区页岩气井的月产量，论证了LSTM相比递减曲线分析的优势。由于LSTM模型具有产量预测精度高、所需数据量小的优点，更加适用于非常规油气产量预测，因而被广泛应用于

基金项目：国家科技重大专项"大型油气田及煤层气开发"课题4"页岩气排采工艺技术与应用"（编号：2017ZX05037-004）。

生产现场的快速分析。学者们对 LSTM 模型不断进行优化，如 Kocoglu 等[16]使用基于贝叶斯优化的 Bi-LSTM 模型预测水平井产量，预测精度比 LSTM 模型有所提高。Zhan 等[17]用集成学习方法组合了两种特性不同的 LSTM 模型，极大地提高了模型预测的准确性。Song 等[18]提出基于粒子群优化的 LSTM 模型预测新疆油田日产油量，选取油嘴尺寸与产量为特征量，预测准确性较高。邱凯旋[19]选取油管压力、套管压力、储层温度等 7 个特征量，采用 LSTM 模型对鄂尔多斯盆地连续生产 1~4 年的气井生产数据进行建模预测，预测结果精度较高。

四川南部地区部分页岩气井在生产中后期出现地层压力低、井筒积液、气井排酸等问题，需要定期关井恢复地层压力或者进行排水修井作业，稳产时间短、生产数据连续性差，建立 LSTM 产量预测模型需要针对性优化。此外，当前川南地区低产页岩气井生产还存在 3 个突出问题：(1)气井生产中后期，井内积液、地层压力衰减快等问题使单井日产量变化幅度大，产量波动难以把握，导致工程师对生产过程中出现的井口压力突然降低、产量低于携液流量等问题预测不足，错失生产工艺介入的最佳时机。(2)由于井内压力不足，依靠经验设计间开方案、采取定时或定压自动间开的生产方式难以准确把握气井产量恢复时间。(3)生产过程中压降难以控制，地层压降过快会导致裂缝中支撑剂失效，降低储层渗流能力，影响气井产能。

针对上述问题，本文提出一种适用于低压低产页岩气井的智能生产优化方法，由 LSTM 产量预测模型、积液预警和间歇控制等子程序和可调式油嘴、数控关井阀门等硬件组成。通过单井产量预测和可调式油嘴精确控压，实现维持页岩气井增产稳产及对常见异常工况的预警功能，提供针对低压低产页岩气井生产过程的解决方案。

1 气井智能生产优化的系统架构

油气田智能化生产是未来石油工业的发展趋势之一。经过信息化建设的井场可以在现有气井生产系统的基础上进行优化，添加分析预测、控压调产、自动间开、积液预警等自动生产与辅助决策功能，实现"一井一策"的生产管理模式，提升油气田的自动化与智能化水平。实现智能化生产的关键在于对气井生产状况的提前预判和存在问题的实时反馈，准确预测产量是智能化生产的核心工作。通过预测气井产量确定单井合理生产方案，控制气井压降速率，保障油气藏增产稳产，也是页岩气田后期生产管理的基础工作。

气井生产优化的系统架构主要由硬件层、控制层、算法层和应用层组成，分层实现不同功能，每一层都向上层提供服务，向下层下达指令（图 1）。每层内含多个模块以实现具体功能，同层模块间可互相交换数据。硬件层负责收集并向上层传递生产数据，接收控制信号执行对应硬件动作。控制层作为中介层，将上层命令解释为控制信号发往硬件层。算法层将传入的生产数据进一步加工处理后向上层传递，向下层发出调产、调压等任务指令。应用层直接与工程师交互，负责展示生产信息、监测预警生产状态，向下层传递工程师的指令。在该架构下，向各层分别添加对应的功能模块即可拓展气井生产系统的功能，实现对页岩气井的生产优化。

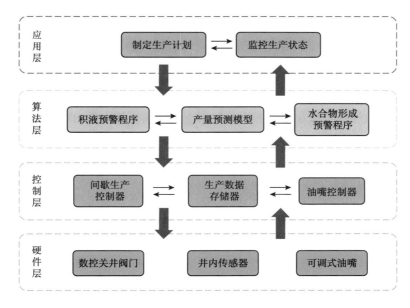

图 1 页岩气井智能生产优化架构图

2 智能生产优化方法

2.1 智能生产优化流程

利用 LSTM 算法建立页岩气井智能生产优化方法,由图 1 中各个模块配合完成,工作步骤包括:(1)由设置在气井中的传感器采集气井生产数据。(2)采用研究区气井的生产历史数据对产量预测模型进行训练,得到包含气井生产特征的模型。(3)由运行在井场计算机上的产量预测模型实时接收气井生产数据,预测气井未来产量变化。(4)工程师参考预测数据制定生产计划,配置各项参数。(5)根据未来产量变化,及时提醒工程师可能发生的积液等风险。(6)通过可调式油嘴控制气井压降速率,并在未来预期产量不足时控制关井阀门自动间歇生产。(7)监测可调式油嘴附近是否有水合物形成。(8)使用新的生产数据更新产量预测模型。

2.2 LSTM 神经网络原理

循环神经网络(RNN)是一类以序列数据为输入,在序列的演进方向进行递归且所有节点按链式连接的递归神经网络[3]。RNN 的结构决定了它适用于时序预测问题,其内部结构可以提取历史数据的特征信息,用于对未来数据的预测。但 RNN 无法处理数据的长期依赖问题。长短期记忆神经网络(LSTM)是 RNN 的一种变体,LSTM 通过加入门结构和记忆单元状态,使其对数据中的短期和长期信息均能较好利用,提升了算法的预测能力。模型使用 LSTM 发掘页岩气井历史生产数据与未来产量的关系。由于长宁区块页岩气井生产数据连续性较差,直接作训练集精度不佳,本文通过数据清洗和特征值添加的方式降低这种影响。

2.3 产量预测模型设计

通过对模型特征量的选择、数据集的制作、网格搜索优化调参等方法，训练出综合表现最好的 LSTM 产量预测模型。

2.3.1 研究区概况

四川长宁区块位于扬子板块西缘四川盆地川南低陡断折带与娄山褶皱带结合部位[20]，主力储层以五峰组—龙马溪组页岩为主，为富含有机质的黑色泥页岩[21]。储层埋深 2000~4000m，优质储层厚度 30~50m，属于典型的页岩气[20, 22]。

长宁页岩气采气模式与北美相似，投产前期为获取较高的初期日产气量，多采用套管直接放喷的生产方式，导致地层能量迅速衰减，井筒积液提前出现[23]。在生产的中后期，部分平台气井出现积液、地层能量不足等问题，产量降低，有柱塞排水或间歇关井的需求。通过观察页岩气井在经历不同关井时间后开井第 1 天的产量变化发现，当关井时间在数小时至数十小时时，气井产量基本不受影响，可认为产量的时间连续性正常。关井时间超过数天，一般油压、套压等会发生明显变化，影响后续产量。

2.3.2 数据预处理

训练数据来自长宁区块页岩气井。为避免地质因素和钻完井工艺对气井产量的影响，选择同区块差异较小的 16 口气井。考虑到油田生产数据常用时间单位，模型将训练数据步长设置为 1d。以 1d 生产数据为 1 组，共 10000 组数据。对生产数据使用 Spearman 相关系数进行关联性分析（表 1）。原始生产数据包括井口套管压力、井口油管压力、输气压力、产水量、产气量、水气比等 6 个特征量，由于输气压力与产气量相关性较低，分析后选取除输气压力外的 5 个特征量作为模型输入变量的一部分。

表 1 Spearman 相关系数分析结果

变量	与日产气量的 Spearman 相关系数	相关性
套管压力	0.55	强
油管压力	0.60	弱
输气压力	0.14	弱
产水量	0.59	强
水气比	-0.35	中等

注：Spearman 相关性分析的显著性均低于 0.05，表明相关性系数具有统计学意义。

由于长宁区块气井生产数据的时间连续性较差，为提高模型预测精度，使模型适用于低产页岩气井的生产方式，引入变量"关井时间"，以井口套管压力、井口油管压力、产水量、产气量、水气比、关井时间 6 个特征量作为 LSTM 产量预测模型的输入。对"关井时间"的定义是，若气井在当日以后连续关井 n 天，则将当日对应的"关井时间"设为 n，若正常生产则当日对应的"关井时间"为 0。引入"关井时间"变量既可以消除因长时间关井导致的产量波动变化，又可以通过模型提前预测开井后的气井产量。加入"关井时间"变量后，即可删除日产量为 0 的数据。为避免生产数据不连续影响精度，选取气井连续生产 200 天以上的生产数据组成训练集。对于因为传感器失灵导致数据集中出现空缺数据的情况，若空缺 1 个数据，采用平均值法填充；若空缺数据较多且连续或集中于开关井时间附近，则直接放弃该段数据。

在开始训练之前，采用最大最小归一化方法对训练数据归一化，把输入值控制在 0~1 以提高模型训练效果。

2.3.3 网格搜索优化

模型使用网格搜索法优化神经网络模型的超参数。选择与模型精度相关的 LSTM 层数、全连接网络层数、LSTM 神经元数量、丢弃神经元概率、遍历次数、批尺寸、学习率、优化器等 8 个超参数，绘制学习曲线调参。将超参数的取值范围划为合理的数等份，尝试各超参数的取值组合，以均方误差的大小比较模型优劣，最优超参数组合见表 2。训练时发现当模型的 LSTM 层数超过 2 层时，再继续增加模型层数对模型精度提升十分有限，但会导致模型的训练消耗更多计算资源，因此 2 个 LSTM 层为最优选择。

表 2 以模型 C 为例的最优超参数组合

参数类型	参数名称	参数值
结构	输入形状	30×6
	输出形状	10×1
	LSTM 层数	2
	全连接层数	1
超参数	LSTM 神经元数量	90
	丢弃神经元概率	0.2
	遍历次数	150
	批尺寸	32
	学习率	0.00004
训练方法	训练集组数	9000
	测试集组数	2400
	优化器	Adam

2.4 LSTM 神经网络变体预测能力对比

在 Wang 等[14] 的研究成果基础上对比循环神经网络（RNN）、长短期记忆神经网络（LSTM）、门循环单元（GRU）等 3 种时序预测算法的优劣。GRU 是基于 LSTM 的改进算法，它将 LSTM 中的遗忘门和输入门合并成更新门，同时合并了数据单元状态和隐藏状态，模型结构相较 LSTM 更为简单。3 种时序预测算法对页岩气井日产量预测能力对比显示，RNN 表现最差，GRU 的表现与 LSTM 接近（表3）。考虑到 GRU 的结构比 LSTM 更简单，收敛速度更快，将 GRU 作为产量预测模型的备选算法，两者训练过程基本相同。

表3 3 种时序预测算法对页岩气井日产量预测能力对比

算法名称	决定系数	均方误差
RNN	0.781	1.03
GRU	0.797	0.99
LSTM	0.802	0.96

2.5 不同预测时长的 LSTM 模型对比

随机选取 4 口页岩气井共计 2400 组数据组成测试集。建立基于 30 天的数据预测 1 天的产量（A 模型）、基于 30 天的数据预测 5 天的产量（B 模型）、基于 30 天的数据预测 10 天的产量（C 模型）3 个模型，通过决定系数比较 3 种模型对未来 1~10 天的产量预测表现（表4）。同一模型的决定系数随预测时间增加呈减小趋势。在预测未来 1 天时，3 种模型的决定系数近似。在预测未来 1~5 天时，B、C 模型的决定系数近似。表明预测时间越长，模型的预测精确度越低；预测同一天时，3 种模型的准确度近似，但总体表现 A 模型最好、B 模型中等、C 模型最差。

表4 3 种模型预测未来 1~10 天产量的决定系数对比

模型	决定系数										
	第1天	第2天	第3天	第4天	第5天	第6天	第7天	第8天	第9天	第10天	总体
A	0.802										0.802
B	0.792	0.765	0.737	0.729	0.711						0.746
C	0.791	0.769	0.720	0.736	0.704	0.719	0.693	0.638	0.612	0.590	0.697

3 个不同预测时长 LSTM 模型在测试集上的表现显示（图2），A 模型预测产量变化幅度最为准确，B 模型其次，C 模型仅能预测产量变化趋势。说明随预测时间延长，模型整体的预测精度会降低。在产量大幅波动或频繁关井的时间段（图2a、c），3 个模型拟合效果均较差，说明气井积液或频繁关井会降低模型的预测精度。综上所述，在设计产量预测模型时应结合 A、B、C 模型，在预测 1~5 天的产量时参考 A、B 模型的预测结果，预测 5~10 天的产量时参考 C 模型。

2.6 "关井时间"变量对 LSTM 产量预测模型精度的影响

为验证加入"关井时间"变量对模型预测精度的影响，选取气井关井前后生产数据片段 10 份，分别测试加入和未加入"关井时间"的模型对开井当日产量的预测能力，结果均显示加入该变量后模型预测精度得到提升（图3）。

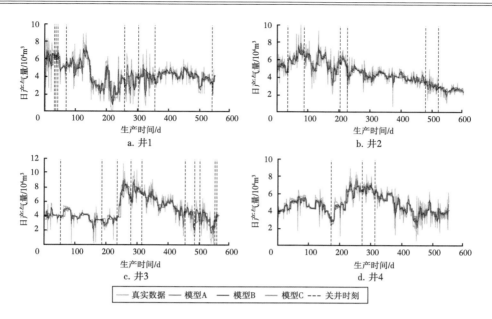

图 2　3 个不同预测时长 LSTM 模型在测试集上的表现

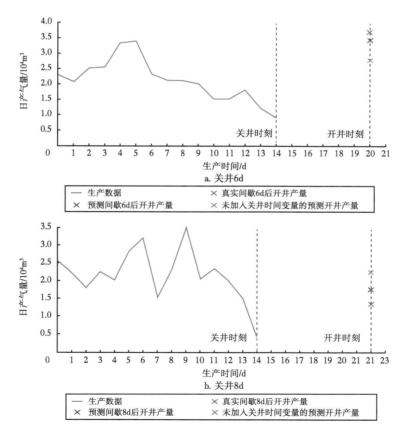

图 3　关井时间变量对 LSTM 产量预测模型精度的影响

2.7 积液预警、间歇生产和油嘴控压模块设计

根据 Turner 临界携液流量模型[24]计算发生积液时的临界流量。当预测产量低于临界携液流量时,结合油管和套管压差变化[25],可判断积液并及时预警。

对页岩气井的间歇生产,由于产量受多因素影响,生产状态不稳定,无规则可循。以定时或定压的方式决定间歇期的方法具有很大随机性。LSTM 模型的预测结果能反映未来 10 天产量变化趋势,通过模型预测值提前判断气井是否进入间歇期,由程序实现自动间歇,能提高间歇效果,避免气井过度生产伤害地层。可调式油嘴能稳定页岩气井的产量和压力,提高产能。该方法适用于生产中晚期的页岩气井,在采气时通过改变油嘴直径以限制井内压降速率在一合理区间内,避免地层压力衰竭过快伤害储层。采用实时采集压力数据、判断压力变化速率、调整油嘴大小、采集下阶段压力数据 4 步循环控制井口压降,维持气井压降在合理区间(图 4)。(1)井口压力传感器每分钟采集一次压力数据,为避免生产波动影响压力数据采集,取 1h 内压力平均值,与上一小时的压力平均值相减得到 Δp。(2)生产初期,将逐级改变油嘴口径的生产数据传入远程监控平台,通过绘制流体流动指数与油嘴口径的关系曲线,结合实时生产分析等工具,确定最合适生产的油嘴口径,判断合理降压区间 $\Delta p_{min} \sim \Delta p_{max}$,传入计算控制部分执行。(3)当气井压降超出设定的合理压降区间时,即 $\Delta p < \Delta p_{min}$ 或 $\Delta p > \Delta p_{max}$ 时,可调式油嘴判断应调大还是调小口径,每次改变一个最小调节量(直径变化 0.2mm)。通过不断重复该步骤,使气井压降回归至合理区间。(4)后台采集数据监测油嘴工作状态,在必要时人为干预油嘴口径变化,避免形成水合物堵塞油嘴、油嘴分压过大等生产安全问题。

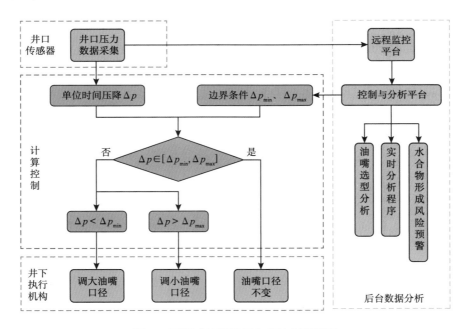

图 4 可调式油嘴控压生产控制流程图

n—关井时间,d;Δp—井口压力降幅,MPa;Δp_{min}—井口最小压降,MPa;Δp_{max}—井口最大压降,MPa

3 现场应用

3.1 试验井选取

选取四川南部长宁区块某平台2口井作为试验井1和试验井2。为验证优化效果，选择同区块2口井作为对照井1和对照井2，对照井仅采集生产数据。4口井均在投产初期参与试验，其中试验井2与对照井1的钻完井、压裂和生产情况近似，是理想的对照对象。试验井在试验期间控压生产，生产情况稳定，排水正常，井筒内无积液或积液位置很低，放压生产时井口压力和日产气量递减较快，控压后井口压力保持较好。对照井1放压生产，产量波动频繁，但无积液风险。对照井2放压生产，产量多次突降后又恢复正常，进入衰竭期后有一定积液风险（表5、图5）。

表5 试验井和对照井基本信息表

井号	井深/m	垂深/m	改造段长度/m	平均井口压力/MPa	平均产气量/(10^4m³/d)
试验井1	4891	2859	2064	17.98	12.16
试验井2	4850	2813	1850	16.01	9.32
对照井1	5375	3510	1854	15.56	9.22
对照井2	5230	3470	1695	8.79	4.49

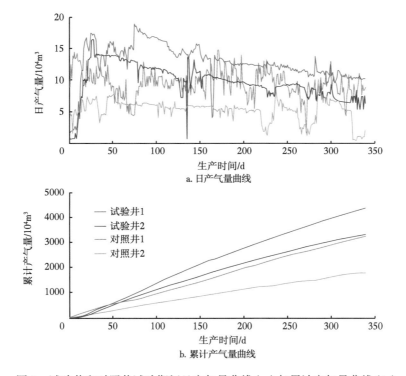

a. 日产气量曲线

b. 累计产气量曲线

图5 试验井和对照井试验期间日产气量曲线（a）与累计产气量曲线（b）

3.2 提产效果分析

利用 RTA 油气藏递减分析软件绘制气井产能曲线（图6），产能曲线的斜率可以直观地反映气井产能，斜率越小表示气井产能越大。试验井2的斜率小于对照井1，表明通过控压可使生产井保持较高的产能。最终可采储量预测曲线（图7）显示，试验井2的最终可采储量是对照井1的115.38%。说明智能生产优化方法对气井产能提升效果较好（表6）。

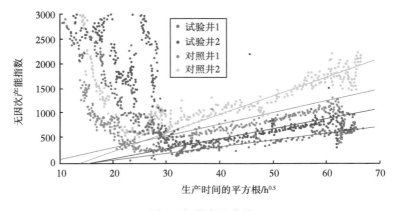

图6　气井产能曲线

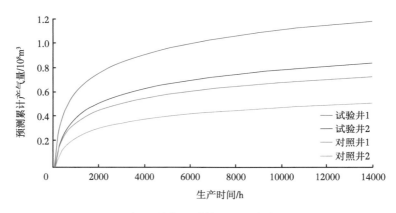

图7　最终可采储量预测曲线

表6　产能分析数据表

井号	平均井口压降速率 / (MPa/d)	裂缝导流能力 / ($10^{-3}\mu m^2 \cdot m$)	改造体积与储层厚度之比 / $10^4 m^2$	估算最终可采储量 / $10^8 m^3$
试验井1	0.0615	1.00	87.13	1.184
试验井2	0.0539	2.60	76.31	0.844
对照井1	0.0842	1.10	63.59	0.730
对照井2	0.0653	0.68	40.50	0.516

3.3 产量预测效果分析

预测产量与实际产量对比图显示（图8），模型预测产量变化趋势整体准确，多数预测值的误差不超过15%。但从试验开始（第0天），试验井的预测值较真实值整体偏低。为此，在第250天使用试验期间生产数据对模型进行二次训练，之后预测偏差明显减小，解决了模型在试验井上预测值整体偏低的问题（图8a、图8b）。分析认为，其原因在于，加入可调式油嘴后，试验井的生产特征发生改变，基于原有生产数据的LSTM模型未掌握这一特征，需要及时对模型进行更新。对照井1整体预测结果较差（图8c）的原因为该井在试验期间数次停产修井，人为干预降低了模型的预测精度，认为可采用该井试验期间生产数据对模型进行二次训练以改善预测效果。

预警的准确性与模型预测产量的精度相关。模型准确预测的时间越长，预警越准确。如对照井2在第350天产量跌至$0.5×10^4m^3$，本文模型提前预警产能不足并自动间歇（图8d）。

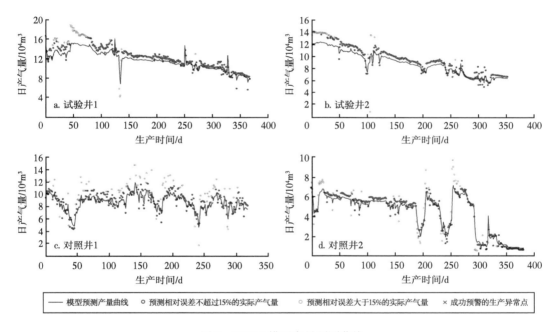

图8 LSTM模型产量预测曲线

4 结论

基于LSTM神经网络的产量预测模型可准确预测页岩气单井未来5天的产量变化，并可实现自动间歇和积液监测功能，提升生产效率。通过可调式油嘴调整压降速率，实现缓慢压降，可保障稳定生产，提高气井的最终可采储量。

针对不同气井的生产特性，配置合理的单井压降速率和间歇生产方案，实现"一井一策"的生产管理模式，可充分释放单井生产潜力。现场试验结果表明，应用本文方法的气井在多因素综合作用下产能保持更好，单井最终可采储量可提高15%。

本文提出的 LSTM 产量预测模型和基于模型的衍生功能适用于页岩气井生产全周期，该优化方法以相对较低的成本较好地解决了页岩气井生产中导致减产的多项问题，从而实现页岩气生产降本增效的目的。

未来将继续深入研究并完善页岩气井智能生产优化方法，提高 LSTM 产量预测模型的预测精度和鲁棒性，通过加入储层静态参数提高模型的泛化能力。建立更为全面的多井综合智能生产管理系统，集成自动采集与分析、油气井设备安全生产监测、井场产能预测与自动调产等功能，以进一步提高油气田开发的智能化水平。

参 考 文 献

[1] WATSON A T, GATENS J M III, LEE W J, et al. An analytical model for history matching naturally fractured reservoir production data[J]. SPE Reservoir Engineering, 1990, 5（3）: 384-388.

[2] OZKAN E, RAGHAVAN R, APAYDIN O G. Modeling of fluid transfer from shale matrix to fracture network[R]. SPE 134830-MS, 2010.

[3] 位云生, 王军磊, 于伟, 等. 基于三维分形裂缝模型的页岩气井智能化产能评价方法[J]. 石油勘探与开发, 2021, 48（4）: 787-796.

[4] 姚军, 孙海, 樊冬艳, 等. 页岩气藏运移机制及数值模拟[J]. 中国石油大学学报（自然科学版）, 2013, 37（1）: 91-98.

[5] 何易东, 任岚, 赵金洲, 等. 页岩气藏体积压裂水平井产能有限元数值模拟[J]. 断块油气田, 2017, 24（4）: 550-556.

[6] 邓佳. 页岩气储层多级压裂水平井非线性渗流理论研究[D]. 北京：北京科技大学, 2015.

[7] 刘华, 胡小虎, 王卫红, 等. 页岩气压裂水平井拟稳态阶段产能评价方法研究[J]. 西安石油大学学报（自然科学版）, 2016, 31（2）: 76-81.

[8] 尚颖雪, 李晓平, 宋力. 考虑水溶气的页岩气藏物质平衡方程及储量计算方法[J]. 天然气地球科学, 2015, 26（6）: 1183-1189.

[9] DUONG A N. Rate-decline analysis for fracture-dominated shale reservoirs[J]. SPE Reservoir Evaluation & Engineering, 2011, 14（3）: 377-387.

[10] ARPS J J. Analysis of decline curves[J]. Transactions of the AIME, 1945, 160（1）: 228-247.

[11] SESHADRI J, MATTAR L. Comparison of power law and modified hyperbolic decline methods[R]. SPE 137320-MS, 2010.

[12] 吴新根, 葛家理. 应用人工神经网络预测油田产量[J]. 石油勘探与开发, 1994, 21（3）: 75-78, 131.

[13] CALVETTE T, GURWICZ A, ABREU A C, et al. Forecasting smart well production via deep learning and data driven optimization[R]. OTC 29861-MS, 2019.

[14] WANG F Y, ZAI Y, ZHAO J Y, et al. Field application of deep learning for flow rate prediction with downhole temperature and pressure[R]. IPTC 21364-MS, 2021.

[15] LEE K, LIM J, YOON D, et al. Prediction of shale-gas production at Duvernay Formation using deep-learning algorithm[J]. SPE Journal, 2019, 24（6）: 2423-2437.

[16] KOCOGLU Y, GORELL S, MCELROY P. Application of Bayesian optimized deep Bi-LSTM neural networks for production forecasting of gas wells in unconventional shale gas reservoirs[R]. URTEC-2021-5418-MS, 2021.

[17] ZHAN C, SANKARAN S, LEMOINE V, et al. Application of machine learning for production forecasting for unconventional resources[R]. URTEC-2019-47-MS, 2019.

[18] SONG X Y, LIU Y T, XUE L, et al. Time-series well performance prediction based on Long Short-Term Memory（LSTM）neural network model[J]. Journal of Petroleum Science and Engineering, 2020, 186: 106682.

[19] 邱凯旋. 基于解析解和神经网络的非常规油气藏产能预测研究[D]. 北京：北京大学, 2021.

[20] 马新华, 谢军, 雍锐, 等. 四川盆地南部龙马溪组页岩气储集层地质特征及高产控制因素[J]. 石油勘探与开发, 2020, 47（5）: 841-855.

[21] 邱小松, 杨波, 胡明毅. 中扬子地区五峰组—龙马溪组页岩气储层及含气性特征[J]. 天然气地球科学, 2013, 24（6）: 1274-1283.

[22] 马新华, 李熙喆, 梁峰, 等. 威远页岩气田单井产能主控因素与开发优化技术对策[J]. 石油勘探与开发, 2020, 47（3）: 555-563.

[23] 范宇, 岳圣杰, 李武广, 等. 长宁页岩气田采气工艺实践与效果[J]. 天然气与石油, 2020, 38（2）: 54-60.

[24] TURNER R G, HUBBARD M G, DUKLER A E. Analysis and prediction of minimum flow rate for the continuous removal of liquids from gas wells[J]. Journal of Petroleum Technology, 1969, 21（11）: 1475-1482.

[25] 王小佳, 高福志, 陈龙, 等. 苏里格气田低产低效井间开管理的摸索及间开效果分析[J]. 中国石油和化工标准与质量, 2013, 33（7）: 204.

摘自：《石油勘探与开发》, 2022, 49（4）: 770-777

基于储层纵向非均质性的水力压裂裂缝三维扩展模拟

付海峰[1,2]　才　博[1,2]　庚　勐[1]　贾爱林[1]　翁定为[1,2]
梁天成[1,2]　张丰收[3]　问晓勇[4]　修乃岭[1,2]

1. 中国石油勘探开发研究院；2. 中国石油油气藏改造重点实验室；
3. 同济大学土木工程学院；4. 中国石油长庆油田公司油气工艺研究院

摘要： 水力压裂技术是有效动用致密气、页岩气等非常规油气资源的主体储层改造技术。为解决储层纵向非均质性导致的水力压裂裂缝垂向过度延伸或延伸受限等问题，采用大尺度岩样（762mm×762mm×914mm）水力压裂物理模拟实验，优化建立了基于离散格子理论的全三维水力压裂数值模型，分析了薄层致密砂岩、多层理页岩两类储层的水力裂缝扩展形态及其主控因素。研究结果表明：（1）鄂尔多斯盆地苏里格地区致密砂岩储层水力裂缝形态以径向缝、椭圆和长方形为主，层间水平应力差、储隔层厚度比是水力压裂裂缝形态的主控因素，通过控制排量、增加滑溜水注入比例方式可降低裂缝垂向过度延伸；（2）页岩储层由于层理面的存在，三维空间形态更为复杂，裂缝垂向扩展分别呈现"I""丰""T""十"和"工"字形共5种形态；（3）对于走滑构造型页岩气藏压裂，层理面胶结强度是压裂裂缝展布形态主控因素，通过前期高黏液造主缝，后期低黏滑溜水沟通水平层理的"逆混合"改造技术模式可提升页岩储层三维空间有效改造范围。结论认为，开展现场尺度下水力裂缝空间三维扩展形态模拟及其影响因素分析，可为非常规油气提高储层高效体积改造工艺技术优化提供参考依据。

关键词： 致密砂岩；页岩；非均质性；气藏；水力压裂；裂缝形态；大尺度压裂实验；离散格子方法

0　引言

我国致密油气、页岩油气、煤层气等非常规油气资源丰富且分布广泛[1-5]，近年来随着勘探开发不断深入给储层改造技术发展带来巨大机遇与挑战[6-8]，"十三五"期间，中国石油天然气集团有限公司平均年度水平井储层改造井数达到1600口，2021年全年施工2005口，创历史新高。另一方面针对层理、薄储层、强非均质性、构造应力等非常规储层地质特征，水力裂缝空间扩展形态复杂，研究认识不充分，严重制约了储层高效改造工艺技术优化，特别是在裂缝垂向扩展规律研究方面尤为突出。鄂尔多斯盆地致密砂岩气藏砂体孤立分散，厚度薄，前期虽然试验了大规模压裂，但由于缝高极易进入上下隔层，导致增产效果不理想、经济效益不高，矿场监测和应用实践明确了"适度规模、分压合求"[8-15]的改造技术思路，但在储层物性参数（砂体厚度、层间水平应力差、层间杨氏模量差）、施工参数与裂缝扩展规模的量化研究方面还缺乏系统认识。与此同时，在我国诸如渤海湾、四川、松辽盆地等页岩油气储层中[16-18]，普遍存在厘米级交互层理，直接导致水力压裂缝高尺度受限，虽然近年来现场也探索了高黏液体与低黏滑溜水混合泵注模式，通过高黏流体大排

基金项目： 中国石油天然气集团有限公司"十四五"超前基础研究课题"不同类型储层裂缝起裂和扩展机理研究"（编号：2021DJ4501）、"页岩油储层复杂缝网形成机制与高效体积改造技术研究"（编号：2021DJ1805）。

量造主缝，低黏滑溜水注入沟通层理，但不同区块的改造效果差异较大。因此鉴于不同地质条件下储层纵向非均质性特点，亟须深入开展裂缝垂向扩展规律研究，量化明确影响因素，有效地指导工艺参数优化设计。

20世纪80年代，国内外学者针对水力裂缝垂向扩展机理开展实验研究，但受样品尺度、制备方法及实验成本的限制，以定性认识为主，例如Warpinski等[19-20]先后明确了影响缝高的三类主控因素即层间水平应力差、层理面强度和层间模量差异，Teufel等[21-22]对层理面强度进行了量化表征。2012年刘玉章等[23]开展了大尺寸岩样（762mm×762mm×914mm）水力压裂实验，分析了施工流体黏度对缝高影响，揭示了高黏液体有利于促缝高的认识，但以上均是实验尺度。与此同时，近年来低成本数值模拟技术发展迅速，但考虑层理的全三维裂缝扩展模拟技术一直是业内研究难点。Gu等[24-29]利用位移不连续法、损伤力学方法、有限元法建立了考虑层理面滑移、滤失及层间模量影响的裂缝扩展模拟三维模型，可实现界面滑移条件下裂缝高度、宽度、压力及裂缝形状的模拟计算。但层理面与水力裂缝相互作用采用了简化的解析方式求解，不能完全模拟层理面剪切、张开对水力裂缝扩展的影响。Tang等[30]利用位移不连续法建立了全三维多层理裂缝扩展模型，但受计算效率影响只考虑了两条层理面；张丰收等[31]基于三维离散格子法建立了考虑层理的实验尺度（300mm×300mm×300mm）数值模型，进一步明确高黏流体、高排量注入有利于裂缝穿层扩展，并证实交替注入模式有助于提高裂缝复杂程度，但仍缺乏对现场工艺的量化指导。

为此，笔者基于离散格子理论，开展大尺度（76cm×76cm×91cm）水力压裂物理模拟实验，优化建立室内到现场多尺度全三维水力压裂数值模型，同时考虑层间应力差异、层间杨氏模量差异和层理面发育密度，进而针对薄层致密气、多层理页岩气两类典型储层特征，开展现场尺度下水力裂缝空间三维扩展形态模拟及其影响因素分析，为非常规储层高效体积改造工艺技术优化提供参考依据。

1 压裂实验技术

大型水力压裂物理模拟实验系统[32]是开展水力裂缝起裂延伸机理研究最有效的技术手段，主要包括应力加载框架、围压系统、井筒注入系统、数据采集及控制系统和声波监测系统。其中应力加载框架采用环形结构，允许加载的岩样最大尺寸为762mm×762mm×914mm，是目前国内压裂实验所能加载的最大样品尺度，可以有效降低边界效应和裂缝动态起裂效应带来的影响[33]。主要技术指标为：最大应力为69MPa，层间最大应力差为14MPa，完井方式为裸眼，裸眼段长度100mm，压裂液黏度介于1~1000mPa·s，井眼压力82MPa，井眼流量12L/min，最大实时声发射监测通道数为24道。在此基础上，为了模拟非常规储层地质条件，建立了层理面胶结强度模拟和应力分层加载两项实验技术。

目前国内外普遍采用黏接、冷却、预制纸张等方式模拟天然裂缝[34]，无法实现对节理面胶结性能的定量模拟，且垂向上水平应力采用单一通道加载，无法模拟储层上下隔层的应力遮挡情况。本实验通过浇筑人工样品并预制筛网的方式实现层理面胶结性能可控，基于实验室获得页岩强胶结层理的内聚力为6.4MPa，内摩擦角为40.6°[35]，因此本实验方法制备的人工弱面剪切强度（内聚力0.8MPa，内摩擦角38°）模拟页岩层理面弱胶结强度适宜；

在地应力加载方面,采用柔性加压方式,即在岩样表面与框架间放置 1cm 厚度的中空加载板,通过内部流体加压,加载板膨胀后会与岩石表面完全接触,流体压力完全传递到岩石表面,最高应力可达 69MPa,与传统刚性加载[35]方式相比,克服了应力加载不均匀、垂向多层应力控制难度大的缺点。

2 数值模拟技术

2.1 三维离散格子理论

三维离散格子方法是基于离散元方法的简化黏结颗粒模型[31]。模型中岩石颗粒等效为有质量节点,颗粒间接触等效为节点间的弹簧连接。通过赋予弹簧抗拉强度和抗剪强度来模拟基质的抗拉和抗剪破坏,赋予弹簧法向刚度和剪切刚度来模拟颗粒拉压和剪切变形。流体在流体单元之间的管网中流动,流体单元位于两节点中间,连接相邻流体单元的流动通道为管道,多个连通的管道形成管网,新生微裂纹处生成的新流体单元将自动与已有流体单元连接并生成新的管道,同时也将更新流体网络。由于裂纹、滑移和节理张开、闭合等具有高度的非线性特征,模型使用显式差分方法进行求解计算,计算稳定性强,效率高,任意尺寸和方向的天然裂纹能在格子模型中进行插入计算。

每个节点由 3 个平动自由度和 3 个角度自由度构成,如下为平动自由度的中心差分公式:

$$\dot{u}_i^{(t+\Delta t/2)} = \dot{u}_i^{(t-\Delta t/2)} + \sum F_i^{(t)} \Delta t / m \tag{1}$$

$$u_i^{(t+\Delta t)} = u_i^{(t)} + \dot{u}_i^{(t+\Delta t/2)} \Delta t \tag{2}$$

式中,$\dot{u}_i^t$ 表示时间 t 时 i($i=1$、2、3)分量的速度,m/s;u_i^t 表示时间 t 时 i($i=1$、2、3)分量的位移,m;$\sum F_i^{(t)}$ 表示时间 t 时节点处 i($i=1$、2、3)分量的合力,N;Δt 表示时间步长,s;m 表示节点的质量,kg。

为了消除计算过程中的不平衡力矩,需计算角速度(ω_i),其计算公式如下:

$$\omega_i^{(t+\Delta t)} = \omega_i^{(t-\Delta t/2)} + \frac{\sum M_i^{(t)}}{I} \Delta t \tag{3}$$

式中,ω_i 表示角速度,rad/s,$\sum M_i^{(t)}$ 表示时间 t 时 i($i=1$、2、3)分量的合力矩,N·m;I 表示转动惯量,kg·m²。

通过节点的相对位移计算弹簧法向力和切向力的变化,即计算关系如下:

$$F_{i,t+\Delta t}^N \leftarrow F_{i,t}^N + \dot{u}_{i,t}^N k^N \Delta t \tag{4}$$

$$F_{i,t+\Delta t}^s \leftarrow F_{i,t}^s + \dot{u}_{i,t}^s k^s \Delta t \tag{5}$$

式中,$F_{i,t}^N$ 表示 t 时刻 i 节点法向力,N;$\dot{u}_{i,t}^N$ 表示 t 时刻 i 节点法向速度,m/s;$\dot{u}_{i,t}^s$ 表示 t 时刻 i 节点切向速度,m/s;k^N、k^s 分别表示弹簧的法向刚度和切向刚度,N/m。

当 F^N 超过抗拉强度或 F^S 超过抗剪强度时，弹簧发生破坏，因此弹簧破坏模式有拉伸破坏和剪切破坏两种，弹簧破坏后产生微裂纹，此时 $F^N=0$，$F^S=0$。

预制裂纹和新生成裂纹（格子模型中网格破坏）在流体节点网络中通过管道相连接，用经典的润滑方程来描述管道内流体流动，管道从流体节点"A"到节点"B"的流量计算公式为：

$$q = \beta k_r \frac{a^3}{12\mu}[p_A - p_B + \rho_w g(z_A - z_B)] \quad (6)$$

式中，q 表示流体流量，m³/s；β 表示无量纲修正参数；k_r 表示相对渗透率，无量纲；a 表示裂缝宽度，m；μ 表示流体黏度，Pa·s；p_A、p_B 分别表示节点 A 和 B 处压力，Pa；z_A、z_B 分别表示节点 A 和 B 处高度，m；ρ_w 表示流体密度，kg/m³；g 表示重力加速度，m/s²。

使用显式数值方法求解随时间变化的流动演化模型，在流体时间步长 Δt_f 中，压力增量 Δp 为：

$$\Delta p = \frac{Q}{V} \bar{K}_F \Delta t_f \quad (7)$$

式中，Δp 表示流体压差，Pa；Q 表示单位时间内与节点相连管道的所有流量之和，m³/s；V 表示节点处流体体积，m³；$\bar{K}_F$ 表示流体模量，Pa；Δt_f 表示流动时间步长，s。

2.2 数值模型建立及验证

针对均质砂岩、分层应力加载砂岩和含层理人工样品开展三类水力压裂实验，建立了相应等尺度数值模型，岩石力学性能参数与压裂参数均与实验保持一致，见表1、表2，最后将模拟结果与实验结果进行对比，以验证数值模型的可靠性。

表 1 压裂实验岩石力学参数表

岩石类型	杨氏模量 / GPa	断裂韧度 / (MPa·m^0.5)	密度 / (g·cm⁻³)	泊松比	单轴抗压强度 / MPa	单轴抗拉强度 / MPa	内摩擦角 / (°)	内聚力 / MPa
砂岩	16	1	2.7	0.19	80	3	40	6
人工样品	10	0.5	2.5	0.17	60	2	41	1.5
预制层理面	—	—	—	—	—	0.5	38	0.8

表 2 压裂实验参数表

实验编号	岩石类型	垂向应力 / MPa	最大水平主应力 / MPa	最小水平主应力 / MPa	压裂液黏度 / (mPa·s)	排量 / (mL·min⁻¹)
1	均质砂岩	21	14	7	1000	30
2	应力垂向分层均质砂岩	20	15/8/15	12/5/12	50	600
3	含层理面人工样品	12	20	10	5	60

第 1 组均质砂岩压裂实验及模拟，优化砂岩 Carter 滤失系数为 $5.49 \times 10^{-6}\ m/\sqrt{s}$，采用 30mL/min 相同排量注入，累计注入 15min，模拟压力曲线与实验曲线误差小于 10%，裂缝形态与最终实验裂缝结果相一致，如图 1 所示，裂缝半长尺度约 350mm。模拟结果表明，针对均质砂岩压裂，天然裂缝不发育、无层理和层间应力干扰条件下，压裂裂缝沿着最大

主应力方向扩展，呈现单一、垂直径向裂缝形态，即经典 Penny 硬币模型。

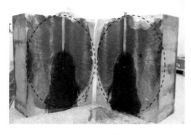  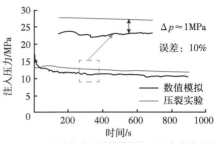

a. 压裂实验实际裂缝形态　　　　b. 数值模拟裂缝形态　　　　c. 压裂实验和数值模拟注入压力曲线对比

图 1　1 号实验压裂及数值模拟结果对比图

第 2 组分层水平应力砂岩压裂实验及模拟，采用直井压裂，参考鄂尔多斯盆地致密气储层地质条件[12]，模拟上下隔层与中间储层水平应力差异对缝高的抑制情况，储隔层厚度在岩石高度方向上均分。层间水平应力差值设置为 7MPa，采用线性胶液体。为了详细观察缝高扩展尺度，实验结束后沿着最大水平主应力方向，对岩样进行切片测量缝高，将不同切片处缝高绘制成面，得到水力裂缝三维空间形态图，如图 2a~2b 所示，结果表明裂缝高度由井筒向岩石两侧边界逐渐降低，同时井筒附近裂缝高度延伸出中间储层，整体呈现椭圆形态，与数值模拟结果（图 2c）具有一致性。为了进一步明确层间应力差对裂缝形态影响，开展了一组不考虑层间应力差条件下的数值模拟，其他条件与模型（图 2c）保持一致，如图 2d 所示，裂缝垂向延伸不受控，呈现径向裂缝形态，与 1 号实验结果相似，可见 7MPa 层间水平应力差值对缝高抑制作用明显。

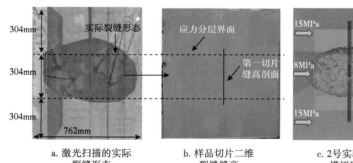 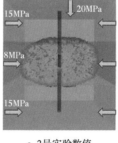 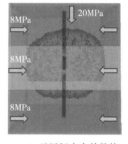

a. 激光扫描的实际　　b. 样品切片二维　　c. 2 号实验数值　　d. 无层间应力差数值
　　裂缝形态　　　　　　裂缝缝高　　　　　　模拟形态　　　　　　模拟形态

图 2　2 号实验压裂及数值模拟结果对比图

第 3 组含层理人工样品压裂实验及模拟，采用水平井型设计，井筒上下两侧 150mm 处分别设置两条 600mm×800mm 矩形水平层理，层理面力学强度低于人工样品和砂岩基质。为了研究层理面对裂缝高度延伸的影响，地应力场设置为走滑模式，压裂液采用低黏滑溜水体系（黏度为 5mPa·s）。模拟结果表明水力裂缝虽然在垂向上突破上下层理，但本组裂缝形态沿着水平方向扩展尺度更大，整体呈现椭圆形态，实验和数模结果分别如图 3a~3b 所示，裂缝形态相一致。同样，不考虑层理因素，其他条件不变，开展类比模拟计算，如图

— 100 —

3c 所示，裂缝形态同样呈现与图 1b、2d 相同的径向裂缝形态特征，可见层理面对裂缝垂向延伸也起到一定的抑制作用。

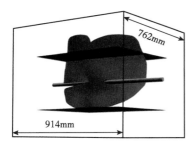 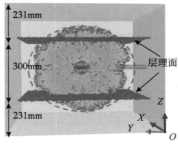 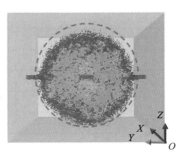

a. 激光扫描的三维裂缝形态展示　　b. 数值模拟裂缝形态（正视图）　　c. 数值模拟裂缝形态（侧视图）

图 3　3 号实验压裂及数值模拟结果对比图

通过开展上述 3 种不同类型大物模实验进一步验证了离散格子压裂数值模拟结果的合理性，并在此基础上针对致密气和页岩气两类不同地质条件建立现场尺度数值模型，并开展影响因素敏感性分析，为上述储层缝高改造工艺优化设计提供技术指导。

3　缝高敏感性因素分析

3.1　薄层致密砂岩气藏压裂缝高影响因素分析

3.1.1　薄层致密砂岩气藏压裂模拟方案

苏里格致密砂岩气藏具有砂体规模小，厚度薄、水平应力差大、脆性条件中等的特点，砂岩、泥岩交互，层理不发育，对裂缝纵向延伸控制作用小，在压裂过程中较小的储层厚度极易导致纵向缝高突破隔层。因此参考下石盒子组盒 8 段、山 1 段主力产层地质特征，建立现场尺度直井压裂数值模型，见图 4 所示，模型的基础力学参数及施工参数取值范围与现场条件一致，见表 3、表 4。为了提升计算效率，本模型不考虑压裂液在基质中的流动，注入总液量不变，储隔层两向水平主应力差值均为 8MPa。重点聚焦于影响缝高延伸的储层厚度、垂向储隔层水平主应力差、储隔层杨氏模量差和施工排量、流体黏度等共计 5 类参数，每类参数分别考察 3 组水平值，累计 11 组模型。其中 1 号模型为基础模型，各类参数取中间水平值。为了便于分析，基于模拟结果，定义了裂缝有效扩展面积系数，即储层内裂缝展面积/裂缝扩展总面积。图 4 所示为模型示意图及模拟的裂缝穿层形态结果。

表 3　模型 1 基本力学参数表

垂向应力/MPa	储层最大水平主应力/MPa	储层最小水平主应力/MPa	储层杨氏模量/MPa	泊松比	抗张强度/MPa	单轴抗压/MPa	内摩擦角/(°)
68	56	48	25000	0.23	4	60	31

表 4 各模型研究参数设计表

模型	储层厚度 / m	隔层最小水平主应力 / MPa	隔层杨氏模量 / MPa	排量 / (m³·min⁻¹)	黏度 / (mPa·s)
1	10	53	25000	6	20
2	5	53	25000	6	20
3	15	53	25000	6	20
4	10	48	25000	6	20
5	10	58	25000	6	20
6	10	53	15000	6	20
7	10	53	35000	6	20
8	10	53	25000	2	20
9	10	53	25000	10	20
10	10	53	25000	6	2
11	10	53	25000	6	150

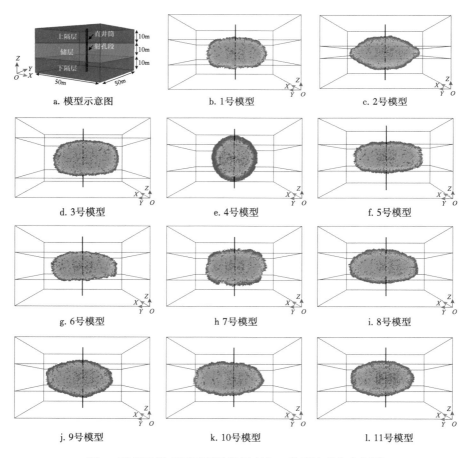

图 4 致密砂岩多层压裂数值模型和三维裂缝形态主视图

3.1.2 薄层致密砂岩气藏压裂模拟结果分析

地质参数方面，分别设置储层厚度为 5m、10m 和 15m，储隔层厚度比分别为 1∶2.5、1∶1、1∶0.5，模拟结果如图 5 所示。随着储层有效厚度增大，裂缝高度增加，缝长减小，但缝长变化幅度较缝高变化更为明显，裂缝面形态由椭圆形向长方形过渡，即裂缝长高比由 2.20 降低至 1.68。裂缝在储层内有效扩展面积系数由 38.99% 大幅提高到 91.9%。在 1 号模型基础上，分别设置储隔层应力差 5MPa 和 10MPa，模拟结果如 4、5 号模型所示。随着层间水平应力差的增大，裂缝高度显著降低，裂缝长度明显增加，裂缝形态由圆形向长方形过渡，裂缝长高比由 0.99 提高到 2.22。裂缝在储层内有效扩展面积系数由 56.59% 提高到 78.83%。在 1 号模型基础上，分别设置隔层杨氏模量 25000MPa、35000MPa，如模拟结果 6、7 号模型所示。随着隔层杨氏模量的增加，裂缝高度增大，长度减小，裂缝形态由窄长方形向宽长方形过渡，裂缝长高比由 2.35 降低为 1.65。上述认识与部分学者的研究认识一致，当裂缝扩展进入储隔层后，较高的杨氏模量会促进缝高的延伸，矿场试验和前人研究也多次证实了上述认识[29]，这是由于较高的隔层杨氏模量，导致缝宽较小，流体注入压力增大，在相同的注入液量下，会造成更高的裂缝延伸尺度。

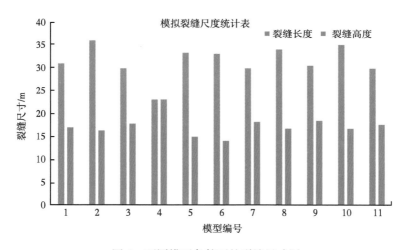

图 5 不同模型条件下的裂缝尺寸图

在施工参数方面，分别设置施工排量为 2m³/min、6m³/min、10m³/min，流体黏度为 2mPa·s、20mPa·s、150mPa·s，模拟结果如 8~11 号模型所示。随着施工排量的提升，裂缝高度略有增长，缝长方向减小明显，裂缝形态由长方形向椭圆形过渡，长高比由 2.02 降低为 1.65，同时裂缝在储层内有效扩展面积系数由 71% 降低到 65.84%。随着流体黏度的提高，缝高略有增加，但缝长减小的程度更明显，裂缝整体形态由长方形向椭圆形过渡，裂缝长高比由 2.09 降低为 1.69，裂缝有效扩展面积系数由 72% 降低为 60.96%。

3.2 层理页岩储层压裂缝高影响因素分析

3.2.1 层理页岩储层压裂模拟方案

相比致密砂岩储层，四川盆地页岩气具有层理发育、构造应力强等特点[36-37]，裂缝高度容易受层理限制,导致纵向上改造程度不理想,影响改造效果。因此,为了深入研究缝高延伸机理,参考四川盆地长宁—威远地区志留系龙马溪组页岩走滑应力构造特征,建立现场尺度多层理水平井压裂数值模型(50m×50m×30m),如图6所示,模型的基础力学参数及施工参数取值范围与现场条件一致,见表5、表6。为聚焦裂缝垂向扩展规律,提升计算效率,本模型仅考虑单簇裂缝扩展,不考虑压裂液在基质中的流动,注入总液量不变,不考虑储隔层两向水平主应力和杨氏模量差异。本部分重点关注影响缝高的构造应力、层理面间距、层理面强度和施工排量、流体黏度等共计5类关键参数,每类参数分别考察3组水平值,累计11组模型。其中1号模型为基础模型,各类参数取中间水平值开展,5类模型模拟结果均与1号模型进行对比。为了便于分析,定义了裂缝垂向扩展面积系数,即垂向上裂缝扩展面积/裂缝扩展总面积。图6为裂缝三维空间扩展形态侧视图。

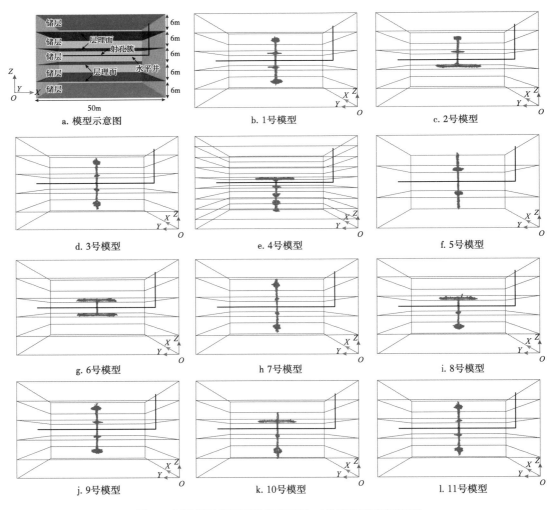

图6 含层理页岩压裂数值模型和三维裂缝形态侧视图

表 5　模型 1 基本力学参数表

储层最大水平主应力 /MPa	储层最小水平主应力 /MPa	储层杨氏模量 /MPa	泊松比	抗张强度 /MPa	单轴抗压 /MPa	内摩擦角 /(°)
85	70	40000	0.25	10	180	40.00

表 6　各模型研究参数设计表

模型	垂向主应力 /MPa	层理面间距 /m	层理面抗拉强度及内聚力 /MPa	排量 /(m³·min⁻¹)	黏度 /(mPa·s)
1	78	6	5	4	20
2	74	6	5	4	20
3	82	6	5	4	20
4	78	3.33	5	4	20
5	78	10	5	4	20
6	78	6	1	4	20
7	78	6	8	4	20
8	78	6	5	2	20
9	78	6	5	6	20
10	78	6	5	4	2
11	78	6	5	4	20

3.2.2　层理型储层压裂模拟结果分析

在走滑断层模式下，随着垂向主应力减小，水力压裂受层理控制更为明显，如 2 号模型所示，压裂液开启井筒下部第 3 层理面，并在此层理面上规模扩展，呈现倒"T"字形态。导致井筒上下部裂缝非对称扩展的主要原因是模型层理面强度赋值采用高斯正态随机分布函数，层理面间的强度赋值不是完全一致。当水力裂缝与层理接触时，胶结强度弱的层理面会更容易先张开，包括 4 号、8 号、10 号模型的"T"字形态也是该原因。而随着垂向应力增大（3 号模型），水力压裂主缝缝高穿层明显，裂缝高度突破了井筒上下 4 条层理面。根据摩尔库仑准则，垂向应力增大，层理面上发生剪切破裂的临界应力提高，裂缝更容易穿层扩展。

随着层理面发育程度提高，如 4 号模型所示，层理面距离减小至 3.33m，相较 1 号、5 号模型，水力压裂缝高受层理的控制更为明显，分别在井筒上部第 1 和下部第 3 层理面处止裂。同时压裂液开启井筒上部第 1 层理面，并在此层理面上呈现规模扩展，呈现"T"字形态特征。随着层理面距离增大至 10 m，如 5 号模型所示，相比 1 号和 4 号模型，水力压裂主缝缝高穿层趋势更为明显。这是由于较高的层理面发育密度加剧了单位储层厚度上的层理面剪切滑移程度，裂缝在层理面处的"钝化效应"[38]更加明显，裂缝扩展压力增大，导致了层理面开启。

随着层理面胶结强度减小，如 6 号模型所示，与 1 号模型相比，水力压裂缝高完全受控于井筒上下两条层理面，缝高仅为层理面间距（6m），裂缝呈现典型的"工"字形态特征，即缝高未突破任何层理面，并造成了上下两条层理面张开。而随着层理面胶结强度的增大，如 7 号模型所示，水力压裂主缝缝高穿层明显，裂缝高度突破了井筒上下 4 条层理面，缝高达到 22.5m，为三组模型最大。根据摩尔库伦准则，层理面胶结强度增大，层理面发生剪切破裂的临界剪切应力增大，裂缝更容易穿层扩展。

施工参数方面，随着施工排量减小，如 8 号模型所示，水力压裂主缝缝高受层理控制较为明显，但与之前裂缝形态不同，本次低排量使得井筒上部第 1 层理面张开，又同时在局部穿过了该层理面。而随着施工排量增大，如 9 号模型所示，水力压裂主缝缝高穿层明显，裂缝高度突破了井筒上下 4 条层理面，虽然此模型裂缝垂向上有沟通层理迹象，但整体呈现垂直主缝"1"字扩展形态。根据流体流动方程，施工排量、黏度提高会产生较高的施工净压力，裂缝前缘到达层理面时，施工净压力在裂缝前缘产生更高的诱导拉应力，更容易导致层理面的剪切破坏及基质破裂，因此裂缝更容易穿过层理面继续扩展。

随着流体黏度减小，如 10 号模型所示，与 1 号模型相比，水力压裂主缝缝高受层理控制更为明显，分别在井筒上部第 1 层理面和下部第 2 层理面处止裂。同时压裂液开启井筒上部第 1 层理面，并在此层理面上呈现规模扩展，呈现"T"字形态特征。而随着流体黏度增大，如 11 号模型所示，水力压裂主缝缝高穿层明显，裂缝高度突破了井筒上下 4 条层理面。虽然此模型裂缝略有沟通层理迹象，但整体呈现垂直主缝"1"字扩展形态。

3.3 缝高敏感性分析

为了进一步明确薄层致密砂岩压裂缝高延伸规律及各因素影响程度，将裂缝高度和裂缝有效扩展面积系数统计并绘制图 7。通过曲线对比可知，在 1 号模型基础参数条件下，影响裂缝扩展形态和造缝效率主控因素略有不同，扩展形态影响以储隔层应力差最为明显，其次为储隔层杨氏模量差异、储层厚度、流体黏度和施工排量。而对造缝效率影响则以储层厚度最为明显，其次为储隔层应力差、储隔层杨氏模量差异、流体黏度和施工排量。整体而言，工程因素影响程度要明显低于地质因素影响。本研究是以层间水平主应力差值 5MPa、储层厚度 10m、储隔层厚度比 1、层间岩石杨氏模量比 1 为基准参数进行的对比分析，从 1 号模型穿层效果看，以缝高受控的长方形为主，而如果将层间应力差值降低，则工程参数影响程度会有所提升。

为了进一步明确层理页岩储层压裂缝高延伸规律及各因素影响程度，将裂缝高度和垂向裂缝面积系数统计并绘制图 8。通过曲线对比可知，在 1 号模型基础参数条件下，影响裂缝延伸形态和穿层效率主控因素以层理面胶结强度最为明显，其次影响因素依次为层理面间距（发育程度）、垂向应力、流体黏度和施工排量，但后四类因素对缝高影响程度基本相当。需要指出的是，本研究是以垂向应力和水平最小主应力差值（8MPa）、层理面间距（6m）、层理面胶结强度是基质的 0.5 倍为基准参数进行的对比分析，从 1 号模型穿层效果来看，仍然是以垂直裂缝形态为主，相对地质参数，工程参数影响程度要低，而如果将基准模型的整体地质参数降低，则工程参数影响程度会有所提升。

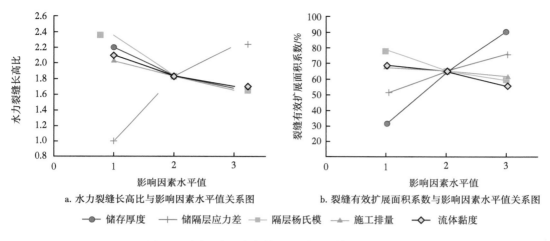

a. 水力裂缝长高比与影响因素水平值关系图　　b. 裂缝有效扩展面积系数与影响因素水平值关系图

—●— 储存厚度　—+— 储隔层应力差　—■— 隔层杨氏模　—▲— 施工排量　—◇— 流体黏度

图7　不同影响因素条件下的裂缝延伸变化趋势图

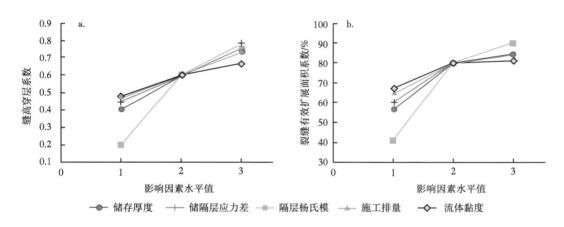

—●— 储存厚度　—+— 储隔层应力差　—■— 隔层杨氏模　—▲— 施工排量　—◇— 流体黏度

图8　不同影响因素条件下的裂缝延伸变化趋势图

4　施工设计讨论与建议

4.1　致密砂岩压裂施工设计讨论

苏里格薄层致密砂岩储层（盒8段、山1段）具有储隔层应力差异小特征[36]，介于5~8MPa，从模拟结果来看，在井筒附近缝高扩展进入上下隔层5m，即裂缝高度的30%及裂缝面积的20%进入上下隔层，因此水力裂缝极易穿过储层进入隔层扩展。如何控制缝高过度延伸则是该类储层压裂工艺优化设计的关键问题，提出3条建议：（1）开展对储隔层厚度、层间杨氏模量和水平应力差异三类地质参数的精细评价，以"实现有效改造范围和体积最大化"为设计目标；研究表明储层厚度小于5m，储隔层应力差小于10MPa，隔层杨氏模量大于30000MPa时，裂缝在储层内的有效扩展面积系数普遍低于70%，甚至小于40%，提升裂缝在储层内有效延伸规模难度较大。（2）对于薄互层改造开展多层合压工艺技术论证，研究表明，在该类储层条件下，裂缝模拟高度在 14~23m，因此对于跨度小于 20m 的多薄层可探索多层合压工艺，通过一缝穿多层的改造效果提升纵向剖面油气资源的有效动用。（3）在施工参数方面，采用适度施工排量和增加滑溜水比例策略，模拟研究结果表明，施工排量控制在 $6m^3/min$ 以内时，裂缝高度变化幅度较小，有利于在储层内缝长方向延伸；现场实践也得到证实，施工排量超过 $6m^3/min$ 时缝高易突破薄隔层遮挡。同时，当高黏流体变为低黏滑溜水时，缝高尺度虽然略有降低，但缝长方向增长明显，特别是黏度降低到 $20mPa·s$ 以内时，上述趋势更为明显。当前北美致密气压裂滑溜水比例已经达到 80%~100%，因此在鄂尔多斯盆地致密砂岩气储层滑溜水应用比例还有进一步提升空间。

4.2 页岩压裂施工设计讨论

四川盆地志留系龙马溪组页岩储层部分地区，层理发育，走滑应力构造模式下裂缝垂向延伸受控明显，极大地降低了垂向改造程度。从模拟结果来看，呈现多种缝高受控形态，如何有效突破层理成为该类储层压裂优化设计的重要原则，提出 4 条建议：（1）加强地质力学研究，实现对三向地应力场量化评估。模拟结果表明，同为走滑构造模式，三向构造应力差值不同，导致裂缝穿层差异性较大，当垂向应力与最小水平主应力差值大于 8MPa，裂缝可实现穿层扩展，而当该差值小于 4MPa 时，极易造成层理开启。（2）探索厘米级层理交互裂缝扩展模拟技术，提升缝高模拟准确性。模拟结果表明，当层理面发育密度由 10m/条降低到 3.33m/条时，裂缝高度为原来的一半，而考虑到实际层理面呈现厘米级交互特征，裂缝高度会更小，因此亟须建立厘米级层理交互下压裂数值模型，提升页岩缝高预测准确性。（3）完井设计需要兼顾垂向改造程度与横向波及范围；页岩油气储层改造普遍采用长水平井分段多簇完井模式，单段簇数达到 10~15 簇，施工排量提升到 $12~18m^3/min$，考虑到分簇射孔裂缝起裂效率，单簇裂缝有效进液排量大致介于 $2~6m^3/min$，在施工总排量不变的情况下，单段完井簇数的增多降低了单簇裂缝进液量，不利于缝高方向延伸。（4）探索不同黏度流体"逆混合"泵注技术模式[30]，即先注入高黏流体突破层理造主缝，实现缝高方向上有效延伸，后期注入低黏滑溜水激活与主缝相交的层理面，提高横向裂缝改造程度，从而实现储层三维空间有效改造。

5 结论

（1）致密砂岩和页岩裂缝扩展形态具有显著差异。鄂尔多斯盆地致密砂岩压裂裂缝形态以圆形、椭圆、长方形为主，分别对应缝高不受控，缝高部分受控和完全受控三种情况；由于页岩层理面存在，压裂裂缝三维空间形态更复杂，裂缝垂向扩展分别呈现"1""丰""T""十"和"工"共五种形态，裂缝面形态分别对应圆形、椭圆、半椭圆、长方形和非规则，对应缝高完全不受控、缝高略有受控、缝高部分受控和完全受控四种情形，其中"T"字半椭圆形和"十"字非规则复杂裂缝形态均属于缝高部分受控模式。

（2）地质条件是致密砂岩和页岩中三维裂缝空间扩展形态主控因素。鄂尔多斯盆地致密砂岩以储隔层应力差和厚度差异影响最为明显，其次为储隔层杨氏模量差异、流体黏度和施工排量；针对走滑断层机制下页岩，以层理面胶结强度影响最为明显，其次为层理面间距（发育程度）、垂向应力、流体黏度和施工排量。因此针对目标区块，强化地质工程一体化研究，明确储层地质力学特征，是准确认识致密砂岩、页岩裂缝穿层形态，及优化压裂工艺设计的重要保障。

（3）根据不同气藏地质特征应采用不同压裂工艺设计模式。薄层致密砂岩以控缝高为目的，采用适度施工排量，并增加低黏胶液或滑溜水等前置液使用比例，可控制缝高在不过度延伸前提下，实现横向扩展程度最大化；对于层理控缝高显著的页岩，以提高垂向改造程度为目的，可采用前置高黏液造主缝，后期低黏滑溜水沟通水平层理"逆混合"改造技术模式，提升储层垂向改造程度，同时激活与主缝相交层理面，最终实现储层三维空间有效改造。

参考文献

[1] 孙龙德，邹才能，贾爱林，等. 中国致密油气发展特征与方向[J]. 石油勘探与开发，2019，46（6）：1015-1026.

[2] 位云生，贾爱林，何东博，等. 中国页岩气与致密气开发特征与开发技术异同[J]. 天然气工业，2017，37（11）：43-52.

[3] 王香增，乔向阳，张磊，等. 鄂尔多斯盆地东南部致密砂岩气勘探开发关键技术创新及规模实践[J]. 天然气工业，2022，42（1）：102-113.

[4] 贾爱林，位云生，郭智，等. 中国致密砂岩气开发现状与前景展望[J]. 天然气工业，2022，42（1）：83-92.

[5] 杜佳，朱光辉，李勇，等. 鄂尔多斯盆缘致密砂岩气藏勘探开发挑战与技术对策——以临兴—神府气田为例[J]. 天然气工业，2022，42（1）：114-124.

[6] 雷群，杨立峰，段瑶瑶，等. 非常规油气"缝控储量"改造优化设计技术[J]. 石油勘探与开发，2018，45（4）：719-726.

[7] 吴奇，胥云，王腾飞，等. 增产改造理念的重大变革——体积改造技术概论[J]. 天然气工业，2011，31（4）：7-12.

[8] 慕立俊，马旭，张燕明，等. 苏里格气田致密砂岩气藏储层体积改造关键问题及展望[J]. 天然气工业，2018，38（4）：161-168.

[9] 凌云，李宪文，慕立俊，等. 苏里格气田致密砂岩气藏压裂技术新进展[J]. 天然气工业，2014，34（11）：66-72.

[10] 马旭，郝瑞芬，来轩昂，等. 苏里格气田致密砂岩气藏水平井体积压裂矿场试验[J]. 石油勘探与开发，2014，41（6）：742-747.

[11] 欧阳伟平，孙贺东，韩红旭. 致密气藏水平井多段体积压裂复杂裂缝网络试井解释新模型[J]. 天然气工业，2020，40（3）：74-81.

[12] 郭建春，陈付虎，苟波，等. 酸压裂缝体形态与流动能力的控制因素——以鄂尔多斯盆地大牛地气田下奥陶统马家沟组马五5亚段储层为例[J]. 天然气工业，2020，40（6）：69-77.

[13] 朱海燕，宋宇家，唐煊赫，等. 页岩气藏加密井压裂时机优化——以四川盆地涪陵页岩气田X1井组为例[J]. 天然气工业，2021，41（1）：154-168.

[14] 郑有成，韩旭，曾冀，等. 川中地区秋林区块沙溪庙组致密砂岩气藏储层高强度体积压裂之路[J]. 天然气工业，2021，41（2）：92-99.

[15] 付锁堂，王文雄，李宪文，等. 鄂尔多斯盆地低压海相页岩气储层体积压裂及排液技术[J]. 天然气工业，2021，41（3）：72-79.

[16] 焦方正. 陆相低压页岩油体积开发理论技术及实践——以鄂尔多斯盆地长7段页岩油为例[J]. 天然气地球科学，2021，32（6）：836-844.

[17] 焦方正. 页岩气"体积开发"理论认识、核心技术与实践[J]. 天然气工业, 2019, 39（5）: 1-14.
[18] 许丹, 胡瑞林, 高玮, 等. 页岩纹层结构对水力裂缝扩展规律的影响[J]. 石油勘探与开发, 2015, 42（4）: 523-528.
[19] WARPINSKI N R, CLARK J A, SCHMIDT R A, et al. Laboratory investigation on the effect of in-situ stresses on hydraulic fracture containment[J]. SPE Journal, 1982, 22（3）: 333-340.
[20] 李传华, 陈勉, 金衍. 层状介质水力压裂模拟实验研究[C]// 中国岩石力学与工程学会第七次学术大会论文集, 西安: 中国岩石力学与工程学会, 2002: 124-126.
[21] ALTAMMAR M J, SHARMA M M. Effect of geological layer properties on hydraulic fracture initiation and propagation: An experimental study[C]//SPE Hydraulic Fracturing Technology Conference and Exhibition, The Woodlands: SPE, 2017: SPE-184871-MS.
[22] TEUFEL L W, CLARK J A. Hydraulic fracture propagation in layered rock: Experimental studies of fracture containment[J]. SPE Journal, 1984, 24（1）: 19-32.
[23] 刘玉章, 付海峰, 丁云宏, 等. 层间应力差对水力裂缝扩展影响的大尺度实验模拟与分析[J]. 石油钻采工艺, 2014, 36（4）: 88-92.
[24] GU Hongren, SIEBRITS E, SABOUROV A. Hydraulic fracture modeling with bedding plane interfacial slip[C]//SPE Eastern Regional/AAPG Eastern Section Joint Meeting, Pittsburgh: SPE-117445-MS.2008, SPE.
[25] CHUPRAKOV D.Hydraulic fracture height growth limited by interfacial leakoff[J].Hydraulic Fracturing Journal, 2015, 2（4）: 21-34.
[26] 王瀚, 刘合, 张劲, 等. 水力裂缝的缝高控制参数影响数值模拟研究[J]. 中国科学技术大学学报, 2011, 41（9）: 820-825.
[27] 吴锐, 邓金根, 蔚宝华, 等. 临兴区块石盒子组致密砂岩气储层压裂缝高控制数值模拟研究[J]. 煤炭学报, 2017, 42（9）: 2393-2401.
[28] ABBAS S, GORDELIYE, PEIRCE A, et al. Limited height growth and reduced opening of hydraulic fractures due to fracture offsets: An XFEM application[C]//SPE Hydraulic Fracturing Technology Conference, The Woodlands: SPE-168622-MS. 2014, SPE.
[29] YUE Kaimin, OLSON J E, SCHULTZ R A.The effect of layered modulus on hydraulic-fracture modeling and fracture-height containment[J]. SPE Drilling& Completion, 2019, 34（4）: 356-371.
[30] TANG Jizhou, WU Kan, ZUO Lihua, et al. Investigation of rupture and slip mechanisms of hydraulic fractures in multiple-layered formations[J]. SPE Journal, 2019, 24（5）: 2292-2307.
[31] 张丰收, 吴建发, 黄浩勇, 等. 提高深层页岩裂缝扩展复杂程度的工艺参数优化[J]. 天然气工业, 2021, 41（1）: 125-135.
[32] 付海峰, 刘云志, 梁天成, 等. 四川省宜宾地区龙马溪组页岩水力裂缝形态实验研究[J]. 天然气地球科学, 2016, 27（12）: 2231-2236.
[33] SUAREZ-RIVERA R, BEHRMANN L, GREEN S, et al. Defining three regions of hydraulic fracture connectivity, in unconventional reservoirs, help designing completions with improved long-term productivity[C]//SPE Annual Technical Conference and Exhibition, New Orleans: SPE-166505-MS. 2013, SPE.
[34] CASAS L A, MISKIMINS J L, BLACK A D, et al. Laboratory hydraulic fracturing test on a rock with artificial discontinuities[C]//SPE Annual Technical Conference and Exhibition, San Antonio: SPE-103617-MS. 2016, SPE.
[35] 付海峰, 才博, 修乃岭, 等. 含层理储层水力压裂缝高延伸规律及现场监测[J]. 天然气地球科学, 2021,

32（11）：1610-1621.

[36] 郭印同，杨春和，贾长贵，等 . 页岩水力压裂物理模拟与裂缝表征方法研究［J］. 岩石力学与工程学报，2014，33（1）：52-59.

[37] 沈骋，谢军，赵金洲，等 . 提升川南地区深层页岩气储层压裂缝网改造效果的全生命周期对策［J］. 天然气工业，2021，41（1）：169-177.

[38] TANG Jizhou, WU Kan, ZENG Bo, et al. Investigate effects of weak bedding interfaces on fracture geometry in unconventional reservoirs[J]. Journal of Petroleum Science and Engineering, 2018, 165: 992-1009

摘自：《天然气工业》，2022，42（5）：56-68

基于复杂缝网模拟的页岩气水平井立体开发效果评价新方法
——以四川盆地南部地区龙马溪组页岩气为例

王军磊[1]　贾爱林[1]　位云生[1]　王建君[2]　黄小青[2]　李　林[2]　于　伟[3]

1. 中国石油勘探开发研究院；2. 中国石油浙江油田公司；3. 得克萨斯大学奥斯汀分校

摘要： 如何合理表征三维人工裂缝形态及延伸范围和模拟压后复杂缝网产能特征是论证、评价页岩气立体井网开发效果的关键。为此，以川南地区页岩气为对象，基于三维地质模型、天然裂缝模型和地质力学模型，模拟了人工裂缝形态及其与天然裂缝的空间配置关系，分析了三维人工裂缝在缝长和缝高方向的延伸规律，然后根据压后复杂裂缝网络形态，设计了同层井网、立体井网等不同的井网部署模式，使用嵌入式离散裂缝模型耦合数值模拟器模拟了立体井网全生命周期内各气井的生产动态，并结合智能化历史拟合技术反演获得了给定井网结构下的裂缝网络参数。研究结果表明：（1）人工裂缝在高度方向上延伸受到明显抑制，限制了同层井网对于纵向储量的控制程度；（2）立体井网在提高储量整体动用程度的同时降低了平面井间干扰强度，为井距缩小提供调整空间；（3）以裂缝压窜和井间压力干扰为判别机制，通过厘清人工裂缝与立体井距配置关系可以获得最优配置模式，从而进一步提高立体井网开发效果。结论认为：（1）川南地区页岩气适宜采用错layer开发的小井距模式，该模式易形成"短缝长、低缝高"的造缝效果，井组采收率预计可提高5%~10%；（2）该方法可较好地评价页岩气立体井网开发效果，为页岩气藏（井）产能的高效评价和开发技术政策优化提供了技术支撑。

关键词： 四川盆地南部地区；龙马溪组；页岩气；天然裂缝；裂缝网络；嵌入式裂缝模型；裂缝压穿；缝长—井距匹配模式

0　引言

页岩气是一种通过大规模体积改造获得工业产能的特殊气藏类型。合理的井位部署和水力压裂方案能够有效提高页岩气的开发效果[1]，国内外页岩气开发者通常采用理论模拟和现场试验等手段论证合理井距和井网模式。"小井距、密井网"已成为北美各页岩气田主流的开发方式，但同层内部署井距过小可能导致严重的压窜风险和强烈的井间干扰[2]，而部署立体井网却能够有效提高平面间和层段间的地质储量动用程度，同时缓解压裂、生产过程中的井间应力阴影及压力干扰。因此，立体井网研究近年来受到了越来越多的关注[3-5]。

页岩气井网井距模式研究的核心问题是平衡好井网井距与体积压裂的匹配关系。美国二叠系盆地井网加密的，大量实践表明，母井生产将引起压力波及范围内地应力的方位角及数值大小发生不同程度变化，直接影响加密井的部署[6-8]。四维应力场模拟广泛用于研究

基金项目： 中国石油天然气股份有限公司"十四五"前瞻性基础性科技项目"复杂天然气田开发关键技术研究"（编号：2021DJ1704）。

Eagle Ford 页岩中母井泄压对子井压裂效果的影响，根据地应力的时空演化结果确定子井加密时机及加密井距[9]。地质力学模型模拟也成功应用于 Marcellus 页岩中的井间应力干扰效应分析，通过建立井距与单井压裂规模之间的关系图版，根据邻井间裂缝重叠率确定最优井距[10]。在设计立体井网时，井间干扰识别模型能够模拟三维空间中的压力（应力）干扰，通过量化井间干扰程度，进而确定合理的平面及纵向井距[11]。根据二叠系下部母井生产后的压力场，更新上部地层非均质应力场，利用压裂模型模拟上部加密井的裂缝延伸，以此论证不同立体井网模式下的气井生产动态[12]。

相较于美国采用的"滚动开发"模式，中国川南页岩气通常采用一次性井网整体部署方式开采，为了确保一次性部署的可靠性，不同学者基于地质—工程—经济一体化的流程，采用不同模拟手段来优化页岩气的水平井距[13-16]。值得注意的是，美国二叠系盆地多层立体井网纵向错开距离较大，上、下部水平井靶体间距普遍超过 25m，对缝高模拟精度要求不高[14]，而川南页岩气目前有效动用层位更薄，上、下部水平井纵向交错空间有限[17]。研究表明川南地区的人工裂缝横截面呈现"星"形特征[18-19]，部署"W"形上、下两层交错井网具有可行性。在昭通地区开展的页岩气小井距错层开发先导性试验也取得了较好的开发效果，但模拟研究所使用的非结构化网格难以表征地层三维空间流动和天然裂缝影响，无法准确模拟纵向上的井间干扰[20-21]。

综上所述，如何合理表征三维人工裂缝形态及延伸范围、模拟压后复杂缝网产能特征是论证立体井网开发效果的关键。笔者利用压裂模型充分考虑了天然裂缝对人工裂缝延伸的影响，将激活的天然裂缝与人工裂缝共同构成复杂裂缝网络，利用嵌入式离散裂缝模型模拟三维缝网生产动态，从纵向水平井靶体优选、平面井距优化等两个维度来评价立体交错井网开发效果；结合人工智能历史拟合，以动态数据为约束获得有效缝网参数，建立立体井距与裂缝的配置关系，为页岩气藏（井）产能的高效评价和开发技术政策优化提供有力技术支撑。

1 模拟方法

笔者使用压裂模型模拟岩石变形、缝内流体流动和水力裂缝延伸等过程，该模型基于拟三维原理，缝长延伸采用位移不连续法[22]，缝高延伸采用非平衡裂缝高度模型计算[23]。人工裂缝与激活的天然裂缝构成压后复杂缝网，使用嵌入式离散裂缝模型模拟复杂缝网流动过程[24]。

1.1 裂缝长度模拟

使用位移不连续法对裂缝进行边界元离散。弹性区域内各个点处的应力等于区域内所有点处发生的位移不连续影响线性叠加（即应力阴影效应），则第 i 个边界元上的正应力、切应力满足下式：

$$\begin{cases} \sigma_n^i = \sum_{j=1}^{N_f} G^{ij} C_{ns}^{ij} D_s^j + \sum_{j=1}^{N_f} G^{ij} C_{nn}^{ij} D_n^j \\ \sigma_s^i = \sum_{j=1}^{N_f} G^{ij} C_{ss}^{ij} D_s^j + \sum_{j=1}^{N_f} G^{ij} C_{sn}^{ij} D_n^j \end{cases} \quad (1)$$

式中，σ_n 表示正应力，MPa；σ_s 表示切应力，MPa；N_f 表示单元数量，无量纲；D_s 表示剪切位移不连续量，m；D 表示法向位移不连续量，m；C_{ns}、C_{nn}、C_{ss}、C_{sn} 表示弹性影响系数矩阵；G_{ij} 表示考虑有限缝高的 Olson 三维修正因子[25]，其计算如下：

$$G^{ij} = 1 - \frac{d_{ij}^{\beta}}{\left[d_{ij}^2 + (h_f / \alpha)^2\right]^{\beta/2}} \quad (2)$$

式中，h_f 表示裂缝高度，m；d_{ij} 表示第 i 个与第 j 个微元距离，m；α、β 表示经验常数，$\alpha=1$，$\beta=2.3$。

由于裂缝宽度（w_f）远远小于裂缝长度，可忽略压裂液沿裂缝宽度方向的流动，仅考虑压裂液沿裂缝扩展方向上的一维流动。随着压裂液注入，缝内流体压力、裂缝宽度和裂缝尖端应力强度因子不断增加，当裂缝尖端处岩石变形达到临界点时，裂缝开启并且沿特定方向继续延伸。根据线性弹性断裂力学，当开启型裂缝尖端应力强度因子（K_I）等于岩石断裂韧性（K_{IC}）时，裂缝即发生开启。裂缝延伸方向（θ）遵循最大圆周应力准则，满足下式：

$$\tan\frac{\theta}{2} = \frac{1}{4}\frac{K_I}{K_{II}} \pm \frac{1}{4}\sqrt{\left(\frac{K_I}{K_{II}}\right)^2 + 8} \quad (3)$$

式中，K_{II} 表示滑移型应力强度因子。

K_I 和 K_{II} 分别是关于裂缝尖端处的剪切、法向方向位移不连续量与杨氏模量、泊松比的函数，可以通过 Olson 公式获得[25]。将岩石变形和缝内流体流动的控制方程在相同的边界元网格上离散，在每一个时间步中，增加新的计算单元，使用牛顿迭代法求解非线性方程组，以确定新增单元的长度和延伸方向。裂缝的延伸过程即为新增单元的过程。

当存在天然裂缝时，水力裂缝与天然裂缝将产生相互作用。根据水力裂缝与天然裂缝相交处的最大拉应力与天然裂缝面的正应力、剪应力及岩石抗张强度之间的关系，可以判别裂缝扩展路径，共3种典型模式[26]：（1）水力裂缝未穿过天然裂缝，沿天然裂缝转向延伸；（2）水力裂缝穿过天然裂缝，天然裂缝部分开启；（3）水力裂缝穿过天然裂缝，且沿天然裂缝转向延伸。水力裂缝能否穿过天然裂缝可根据非正交判别图版，基于正交判别准则，当考虑界面处内聚力后判别准则可修正为[27]：

$$\frac{S_0/\vartheta - \sigma_H}{T_0 - \sigma_h} > \frac{0.35 + 0.35/\vartheta}{1.06} \quad (4)$$

式中，S_0 表示界面内聚力，MPa；ϑ 表示摩擦系数，定义为两表面间摩擦力与作用在表面上的垂直应力的比值，对于多数岩石该值介于 0.1~0.9；T_0 表示岩石抗拉强度，MPa；σ_H 表示最大水平主应力，MPa；σ_h 表示最小水平主应力，MPa。

当水力裂缝未与天然裂缝相交时，天然裂缝能否开启取决于人工裂缝内流体压力、最大（最小）水平主应力及天然裂缝夹角，其关系为[28]：

$$\frac{(p_f - \sigma_H) + (p_f - \sigma_h)}{\sigma_H - \sigma_h} > -\cos(2\alpha) \quad (5)$$

式中,p_f表示裂缝内的流体压力,MPa;α表示天然裂缝方位角与最大水平主应力之间的夹角,(°)。

根据上述裂缝扩展原理,使用复杂缝网压裂模拟器(UFM)[23],模拟二维条件下考虑天然裂缝的人工裂缝延伸规律。其中天然裂缝设定为两组随机均匀正交分布的裂缝系统,其他模型参数包括地质力学性质参数、地应力参数和压裂泵入参数等(表1)。

表1 页岩储层基础地质及压裂施工参数表

参数	数值
方案a中最小水平主应力/MPa	71.18
方案a中最大水平主应力/MPa	76.18
方案b中最小水平主应力/MPa	66.18
方案b中最大水平主应力/MPa	76.18
最大主应力方向/(°)	0
杨氏模量/GPa	31.32
泊松比	0.24
岩石断裂韧度/(MPa·m$^{0.5}$)	1.098
岩石抗拉强度/MPa	24.52
单轴抗压强度/MPa	70.50
压裂段数/段	18
单段簇数/簇	3
簇间距/m	20
泵注流速/(m^3·min^{-1})	13
泵注时间/min	115
压裂施工压力/MPa	42
天然裂缝组1方位角/(°)	45
天然裂缝组2方位角/(°)	135
天然裂缝长度中值/m	50
天然裂缝间距中值/m	30

注:方案a水平应力差为5MPa;方案b水平应力差为10MPa。

研究表明除岩石力学参数外,水平主应力差是影响水力裂缝在天然裂缝内延伸的最主要因素,图1模拟了天然裂缝与人工裂缝45°夹角下主应力差对人工裂缝延伸的影响(图中粉红色线条表示水平井筒)。当地应力差较小时(图1a),初期主裂缝内流体压力较高,满足裂缝扩展路径模式(3),随着缝内压力迅速降低,满足裂缝扩展路径模式(2),人工裂缝更易沿天然裂缝延展;每段中各簇裂缝形态差异性较大,缝网宽度和增产改造面积较大,带长较短,形成更为复杂的裂缝网络。当地应力差较大时(图1b),满足裂缝扩展路径模式(2),人工裂缝不易弯曲,易形成直缝,并且每段中各簇裂缝长、短差异性较小,天然裂缝被激活形成分支裂缝,与主裂缝组成复杂缝网;激活的天然裂缝在较小范围内达到最大主应力方向,缝内压力递减较快,带长方向延伸较远,裂缝向外扩展较难,形成的缝网带宽较小。

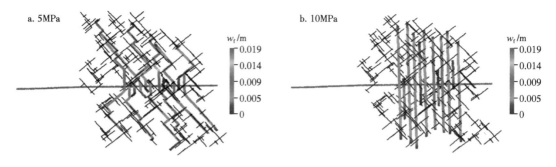

图 1 不同地应力差缝网模拟结果图

1.2 裂缝高度模拟

在多地层模型中,裂缝高度取决于地应力、界面力学属性、断裂韧度、压裂液滤失、岩石力学属性(包括杨氏模量、剪切模量、泊松比、抗拉强度)等因素。其中,地应力是控制裂缝高度最重要的因素,其值越大,裂缝高度越小;界面力学性质越弱,裂缝高度越易保持不变;高断裂韧度能够控制裂缝高度的增加,但断裂韧度只在裂缝高度较小时发挥作用;较高的杨氏模量能够降低裂缝宽度、增加压降,进而形成较小的裂缝高度;压裂液滤失率较高将引起缝内流体压力降低,阻碍裂缝高度增加。

当裂缝高度模型不考虑垂直方向上的流体流动和压力梯度影响时,该模型本质上是多地层裂缝平衡高度力学模型。裂缝高度与裂缝上尖端强度因子(K_{I-})、下尖端强度因子(K_{I+})之间的关系满足下式[23]:

$$K_I \pm = \sqrt{\frac{\pi h_f}{2}} p_{net} + \sqrt{\frac{2}{\pi h_f}} \sum_{i=1}^{n} (\sigma_{i+1} - \sigma_i) \times \left[\frac{h_f}{2} \arccos\left(\frac{h_f - 2h_i}{h_f}\right) \pm \sqrt{h_i(h_f - h_i)} \right] \quad (6)$$

式中,h_f 表示裂缝高度,m;p_{net} 表示净压力,MPa;σ_i 表示第 i 层地应力,MPa;h_i 表示从裂缝尖端到第 i 层地层顶部的高度,m;n 表示裂缝高度穿透的地层数量。其中,净压力(p_{net})满足下式:

$$p_{net} = \begin{cases} p_{cp} - \sigma_n + \rho_f g(h_{cp} - 0.75 h_f), & K_I = K_{I-} \\ p_{cp} - \sigma_n + \rho_f g(h_{cp} - 0.25 h_f), & K_I = K_{I+} \end{cases} \quad (7)$$

式中,σ_n 表示地层顶部地应力,MPa;h_{cp} 表示参考深度,一般选射孔段深度,m;p_{cp} 表示参考深度处裂缝内的流体压力,MPa;ρ_f 表示流体黏度,mPa·s。

当考虑裂缝高度方向上的压力梯度时,该模型改进非平衡高度模型。需要强调的是这种模型仅适用于含有单个裂缝前缘且起裂点位于最低应力层的情况,更为复杂的裂缝高度模拟可参考本文参考文献[29]。

1.3 缝网生产动态模拟

在天然裂缝基础上,通过压裂模拟在裂缝长度和裂缝高度方向上获得了三维人工裂缝形态，基于正交网格，采用自主研发的嵌入式离散裂缝模型（EDFM）处理复杂的裂缝网络[24]。EDFM 原理在于：（1）根据裂缝与正交网格的分布特征，裂缝被网格分解为一系列的裂缝元并产生相应的虚拟网格作为裂缝计算域，实际物理域被分解为两套网格系统；（2）虚拟格通过非邻近连接对（NNC）与实际网格和其他虚拟网格耦合，裂缝通过有效井筒连接系数（WI_f）与井筒耦合。EDFM 技术核心在于 NNC 的计算，主要用于处理物理模型上相邻但在计算域上不相邻网格之间的流量交换。

非邻近连接对之间通过传导率连接，网格之间的流体流速（q）满足下式：

$$q = \lambda_l T_{NNC} \Delta p \tag{8}$$

式中，λ_l 表示流体流度，$m^2/(Pa \cdot s)$；T_{NNC} 表示传导率，m^2；Δp 表示压力差，MPa。

非邻近网格连接对的传导率（T_{NNC}）计算通式为：

$$T_{NNC} = \frac{k_{NNC} A_{NNC}}{d_{NNC}} \tag{9}$$

式中，k_{NNC} 表示连接渗透率，mD，当裂缝与基质间连接时，k_{NNC} 表示基质渗透率；当裂缝与裂缝连接时，k_{NNC} 表示裂缝平均渗透率；A_{NNC} 表示连接对之间的接触面积，m^2；d_{NNC} 表示连接对之间的距离，m，当裂缝与基质间连接时，d_{NNC} 表示基质块到裂缝面的平均距离；当裂缝与裂缝连接时，d_{NNC} 表示裂缝元之间的法向距离。

在人工裂缝形成过程中，裂缝延伸的同时裂缝宽度形成且保持较高的渗透率。在生产过程中，随着裂缝有效应力增加，支撑剂发生破碎、溶蚀、嵌入等作用，裂缝渗透率递减，但残余颗粒具有一定渗流能力，最终裂缝保持恒定的最小裂缝渗透率（$k_{f,min}$），其满足下式[30]：

$$\frac{k_f - k_{f,min}}{k_{f,i} - k_{f,min}} = \exp[-\gamma_f (p_i - p_f)] \tag{10}$$

式中，γ_f 表示裂缝应力敏感参数，MPa^{-1}，其值介于 $10^{-8} \sim 10^{-6}$ MPa^{-1}；$k_{f,i}$ 表示原始地层压力下裂缝渗透率，mD。此外，模型还考虑了吸附气解吸、人工裂缝内气水两相渗流等机理，相应内容可参考文献[31]。

以图 1 所形成的复杂缝网为对象，利用 EDFM 技术模拟其产能动态。气藏采用三维单孔单渗数值模型，地层尺寸为 1700m×800m×20m，地层渗透率为 8.85×10^{-5} mD，孔隙度为 6.28%，含水饱和度为 35%，原始地层压力为 42.5MPa，水平井长度为 1500m，井底采用 2.5MPa 恒压生产。模型包括 3 种尺度空间（基质、天然裂缝和人工裂缝），基质系统采用规则正交网格，裂缝系统（天然裂缝＋人工裂缝）使用 EDFM 产生的虚拟网格描述，通过非邻近网格连接对的传导率计算考虑各类孔隙间的流体传递特征。图 2 展示了高、低应力差条件下的缝网累计产气量（G_p）。

对比高、低应力差条件下的生产动态曲线及泄流体积可知，在低应力差条件下，缝网与地层具有更大的接触面积，缝网交错且导流能力分布较为均匀，导致缝网覆盖区域内压力下降程度相对较小，压力场更为均匀，累计产气量始终较高。在高应力差条件下，缝网复杂程度较低,主裂缝沿最大水平主应力方向近似平行分布,裂缝间压降较大,同时裂缝内高导流能力主要集中在近井筒区域,靠近主裂缝尖端区域导流能力较低,裂缝整体导流能力不均匀,导致裂缝产能较低。至此,形成集合人工裂缝延伸和产能模拟的模拟方法,用以评价立体井网开发效果。

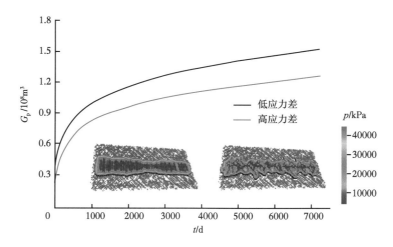

图2　高、低应力差条件下形成缝网的产能模拟结果对比图

2　基于三维裂缝模型的立体井网模型

页岩气井产能取决于地质因素和工程因素两大类,包括储层品质(如TOC、优质储层厚度、压力系数、天然裂缝、脆性指数等)、钻井品质(如水平井靶体及钻遇率、水平井钻井设计、井筒完整性等)、完井品质(如压裂参数设计)和开发品质(如压后焖井、返排和生产制度等)[32]。其中,储层品质是先天条件因素,决定了页岩气储层的"质量""数量"和"能量";而钻井品质、完井品质和开发品质是后天努力因素,共同决定了页岩气储量的"动用量"。"质量＋数量＋能量"是开发对象的条件,"动用量"是开发设计的目标。在后天努力因素的领域内,页岩气开发过程中面临4大优化难题,即部署阶段的井距优化、钻井阶段的水平井靶体优选、完井阶段的压裂方案优化和投产阶段的生产制度优化。以上问题相互关联且具有继承性。从开发设计角度看,立体井网部署是解决以上难题的基础[33],即通过优选水平井靶体和井距,提高层间、井间储量动用率,通过优选压裂方案和生产制度方案提高单井可采储量。

立体井网部署首先优选水平井靶体层位,进而分别在不同层位内优化水平井距、设计单井压裂方案和生产制度,最终形成整体开发效果最佳的立体开发井网。

2.1　水平井靶体优选

基于川南龙马溪组页岩气开发评价井的测井解释成果,建立三维地质模型和地质力学模型。模型尺寸为2560m×800m×30.85m,平面网格尺寸为10m×10m,纵向网格介于0.60~3.37m,水平井方位为NE10.00°,最小主应力方向为NE11.91°,水平井方位与最小主应力方向基本保持一致。平面属性假定为二维均质，纵向按地质特征共分为5个小层（0~4号），根据各小层属性差异共细分为30个网格，各小层主要地质参数见表2。

表2 三维地质模型纵向各小层主要地质参数表

层位	顶层垂深/m	底层垂深/m	地层厚度/m	单储系数/($10^8m^2 \cdot km^{-2}$)	纵向网格数/个	靶体深度/m
4号	2063.11	2075.07	11.96	0.19	9	2066.90
3号	2075.07	2080.88	5.81	0.21	6	2077.50
2号	2080.88	2088.71	7.83	0.15	8	2084.78
1号	2088.71	2090.24	1.53	0.25	3	2089.63
0号	2090.24	2093.96	3.72	0.21	4	2092.91

模型中的工程品质参数包括最大水平主应力（σ_H）、最小水平主应力（σ_h）、泊松比（v）、杨氏模量（E）等，储层品质因素包括孔隙度（φ）、渗透率（k_m）、地层压力（p）、含气饱和度（s_g）等，工程品质和储层品质参数纵向分布如图3所示。

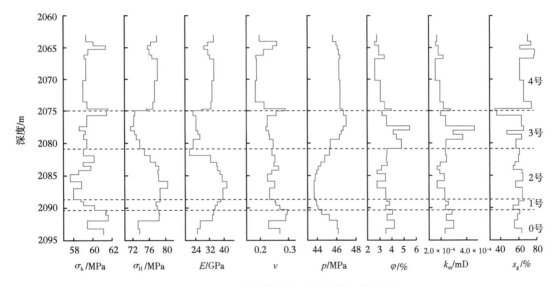

图3 工程品质和储层品质参数纵向分布图

以单级压裂段为例，采用表1中泵注程序利用压裂模型模拟水平井靶体位于不同层位时形成的人工裂缝形态，压裂模拟如图4所示。设定裂缝宽度大于阈值（0.05mm）的区域为支撑裂缝分布区域（图中红色区域），相应统计结果见表3。从表3可知，裂缝体积从大到小依次为3号、4号、1号、2号、0号，结合压裂模拟三维结果（图4），纵向上水平井靶体位于0~4号任一层段时水力裂缝均能上、下穿透整个目的层位，考虑到裂缝宽度在裂缝高度方向上与起裂点的对应关系，支撑裂缝区域集中在水力裂缝下部。

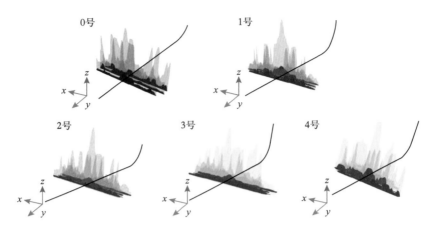

图 4　靶体位于不同层位时三维裂缝延伸模拟图

根据三维裂缝形态模拟裂缝产能特征，由各小层储层品质与裂缝导流能力共同决定。高导流能力意味着流入程度高于流出程度，流体在裂缝内压降幅度小，有利于裂缝产能发挥；低导流能力意味着流出程度更高，流体在裂缝内流动发生显著的压降，不利于裂缝产能发挥。

表 3　不同靶体位置下人工裂缝扩展模拟结果对比表

层位	裂缝体积 / m³	簇号	水力裂缝长度 /m	支撑裂缝长度 /m	平均裂缝高度 /m	平均支撑裂缝高度 /m	平均裂缝宽度 /mm	平均导流能力 / (mD·m)
0 号	268	1	327.98	323.16	27.39	6.85	2.49	177.11
		2	336.67	332.31	27.46	6.87	1.97	132.72
		3	316.10	308.44	39.37	8.34	1.38	98.59
1 号	314	1	390.64	352.75	61.32	12.33	1.11	78.63
		2	446.19	385.46	33.53	14.38	1.49	104.19
		3	416.89	412.43	61.02	11.26	1.38	57.28
2 号	326	1	411.20	387.02	30.07	10.52	1.87	132.97
		2	400.99	326.19	49.56	12.39	1.14	78.27
		3	404.44	367.90	60.11	15.03	0.84	59.06
3 号	347	1	355.03	341.55	53.23	18.31	0.94	69.30
		2	441.69	383.50	33.43	8.36	1.27	101.81
		3	383.43	359.51	54.72	13.68	1.12	82.51
4 号	336	1	288.80	257.33	49.88	20.47	0.82	61.03
		2	372.89	326.15	35.22	8.81	1.65	120.73
		3	364.53	349.92	34.21	18.55	0.79	58.44

设定井底恒定压力 2.5MPa 开井生产，模拟靶体不同层位下的单段裂缝生产动态（图 5）。笔者定义生产时间为 20 年后的最终可采储量（EUR）为压后产能，由高到低依次为 1 号、2 号、3 号、4 号、0 号，其特征为：（1）靶体位于 1 号小层时，裂缝高度主要覆盖 1~

3号小层，对应地层的单储系数较高，孔渗性较好，同时裂缝与地层接触面积较大，缝内导流能力较强，充分发挥了相应层段的储量基础和裂缝导流能力，因此，裂缝EUR最高、累计产量上升幅度最快（前3年累计产量占比EUR约为72%）；（2）靶体位于0号小层时，由于支撑裂缝高度过小，有效动用层段仅为0~1号小层，虽然裂缝导流能力较强，但受制于有限的储量基础，单段EUR最低；（3）靶体位于4号小层时，有效动用层段为3号小层、4号小层及2号小层上部，裂缝体积较大，裂缝导流能力低，表现为早期累计产量增长幅度较小，前3年累计产量占比EUR约为38%，动用层位厚度较大，但对应层段的孔渗性较差，导致裂缝EUR较低；（4）靶体位于2号小层时，与靶体位于1号小层相比，形成的裂缝体积较大，但裂缝高度更大、裂缝宽度更小，导致裂缝导流能力略有降低，对应的EUR值比1号小层靶体的EUR值低；（5）靶体位于3号小层时，改造效果与动用层位与靶体位于4号小层类似，呈现相似的动态特征。

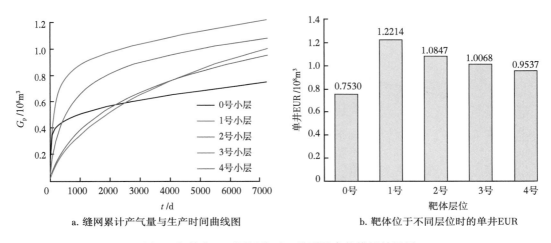

a. 缝网累计产气量与生产时间曲线图　　b. 靶体位于不同层位时的单井EUR

图5　靶体位于不同层位时三维裂缝产能模拟结果图

2.2 立体井网模式

根据靶体位于不同层位所形成的支撑裂缝高度，结合对应的裂缝产能，在确保足够纵向空间以避免裂缝高度压窜的前提下，立体井网靶体分别部署在1号小层和4号小层，同时平面上邻井采用交错布缝，最大限度避免压窜，部署模式如图6所示。通过部署两层水平井，纵向储量控制程度大幅度增加。

以3口井为例，中间井部署在4号小层，两侧井部署在1号小层。图7模拟了平面投影井距介于250~400m的单井产能，井距不超过300m时，井间开始发生显著干扰。当井距为300m时，靶体位于1号小层的水平井井间干扰强度较低，而靶体位于4号小层水平井在生产后期已发生较为明显的井间干扰，原因在于：（1）同一层位内水平井尚未产生干扰，同层内对应井距为600m，如图7a所示，靶体位于1号小层两口水平井独立生产，无显著压力连通；（2）上、下两套水平井通过3号小层内产生纵向上干扰，靶体位于4号小层的三维裂缝，导流能力低于靶体位于1号小层的裂缝，导致其在地层内的导流能力不足，井间干扰对其产能影响程度更大。当井距为200m时，下部水平井（靶体位于1号小层）也开始发生显著的井间干扰，主要来自同一层位内水平井之间的压力干扰，同时上层水平井产能下降幅度进一步增加。

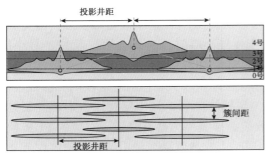
a. 立体井网三维部署模式

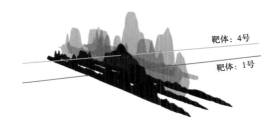
b. 三维裂缝交错模式

图 6　立体井网部署模式图

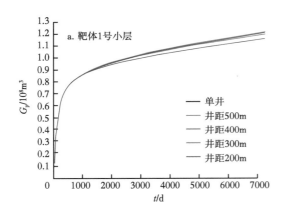

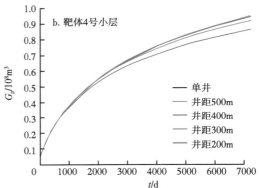

图 7　立体井网中水平井生产动态模拟图

为了突出立体部署相对于同层部署在井距设计中的优势，设计两种对比模式，即同层模式（靶体全部位于 1 号层位）和立体模式（靶体交错位于 1 号和 4 号层位）。横向地层距离 800 m 分别设置 1~4 口井（对应井距分别为 800m、400m、266m、200m），考虑天然裂缝影响。

同层模式（图 8）：当井距大于等于 400m 时，井间几乎无干扰，单井全生命周期产能几乎不受干扰影响，区块采收率（EOR）随井距减小呈线性增加；当井距小于 400m 时，井间存在显著干扰，单井产能受抑制，表现为区块采收率增加幅度逐渐降低；当井距继续降低时，井间裂缝出现压窜，井间干扰急剧增加，当裂缝完全连通时，继续减小井距对提高区块采收率无显著作用。从纵向动用程度上分析，靶体位于 1 号小层时，裂缝高度主要控制 1~3 号小层，根据裂缝截面形态，其对下部地层控制作用更为显著，而在上部地层中裂缝截面变小，加之纵向渗透率极低，上部层位储量难以动用。

立体模式：以 3 口井为例（井距为 266m），图 9 对比了同层模式与交错模式下的单井 EUR 和区块 EUR。

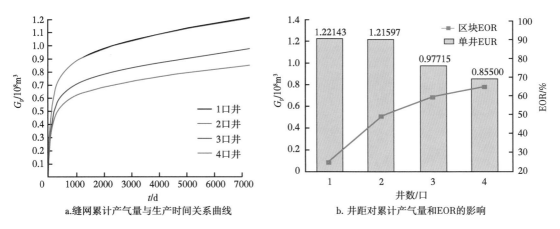

图 8　同层模式下井距对单井 EUR 及 EOR 的影响图

定义单井产能井间干扰率（或产能损耗率）为：

$$\eta = \frac{\mathrm{EUR}_{\mathrm{single}} - \mathrm{EUR}_{\mathrm{multiple}}}{\mathrm{EUR}_{\mathrm{single}}} \times 100\% \qquad (11)$$

式中，$\mathrm{EUR}_{\mathrm{single}}$ 表示单井独立生产时的单井 EUR；$\mathrm{EUR}_{\mathrm{multiple}}$ 表示多井生产时的单井 EUR。

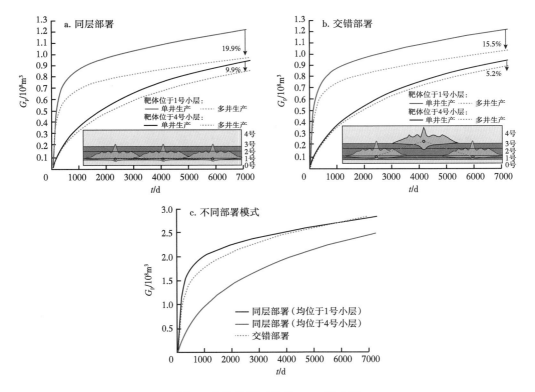

图 9　立体井网对单井 EUR 影响图

图9a为同层模式下靶体分别位于1号和4号小层时的单井生产动态曲线,其中靶体位于1号小层时井间干扰率(19.9%)明显高于靶体位于4号小层的井间干扰率(9.9%),主要原因在于前者主力动用层段的地层孔渗性好于后者,良好的地层传导效率增加了井间干扰程度,这与压力波传播距离规律一致。图9b中井网变换为交错部署,通过水平井靶体层位调整,上、下部水平井的井间干扰率均发生了明显下降(图9b中下部井的井间干扰率为9.9%降为5.2%,上部井的井间干扰率19.9%降为15.5%),强度较弱的纵向干扰一定程度上缓解了同层部署时的平面井间干扰。图9c为不同部署模式下的区块EUR对比。相比其他两种模式,靶体均位于4号小层时,虽然井间干扰程度较低,但受制于上部单井EUR规模,区块EUR整体仍然较低;而交错部署模式,通过部署1口产能较低的上部井,有效缓解了井间干扰,区块EUR反而略高于靶体均位于1号小层的同层模式。

图10进一步对比了更小的井距条件下同层模式(靶体均位于1号小层)与立体模式的产能结果。井距减小意味着同一区块内可部署井数增加,区块EUR将逐渐提高,但增长幅度逐渐降低;立体交错模式通过提高纵向控制范围,合理规避同层间、纵向间干扰,将上、下部储层联合动用,随着井距减小,该模式相对于同层部署的趋势更为明显,区块EUR提升幅度在266m井距下为1.37%,在200m井距下提升到6.51%。

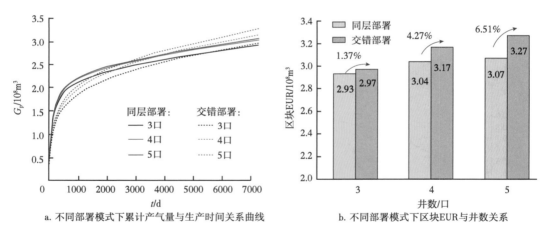

a. 不同部署模式下累计产气量与生产时间关系曲线　　b. 不同部署模式下区块EUR与井数关系

图10　不同模式下井距对区块EUR的影响图

3　实例分析

3.1　立体井网开发效果

选取昭通某页岩气立体开发平台进行实例分析,建立三维地质力学模型、三维地质模型和天然裂缝模型,根据泵注参数,借助压裂模拟模型模拟人工裂缝(图11)。该平台共设计3口井,其中井2位于中间,设计靶体在4号小层,其余2口井靶体在1号小层,平面投影井距介于275~305m,主要的钻井及压裂参数见表4。实钻监测表明轨迹控制较好,纵向上靶体错开超过12m,基本实现小井距立体开发,满足设计要求。

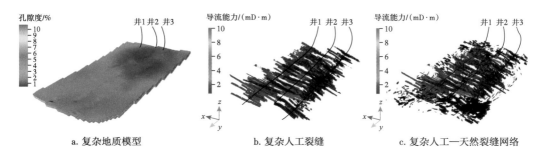

a. 复杂地质模型　　　　　　b. 复杂人工裂缝　　　　　c. 复杂人工—天然裂缝网络

图 11　三维地质模型及人工—天然裂缝模型图

建立嵌入式离散裂缝模型对 3 口井同时生产进行模拟。基于蒙特卡洛—马尔科夫机器学习算法，利用神经网络训练获得代理模型，形成智能算法驱动自动历史拟合技术[34]，实现了高效、精确评估复杂裂缝系统的有效性（包括有效裂缝高度、裂缝长度、导流能力）。算例采用多井同步自动历史拟合，分别以井底压力数据作为各井的输入条件，共进行 8 步自动迭代，全局误差设定小于 4.5%，从中优选出 65 套历史拟合解，拟合效果如图 12 所示（以井 1 为例）。

表 4　试验井组各井主要施工参数表

井名	水平段长度/m	压裂段数/段	簇数/簇	加砂强度/(t·m^{-1})	用液强度/(m^3·m^{-1})	目标靶体
井 1	1513	26	78	2.29	36.6	1 号小层
井 2	1385	18	51	1.85	31.9	4 号小层
井 3	1717	29	89	2.53	38.2	1 号小层

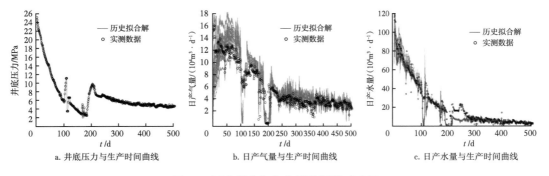

a. 井底压力与生产时间曲线　　　b. 日产气量与生产时间曲线　　　c. 日产水量与生产时间曲线

图 12　历史拟合解与实测数据的对比图

以人工裂缝延伸模拟结果（裂缝长度、裂缝高度、导流能力）作为初始待拟合参数，历史拟合过程中假定裂缝参数等比例变化，校正后的人工裂缝参数统计结果如图 13 所示：井 1 平均支撑裂缝高度为 17.18m，平均支撑裂缝长度为 267m，平均导流能力为 75mD·m；井 3 平均支撑裂缝高度为 22.77m，平均支撑裂缝长度为 198.87m，平均导流能力为 125mD·m；

靶体位于上部的井 2 平均支撑裂缝高度为 30.13m，平均支撑裂缝长度为 298.78m，平均导流能力为 136mD·m。

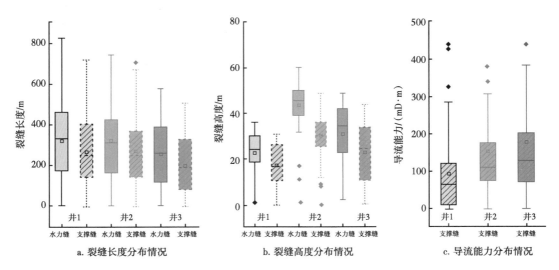

图 13 校正后的人工裂缝参数统计图

对校正后的复杂裂缝网络进行产能模拟（图 14）。图 14a 为 3 口井同步生产时的累计产气量曲线，井 1~井 3 的单井 EUR 分别为 $8011×10^4m^3$、$6599×10^4m^3$、$7311×10^4m^3$。相对于井 3，井 1 靶体位于下部层位，对应层位的产能潜力较大，虽然裂缝导流能力较低，但水平段较长，压裂级数较多，保证了缝网与地层的接触面积，有足够大的缝网接触面积，从而保证了水平井的产能。中间的井 2 位于上部地层，储量基础和地层孔渗性均较差，加之井 2 与邻井发生较大规模压窜，而邻井产能又较高，增加了井 2 受干扰的程度，导致其气井产能明显低于其他 2 口井，对应的单井产能井间干扰率也最高（图 14b），干扰率比邻井高 8% 左右。

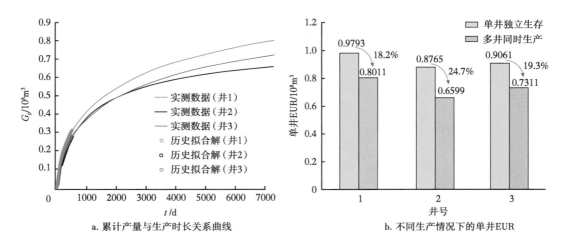

图 14 立体井网产能模拟结果图

整体来看，该井组采收率达到27.5%，较周围采用400m井距的开发井组采收率提高了5%~10%，立体错层开发取得较好的开发效果。图15显示了第1年的压力场，除了个别压裂段，在平面和纵向上井间均发生了较为显著的压窜，说明存在较为严重的裂缝重叠，即使采用交错部署的模式也导致在很短的时间内井间发生相互干扰，制约了气井产能的发挥，证明了目前水平井设计和压裂工艺条件下，压裂规模（裂缝高度、裂缝长度）过大，井距与压裂缝不匹配。

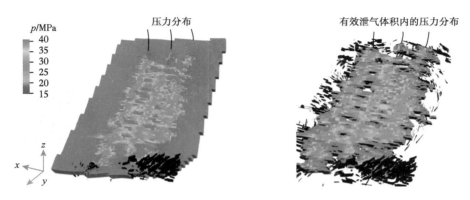

图15 井间干扰下的压力场图

3.2 人工裂缝与井距匹配关系

在目前井距和压裂规模条件下，重新设计压裂方案，模拟结果如图16所示。由图16可以看出，优化各井裂缝长度明显减小，靶体位于上部的井2（绿色）与其余2口井间的压窜程度降低。重新统计各井（支撑）裂缝模拟结果，其中井1裂缝为156簇，平均支撑裂缝高度为14.20m，平均支撑裂缝长度为201.09m，平均导流能力为125mD·m；井3裂缝为58簇，平均支撑裂缝高度为15.78m，平均支撑裂缝长度为178.87m，平均导流能力为305mD·m；井2裂缝为32簇，平均支撑裂缝高度为16.33m，平均支撑裂缝长度为212.70m，平均导流能力为167mD·m。在控制裂缝长度、裂缝高度的基础上，通过增加裂缝段数，保证了缝网与地层的接触面积，同时大概率避免了平面和纵向上的井间压窜，也增加了缝网内的导流能力。

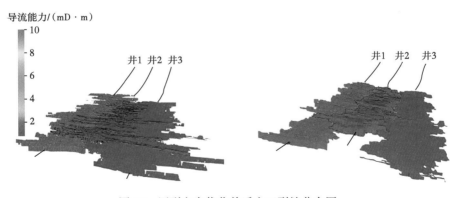

图16 压裂方案优化前后人工裂缝分布图

图 17 为压裂优化方案后的区块生产动态。图 17a 中，当气井单独生产时，由于缝网产能指数得到了提高，优化后的 3 口井单井 EUR 较原方案分别增加了 14.7%、3.7% 和 7.6%；当 3 口井同时投产时，单井井间干扰率较原方案显著下降，区块累计产气量较原方案增加了 $0.49×10^8m^3$。图 17b 显示了第 1 年末的井组压力场，表明井间未发生大面积压窜，井间干扰程度得到了较好控制，井组开发效果良好。

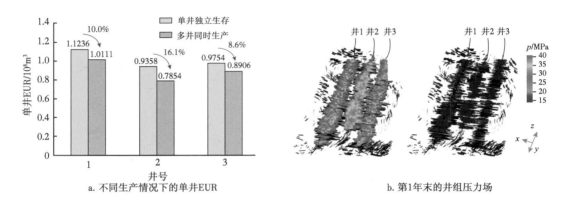

图 17　优化方案下区块生产动态模拟图

对优化前后方案中 3 口井的人工裂缝长度做统计分析，取累计概率（CDF）80%~90% 对应值作为合理井距区间。人工裂缝长度概率及累计概率如图 18 所示，从图 18 可以看出，原方案中合理井距介于 375~455m，远高于实际约 300m 的井距（对应累计概率约为 60%），这意味超过 40% 的裂缝超过井距发生压窜；优化方案对应的合理井距介于 280~320m，与实际井距相符，其较好的开发效果也证实了压裂设计与井距匹配性。由此可知，通过平衡裂缝、地层接触面积、井间干扰、裂缝与地层流入流出动态关系能够保证井组开发效果。

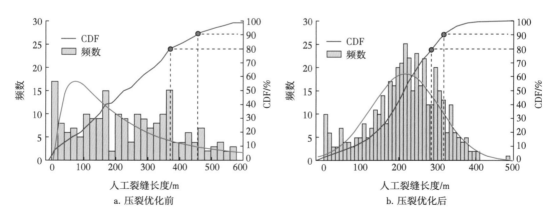

图 18　人工裂缝长度概率及累计概率图

3.3　压裂—井距优化建议

川南地区储层分布与美国不同，美国二叠系盆地中多套层系纵向间距较大（超过

100m），而且层系间经常存在阻碍裂缝延伸的硬地层[35]，因此，不同层系井组间发生纵向裂缝干扰的概率很低[36]，这也是美国能够实施立体加密井网的前提条件。相比之下，川南地区目前开发优质页岩层段为同一层系（主要集中在五峰组—龙一$_1$亚段），厚度介于20~35m[17]，受裂缝高度延伸和支撑剂沉降影响，单套井网难以控制整个优质层段。

当部署上、下两套井网时，考虑到有限的纵向空间，遵循纵向错层、减小井距、控制靶体钻遇率的原则，贯彻拉链式压裂（形成平面交错裂缝）、细分切割（增加段数、簇数）、大规模压裂（提高加砂强度、用液强度）相结合的压裂设计理念，追求"多裂缝、短缝长、低缝高、高导流"的造缝效果，在立体储量联合动用前提下尽量降低上、下井组间压窜的可能性。同时生产过程中应采用单井全程控压生产制度[30, 37]，在保持裂缝长效开启的同时，提供气井生产驱动力，提高单井可采储量，最终实现提高立体井网的开发效果。

4 结论

（1）目标地层内不同层位内的水平井靶体均具有裂缝延伸和产能潜力，同层部署时井网难以动用整个纵向储量，立体部署能够大幅度提高整体储量动用程度。

（2）部署立体井网时，通过调整水平井靶体层位，一定程度上缓解同层部署时的强井间干扰，在小井距条件下立体井网开发效果更好。

（3）建立合理井距与人工裂缝匹配模式，在确保缝网与地层接触面积基本稳定的基础上，通过提高缝网内部导流能力进一步提高立体井网开发效果。

（4）川南地区适宜采用错层开发的小井距模式，上、下两套井网分别部署于1号层位和4号层位，辅以平面交错布缝和纵向靶体交错部署的模式，形成"短缝长、低缝高"的造缝效果，井组采收率预计可提高5%~10%。

参 考 文 献

[1] 焦方正. 页岩气"体积开发"理论认识、核心技术与实践[J]. 天然气工业, 2019, 39（5）: 1-14.

[2] 陈京元, 位云生, 王军磊, 等. 页岩气井间干扰分析及井距优化[J]. 天然气地球科学, 2021, 32（7）: 931-940.

[3] 王军磊, 贾爱林, 位云生, 等. 基于多井模型的压裂参数—开发井距系统优化[J]. 石油勘探与开发, 2019, 46（5）: 981-992.

[4] CAKICI D, DICK C, MOOKERJEE A, et al. Marcellus well spacing optimization—pilot data integration and dynamic modeling study[C]//Unconventional Resources Technology Conference. Denver: SEG, 2013: 1294-1303.

[5] PORTIS D H, BELLO H, MURRAY M, et al. Searching for the optimal well spacing in the Eagle Ford shale: A practical toolkit[C]//Unconventional Resources Technology Conference.Denver: SEG, 2013: 237-244.

[6] PANKAJ P. Characterizing well spacing, well stacking, and well completion optimization in the Permian basin: An improved and efficient workflow using cloud-based computing[C]// Unconventional Resources Technology Conference. Houston: SEG, 2018: 1799-1827.

[7] ZHENG Wei, XU Lili, MONCADA K, et al. Production induced stress change impact on infill well flowback operations in Permian Basin[C]//SPE Liquids-Rich Basins Conference—North America. Midland: SPE-191770-MS, 2018.

[8] JARIPATKE O A, BARMAN I, NDUNGU J G, et al. Review of Permian completion designs and results[C]// SPE Annual Technical Conference and Exhibition. Dallas: SPE-191560-MS, 2018.

[9] GUO Xuyang, WU Kan, KILLOUGH J. Investigation of production-induced stress changes for infill-well stimulation in Eagle Ford shale[J]. SPE Journal, 2018, 23(4): 1372-1388.

[10] PANKAJ P, SHUKLA P, KAVOUSI P, et al. Determining optimal well spacing in the Marcellus shale: A case study using an integrated workflow[C]//SPE Argentina Exploration and Production of Unconventional Resources Symposium. Neuquen: SPE-191862-MS, 2018.

[11] SHIN D, POPOVICH D. Optimizing vertical and lateral spacing of horizontal wells in Permian Basin stacked bench developments[C]//Unconventional Resources Technology Conference. Austin: SEG, 2017: 636-653.

[12] PEI Yanli, YU Wei, SEPEHRNOORI K, et al. The influence of development target depletion on stress evolution and infill drilling of upside target in the Permian Basin[J]. SPE Reservoir Evaluation & Engineering, 2021, 24(3): 570-589.

[13] 雍锐, 常程, 张德良, 等. 地质—工程—经济一体化页岩气水平井井距优化——以国家级页岩气开发示范区宁209井区为例[J]. 天然气工业, 2020, 40(7): 42-48.

[14] CAO R, CHEN Chaohui, LI Ruijian, et al. Integrated stochastic workflow for optimum well spacing with data analytics, pilots, geomechanical-reservoir modeling, and economic analysis[C]//Unconventional Resources Technology Conference. Houston: SEG, 2018: 1416-1431.

[15] CHANG Cheng, LIU Chuxi, LI Yongming, et al. A novel optimization workflow coupling statistics-based methods to determine optimal well spacing and economics in shale gas reservoir with complex natural fractures[J]. Energies, 2020, 13(15): 3965.

[16] O'TOOLE T, ADEBARE A, WRIGHT S. Second bone spring sand development strategies within the Delaware Basin, West Texas and Southeast New Mexico[C]//Unconventional Resources Technology Conference, Virtual: URTeC, 2020: 1168-1176.

[17] 谢军, 赵圣贤, 石学文, 等. 四川盆地页岩气水平井高产的地质主控因素[J]. 天然气工业, 2017, 37(7): 1-12.

[18] 位云生, 王军磊, 齐亚东, 等. 页岩气井网井距优化[J]. 天然气工业, 2018, 38(4): 129-137.

[19] 黄小青, 王建君, 杜悦, 等. 昭通国家级页岩气示范区YS108区块小井距错层开发模式探讨[J]. 天然气地球科学, 2019, 30(4): 557-565.

[20] JIANG Jiamin, YOUNIS R M. Hybrid coupled discrete-fracture/ matrix and multicontinuum models for unconventional-reservoir simulation[J]. SPE Journal, 2016, 21(3): 1009-1027.

[21] KARIMI-FARD M, DURLOFSKY L J. A general gridding, discretization, and coarsening methodology for modeling flow in porous formations with discrete geological features[J]. Advances in Water Resources, 2016, 96: 354-372.

[22] WU Kan, OLSON J E. Numerical investigation of complex hydraulic-fracture development in naturally fractured reservoirs[J]. SPE Production & Operations, 2016, 31(4): 300-309.

[23] WENG X, KRESSE O, COHEN C, et al. Modeling of hydraulic-fracture-network propagation in a naturally fractured formation[J]. SPE Production & Operations, 2011, 26(4): 368-380.

[24] XU Yifei, YU Wei, SEPEHRNOORI K. Modeling dynamic behaviors of complex fractures in conventional reservoir simulators[J]. SPE Reservoir Evaluation & Engineering, 2019, 22(3): 1110-1130.

[25] OLSON J E. Fracture aperture, length and pattern geometry development under biaxial loading: a numerical study with applications to natural, cross-jointed systems[J]. Geological Society, London, Special Publications, 2007, 289(1): 123-142.

[26] CIPOLLA C L L, WARPINSKI N R R, MAYERHOFER M J J, et al. The relationship between fracture complexity, reservoir properties, and fracture-treatment design[J]. SPE Production & Operations, 2010, 25(4): 438-452.

[27] GU H, WENG X, LUND J, et al. Hydraulic fracture crossing natural fracture at nonorthogonal angles: A criterion and its validation[J]. SPE Production & Operations, 2012, 27(1): 20-26.

[28] 曾凡辉, 郭建春, 刘恒, 等. 致密砂岩气藏水平井分段压裂优化设计与应用[J]. 石油学报, 2013, 34(5): 959-968.

[29] COHEN C E, KRESSE O, WENG Xiaowei. Stacked height model to improve fracture height growth prediction, and simulate interactions with multi-layer DFNs and ledges at weak zone interfaces[C]//SPE Hydraulic Fracturing Technology Conference and Exhibition. The Woodlands: SPE-184876-MS, 2017.

[30] 贾爱林, 位云生, 刘成, 等. 页岩气压裂水平井控压生产动态预测模型及其应用[J]. 天然气工业, 2019, 39(6): 71-80.

[31] 位云生, 王军磊, 于伟, 等. 基于三维分形裂缝模型的页岩气井智能化产能评价方法[J]. 石油勘探与开发, 2021, 48(4): 787-796.

[32] 梁兴, 单长安, 蒋佩, 等. 浅层页岩气井全生命周期地质工程一体化应用[J]. 西南石油大学学报(自然科学版), 2021, 43(5): 1-18.

[33] KUMAR D, GHASSEMI A. Analysis of 'frac-hits' in stacked & staggered horizontal wells[C]//55th U.S. Rock Mechanics/Geomechanics Symposium. Virtual: ARMA-2021-1429, 2021.

[34] TRIPOPPOOM S, YU Wei, HUANG Haoyong, et al. A practical and efficient iterative history matching workflow for shale gas well coupling multiple objective functions, multiple proxybased MCMC and EDFM[J]. Journal of Petroleum Science and Engineering, 2019, 176: 594-611.

[35] RAFIEE M, GROVER T. Well spacing optimization in Eagle Ford shale: An operator's experience[C]//SPE/AAPG/SEG Unconventional Resources Technology Conference. Austin: URTEC-2695433-MS, 2017.

[36] GUPTA I, RAI C, DEVEGOWDA D, et al. Fracture hits in unconventional reservoirs: A critical review[J]. SPE Journal, 2021, 26(1): 412-434.

[37] WEI Yunsheng, WANG Junlei, JIA Ailin, et al. Optimization of managed drawdown for a well with stress-sensitive conductivity fractures: Workflow and case study[J]. Journal of Energy Resources Technology, 2021, 143(8): 83006.

摘自:《天然气工业》, 2022, 42(8): 175-189

基于智能优化算法的复杂气藏水侵单元数值模拟新模型

谭晓华[1] 韩晓冰[1] 任利明[2] 彭 先[3] 李隆新[3] 梅青燕[3]
刘曦翔[3] 赵梓涵[3] 张 楷[3] 赵 翔[3] 李晓平[1]

1. 西南石油大学；2. 中国石油西南油气田公司技术咨询中心；
3. 中国石油西南油气田公司勘探开发研究院

摘要：对于有水气藏而言，开发过程中的水侵严重影响了气藏的采收率。为了准确、直观地评价复杂边水气藏的水侵动态特征，进而明确边部水体大小及水侵优势通道位置，基于气藏地质资料和单井生产动态数据，将气藏边部水体和开发气井等效为水侵单元（包括水体单元和气井单元），构建了复杂边水水侵流动动态的气藏水侵单元数值模拟新模型，采用物质平衡方程计算了各单元的压力，并应用气水两相运动方程计算了各单元的含气饱和度和含水率，最后结合遗传算法，根据修正水体单元和水侵通道的特征参数，自动拟合了生产数据，实现了对水体分布和水侵优势通道的再识别。研究结果表明：（1）采用水侵单元为基础的数值模拟新模型，能够有效提高数值模拟计算效率，准确反映水侵流入动态；（2）结合智能优化算法进行新模型的自动历史拟合，实现了水侵动态的反演，能更快速地确定水体和水侵通道的特征参数；（3）结合四川盆地某气藏典型井组的开发实践，水侵单元数值模拟新模型能够有效复原水侵历史过程，该方法能够快速、准确地评价水侵影响程度，并提出了针对性的优化调整方案，为后期排水采气等措施提供参考。结论认为，该认识丰富了水侵气藏数值模拟理论基础，创新提出了代理模型和智能优化算法相结合的水侵模拟新方法，为有水气藏天然气提高采收率提供了技术支持和方向指导。

关键词：边水气藏；水侵动态；水侵优势通道；水侵单元；遗传算法；自动拟合；智能优化算法；代理模型；天然气提高采收率

0 引言

对于有水气藏而言，气藏开发过程中的水侵严重影响采收率。随着天然气的采出，受地层水和天然裂缝的影响，气藏内部压力下降，地层水优先侵入地层压力低的位置，若储层非均质性严重，则会存在局部被地层水封隔的天然气，统称为"水封气"[1]。通常气藏的储层非均质性严重，水体分布规律复杂，对气藏的开发动态具有较大的影响。因此，对有水气藏水侵动态模拟，反演地层水侵入过程，识别"水封气"及水侵优势通道，对有水气藏的开发具有重要意义[1-3]。

对水侵方面的研究主要集中在水体参数计算、"水封气"识别及水侵优势通道识别等方面[4-5]。目前常用物质平衡方程等气藏工程方法计算水体参数，该方法虽然计算简易，但是仅是笼统地计算水体整体参数，无法明确方位的水体参数[6-7]。对于"水封气"识别及水侵优势通道识别的研究，往往需要水侵动态的模拟才能准确反映，大多数学者采用数值模拟

基金项目：中国石油—西南石油大学创新联合体科技合作项目"强非均质性有水气藏水侵精准识别的气藏工程分析技术"（编号：2020CX010402）。

方法或者构建物理模型方法去反演水侵动态[8-10]。但两种方法仍然具有一定的局限性,对于构建物理模型方法来讲,气藏水侵过程属于大范围的流体运动,物理模型实现与原型的相似存在着难以克服的问题。而数值模拟方法模拟水侵动态过程多是基于地质资料构建水体和水侵通道,通过历史拟合验证模型的准确性,在这过程中存在两方面问题:(1)对于地质资料缺乏或者存在测量误差的数值模型,建立的水体模型和水侵通道结果说服力不足;(2)模型历史拟合过程中,可调整的参数过多,拟合效率低,且无法充分说明建立的水体模型和水侵通道的准确性[11-12]。

在很多实际工程问题优化中,代理模型方法通过构建原模型的近似模型实现其"便宜"估值,能够有效降低设计优化问题的计算成本[13]。以梯度算法等为基础的优化算法,都存在着求解 Hessian 矩阵所带来的计算量大的问题,使得这些算法难以满足大型油气藏的自动历史拟合要求[14]。而后来提出的新算法,虽然计算量有所下降,但是仍然需要计算数值模型,当油气藏复杂时,计算耗时依旧很长[15]。而代理模型方法可以解决这一问题,代理模型相较于原始的数值模拟,模型的复杂程度大大降低,计算速度加快[16]。目前动态参数的历史拟合计算量庞大,采用智能优化算法能够有效解决模型计算效率低的问题[17-19]。因此,笔者提出了一种基于水侵单元的水侵数值模拟模型,通过构建气水两相水侵代理模型,提高模型计算效率,进而结合遗传算法进行模型的自动历史拟合,实现气藏水侵的动态模拟,确定水体能量及水侵路径。基于智能代理的复杂气藏水侵单元数值模拟方法不同于传统的数值模型需要建立复杂精密的地质模型,仅需根据单元点位置处的基本参数构建模型,因此,对于地质数据的依赖度较低;同时模型的含水率是通过单元上游数据进行单元间的流动计算,计算步长大,计算速度快,能够结合智能优化算法有效提高拟合效率。

1 水侵单元数值模拟模型建立

在气藏水侵研究方面,对于传统的数值模拟方法而言,通常采用结构化网格模拟气井生产动态,在气藏边部添加数值水体模拟水侵动态(图1a)。本文研究的水侵单元数值模拟模型将复杂的水侵气藏模型简化成水侵气藏代理模型(图1b)。假设气藏边部存在供给能量的地层水体,气藏水侵过程为气水两相稳态渗流,考虑流体的压缩性且忽略毛细管力的作用,同时对于非均质气藏,考虑地层中各向异性问题。首先根据气藏的边水位置和气井位置确定模型的分布形态,然后,为了便于表征边部水体的特征参数,沿着气水边界对边部水体进行离散化,将其看作是一系列与气藏内部相连通的水体单元,每个水体单元代表每一小段气水界面对应的天然水域,每小段天然水域的大小用水体单元体积 V_i 来表征,每小段天然水域的水侵速度用 w_i 来表征,每个水体单元用 1,2,3,…,i 来表示。气藏内气井的射孔位置设置气井单元模拟气井的生产动态,气井单元用 1,2,3,…,j 来表示,V_j 表示气体单元体积。需要说明的是,每个单元之间均有一个水侵通道(图1c),水侵通道的连通性主要通过传导率 T_{ij} 来表征,水侵通道的大小主要通过控制体积 V_{ij} 来表征,这两项参数共同反映了水侵通道的特征。

单元间水侵通道设置的原则为:设定两个任意单元间的最大距离 $\Delta L_{\max}$,根据每个单元的坐标计算任意两个单元间的距离 ΔL,如果 $\Delta L > \Delta L_{\max}$,则这两个单元间的传导率过小,不存在连通；相反，两个沟通的单元间通过连线表征水侵通道。

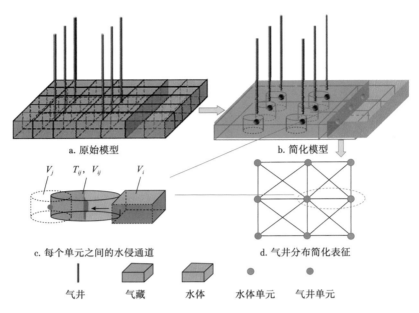

图 1 水侵单元数值模拟物理模型示意图

在不考虑纵向重力等影响，仅考虑气水平面二维渗流问题，可以将边水气藏气井分布简化表征（图 1d），采用物质平衡法计算得到水侵过程中各单元的压力分布，进而，采用气水两相运动方程得到各单元的饱和度及气井单元的含水率。

1.1 计算水侵单元初始特征参数值

在水侵单元数值模拟模型拟合前，需要知道参数的初始值。因此，基于储层实际认识，给出了一个简单的初始值代入方程，作为 0 时刻的参数，以便于后续时刻的参数计算。

初始水体单元体积为：

$$V_i^0 = \frac{1}{n_w} V_w \tag{1}$$

式中，V_i^0 表示初始时刻水体单元 i 的体积，m³；V_w 表示边水水体体积，m³；n_w 表示离散水体单元数，无因次。

初始水侵通道传导率为：

$$T_{ij}^0 = T_{ji}^0 = \beta_c \frac{A_{ij} k_{ij}}{\mu_1 B_1 \Delta L_{ij}} \tag{2}$$

式中，T_{ij}^0 和 T_{ji}^0 表示水体单元 i 与气井单元 j 之间在初始时刻水侵通道的平均传导率，m³/(d·MPa)；β_c 表示传导率转换因子[20]，取值为 86.4×10⁻⁶；A_{ij} 表示水体单元 i 与气井单元 j 间水侵通道的平均渗流截面积，m²；k_{ij} 表示水体单元 i 与气井单元 j 间水侵通道的平均渗透率，D；μ_1 表示流体的黏度，mPa·s；B_1 表示流体的体积系数，m³/m³；ΔL_{ij} 表示水体单元 i 与气井单元 j 间的距离，m。

对于可压缩流体，考虑到 μ_1 和 B_1 与压力有关，需要根据上一时间步的压力来确定。

初始水侵通道控制体积为：

$$V_{ij}^0 = V_{ji}^0 = \frac{\varphi_{ij} h_{ij} \Delta L_{ij}}{\sum_{i=1}^{n_w}\left(\sum_{j=i+1}^{n_g} \varphi_{ij} h_{ij} \Delta L_{ij}\right)} V_b \tag{3}$$

式中，V_{ij}^0 和 V_{ji}^0 表示水体单元 i 与气井单元 j 之间在初始时刻水侵通道的控制体积，m³；n_g 表示气井单元数，无因次；φ_{ji} 表示水体单元 i 与气井单元 j 之间的平均孔隙度，无因次；h_{ij} 表示水体单元 i 与气井单元 j 之间的有效厚度，m；V_b 表示储层有效孔隙体积，m³。

这些初始值均是 0 时刻的水侵特征参数，后续可以通过历史拟合修改水侵特征值来确定水体能量和水侵优势通道。

1.2 计算水侵气藏单元压力分布

考虑流体的压缩性且忽略毛细管力的作用，认为有水气藏受到边底水同时作用，因此考虑纵向上受到重力影响，对研究单元 j 建立单元间的物质平衡方程：

$$\sum_{i=1}^n B_{1,j}^t T_{ij}^t \left(p_{wi}^t - p_{gj}^t + \alpha \rho g h \right) + B_{1,j}^t q_j^t = C_t V_j^t \frac{dp_{gj}^t}{dt} \tag{4}$$

式中，n 表示单元总数量，无因次；T_{ij}^t 表示水体单元 i 与气井单元 j 之间在 t 时刻的平均传导率，m³/(d·MPa)；p_{wi}^t 表示水体单元 i 在 t 时刻的水体压力，MPa；p_{gj}^t 表示气井单元 j 在 t 时刻的井底平均压力，MPa；α 表示单位换算系数，取值为 1×10^{-6}；ρ 表示流体密度，kg/m³；g 表示重力加速度，m/s²；h 表示两单元间的中部深度差，m；q_j^t 表示气井单元 j 在 t 时刻的流量，负值表示气井产出，正值表示水侵流入，m³/d；C_t 表示地层综合压缩系数，MPa⁻¹；V_j^t 表示井 j 在 t 时刻的控制体积，m³；V_i^t 表示水体单元 i 在 t 时刻的水体体积，m³；$B_{1,j}^t$ 表示气井单元 j 在 t 时刻的流体体积系数，m³/m³。

对于可压缩流体，需要考虑物质平衡方程（4）在描述非均质、各向异性地层中的问题。因此，假设孔隙度随压力的变化关系为：

$$\varphi_i^t = \varphi_i^0 \left[1 + C_\varphi \left(p_{wi}^t - p_{wi}^0 \right) \right] \tag{5}$$

式中，φ_i^t 和 φ_i^0 表示水体单元 i 分别在 t 和 0 时刻的孔隙度，无因次；C_φ 表示孔隙空间的压缩系数，MPa⁻¹。

将与孔隙度有关的水体单元的特征参数进行更新，使水体单元体积和水侵通道控制体积更新为与时间和压力相关。对于加密单元和气井单元 j 也是同样适用的。

$$V_i^t = V_i^0 \left[1 + C_p \left(p_{wi}^t - p_{wi}^0 \right) \right] \tag{6}$$

$$V_{ij}^{t} = V_{ij}^{0}\left\{1 + C_{p}[0.5(p_{wi}^{t} + p_{gj}^{t}) - 0.5(p_{wi}^{0} + p_{gj}^{0})]\right\} \tag{7}$$

式中，C_p 表示储层岩石的压缩系数，MPa^{-1}。

由于传导率 T 具有非线性特征，在流动方程中主要的非线性是由流体的相对渗透率 K_{r1} 引起的。因此，对于多相流问题上，两单元间的相传导率可以定义为：

$$T_{ij}^{t} = \beta_{c} \frac{A_{ij}K_{ij}}{\Delta L_{ij}} \frac{K_{r1}^{t}}{B_{1}\mu_{1}} \tag{8}$$

式中，K_{r1}^{t} 表示 t 时刻流体的相对渗透率，无因次。

为获得 $t+1$ 时刻的压力，采用隐式差分方法求解式（4）从旧时间步 t 到新时间步 $t+1$ 推进的压力解，设置时间步长为 Δt。

$$p_{gj}^{t+1} - p_{gj}^{t} = \frac{\Delta t}{C_t V_j^{t+1}}\left[\sum_{i=1}^{n} B_{1,j}^{t} T_{ij}^{t}(p_{wi}^{t+1} - p_{gj}^{t+1} + \alpha\rho gh) + B_{1,j}^{t} q_{j}^{t}\right] \tag{9}$$

根据式（9）联立构造压力矩阵，以气井单元为研究对象，在周围相邻单元均为气井单元的情况下，确定每个单元 t 时刻到 $t+1$ 时刻的压力表达式，水体单元同理构造。

$$\begin{pmatrix} p_{g1}^{t} \\ p_{g2}^{t} \\ \vdots \\ p_{gn}^{t} \end{pmatrix} + \begin{pmatrix} \frac{\Delta t}{C_t V_1^{t+1}}\left(\sum_{i=1}^{n} B_{1,j}^{t} T_{ij}^{t}\alpha\rho gh + B_{1,1}^{t} q_{1}^{t}\right) \\ \frac{\Delta t}{C_t V_2^{t+1}}\left(\sum_{i=1}^{n} B_{1,j}^{t} T_{ij}^{t}\alpha\rho gh + B_{1,2}^{t} \cdot q_{2}^{t}\right) \\ \vdots \\ \frac{\Delta t}{C_t V_n^{t+1}}\left(\sum_{i=1}^{n} B_{1,j}^{t} T_{ij}^{t}\alpha\rho gh + B_{1,n}^{t} q_{n}^{t}\right) \end{pmatrix}$$

$$= \begin{pmatrix} \frac{\Delta t}{C_t V_1^{t+1}}\sum_{a=1}^{n} B_{1,a}^{t} T_{1a}^{t} + 1 & -\frac{\Delta t}{C_t V_1^{t+1}} B_{1,2}^{t} T_{12}^{t} & \cdots & -\frac{\Delta t}{C_t V_1^{t+1}} B_{1,n}^{t} T_{1n}^{t} \\ -\frac{\Delta t}{C_t V_2^{t+1}} B_{l,1}^{t} T_{21}^{t} & \frac{\Delta t}{C_t V_2^{t+1}} \cdot \sum_{a=1}^{n} B_{1,a}^{t} T_{2a}^{t} + 1 & \cdots & -\frac{\Delta t}{C_t V_2^{t+1}} B_{1,n}^{t} T_{2n}^{t} \\ \vdots & \vdots & \vdots & \vdots \\ -\frac{\Delta t}{C_t V_n^{t+1}} B_{l,1}^{t} \cdot T_{n1}^{t} & -\frac{\Delta t}{C_t V_n^{t+1}} B_{1,2}^{t} T_{n2}^{t} & \cdots & \frac{\Delta t}{C_t V_n^{t+1}}\sum_{a=1}^{n} B_{1,a}^{t} T_{na}^{t} + 1 \end{pmatrix} \times \begin{pmatrix} p_{g1}^{t+1} \\ p_{g2}^{t+1} \\ \vdots \\ p_{gn}^{t+1} \end{pmatrix} \tag{10}$$

式中，a 表示以某一单元为研究对象时该单元的相邻单元，包括水体单元 i 和气井单元 j。

1.3 单元动态饱和度分布及气井单元含水率计算

气水两相渗流为稳态渗流时，且气井生产水气比 R_{wg} 为定值，根据水气比的定义，结合气水两相运动方程联立得到：

$$R_{wg} = \frac{q_{wsc}}{q_{gsc}} = \frac{q_w / B_w}{q_g / B_g} = \frac{K_{rw}}{K_{rg}} \frac{\mu_g B_g}{\mu_w B_w} \tag{11}$$

式中，R_{wg} 表示水气体积比，m^3/m^3；q_{wsc} 表示气井地面标况下的水产量，m^3/d；q_{gsc} 表示气井地面标况下的气产量，m^3/d；B_w 和 B_g 分别表示水和气的体积系数，m^3/m^3；μ_w 和 μ_g 分别表示水和气的黏度，$mPa \cdot s$；K_{rw} 表示水相相对渗透率，无因次；K_{rg} 表示气相相对渗透率，无因次。

整理式（11），可得：

$$\frac{K_{rg}\mu_w}{K_{rw}\mu_g} = \frac{1}{R_{wg}}\frac{B_g}{B_w} \tag{12}$$

根据分流量方程，考虑到地层水的黏度 μ_w 和体积系数 B_w 与压力 p 的关系较小，通常认为是常数，但天然气的黏度 μ_g 与体积系数 B_g 均是 p 的函数，结合式（12）确定某一单元的含水率，表示为：

$$f_w = \frac{1}{1+\dfrac{p_{sc}T}{R_{wg}B_w T_{sc}p}} \tag{13}$$

式中，f_w 表示含水率，无因次；p_{sc} 表示地面标准压力，0.10MPa；T_{sc} 表示地面标准温度，293.15K。

式（13）表明，含水率 f_w 与 p 的关系呈正相关，当压力越高，说明水侵越严重，含水率不断升高。

以单元为研究对象的水侵单元数值模拟模型，建立两个单元间的气水流动关系，根据压力确定两个单元的上下游关系，对于两单元间的含水率，某单元的含水率导数是其上游含水率导数加上流过两者所形成控制单元的无因次累计流量的倒数，同时考虑到 f_w 和含水率的导数 $\left(\dfrac{\partial f_w}{\partial S_w}\right)$ 均为含水饱和度 S_w 的函数，对于任意的单元 n，存在多个上游水体单元和上游气井单元，统称为单元 n 的上游单元 b。

进一步整理可得：

$$\frac{\partial f_{w,nb}^t}{\partial S_{w,nb}^t} = \frac{\partial f_{w,b}^t}{\partial S_{w,b}^t} + \frac{V_{ij}^t}{Q_{nb}} \tag{14}$$

$$Q_{nb} = \sum_{t=0}^{t_{\text{总}}} q_{nb}^t \Delta t \tag{15}$$

式中，$\dfrac{\partial f_{w,nb}^t}{\partial S_{w,nb}^t}$ 表示某一个上游单元 b 对于单元 n 在 t 时刻的含水率导数，无因次；Δx_{nb} 表示单元 n 和某一个上游单元 b 之间的距离，m；Q_{nb} 表示单元 n 和某一个上游单元 b 之间的总流量，m^3；q_{nb}^t 表示单元 n 和某一个上游单元 b 之间 t 时刻的流速，m^3/d；$t_{\text{总}}$ 表示总时间，d；Δt 表示 t 时刻的时间步长，d。

其中两个单元间的流量 q 可以通过上下游的压力和传导率得到：

$$q = T\left(p_{\text{上游}} - p_{\text{下游}}\right) \tag{16}$$

式中，T 表示上游和下游间的传导率，m³/（d·MPa）；$p_{上游}$ 和 $p_{下游}$ 分别表示上游位置和下游位置处的压力，MPa。

在得到单元 n 和所有上游单元 b 的含水率导数 $\dfrac{\partial f_{\mathrm{w},nb}^{t}}{\partial S_{\mathrm{w},nb}^{t}}$ 后，便能求出单元 n 来自所有上游单元 b 的含水率，并通过分流量曲线插值求出含水饱和度。根据所有上游单元的含水率可以计算得到：

$$f_{\mathrm{w},n} = \frac{\sum\limits_{b=1}^{C_b} q_{nb} f_{\mathrm{w},nb}}{\sum\limits_{b=1}^{C_b} q_{nb}} \tag{17}$$

式中，$f_{\mathrm{w},n}$ 表示单元 n 的含水率，无因次；$f_{\mathrm{w},nb}$ 表示单元 n 来自所有上游单元 b 的含水率，无因次；C_b 表示单元 n 的所有上游单元总数，即上游单元 b 的总数，无因次。

2 水侵特征参数的自动拟合

水侵的非均匀推进往往是由于储层非均质性引起的，大部分学者会基于储层非均质性的精细化地质建模模拟水侵非均匀侵入[21]。水侵单元数值模型模拟水侵动态与致力于构建精细化模型的传统方法不同，通过不断修正水侵特征参数拟合历史生产数据，达到等效模拟非均质储层水侵的效果，并且通过遗传算法实现全局水侵参数最优化的自动拟合，进而可以反向推演储层的非均质性。

$$m = \left[w_1, w_2, \cdots, w_i, T_{11}, \cdots, T_{ij}, \cdots, T_{ij,n_{\mathrm{water}}} \right] \tag{18}$$

$$Y(m)_{\min} = \exp\frac{\mathrm{sum}[\,\mathrm{ydata} - F(m)]^2}{\mathrm{length}\left(\sum\limits_{i=1}^{n_{\mathrm{w}}}\sum\limits_{j=i+1}^{n_{\mathrm{g}}} n_{ij}\right)} \tag{19}$$

式中 m 表示水侵特征参数向量，包含所有水体单元的水侵速度和单元间水侵通道传导率两类特征参数；$Y(m)$ 表示水侵通道的目标函数，包含实测的动态数据、模型计算的数据以及水侵通道个数；ydata 表示实测动态数据，在本次拟合过程中为实测的生产井含水率数据；$F(m)$ 表示模型修正水侵通道的特征参数后计算得到的动态数据，在本次拟合过程中为模型计算的生产井含水率数据；$\mathrm{length}\left(\sum\limits_{i=1}^{n_{\mathrm{w}}}\sum\limits_{j=i+1}^{n_{\mathrm{g}}} n_{ij}\right)$ 表示 n_{ij} 的总个数。

对于上述最优化问题，采用遗传算法自动拟合水侵速度和单元间水侵通道传导率两项特征参数，特征参数的初始值参考式（2）和式（3）给出，具体的自动拟合步骤如图 2 所示。

为验证基于智能代理的复杂气藏水侵单元数值模拟模型的可靠性，在 Eclipse 2006 建立的数值模拟验证模型的基础上添加数值水体模拟气藏水侵（图 3a），在气藏中部设置一条东西方向延展的高渗透率条带（图 3b），通过拟合气藏内 W1~W6 的 6 口井的含水率，确定模型的拟合效率及模型的可靠性。数值模拟器建立的模型网格设置为 50×50×1，每个网格块横向步长设置为 10m，纵向步长设置为 20m，气体密度为 0.715kg/m³，水黏度为 0.2112mPa·s，水体积系数为 1.063m³/m³，初始束缚水饱和度为 0.2，模拟时长为 2000 天。

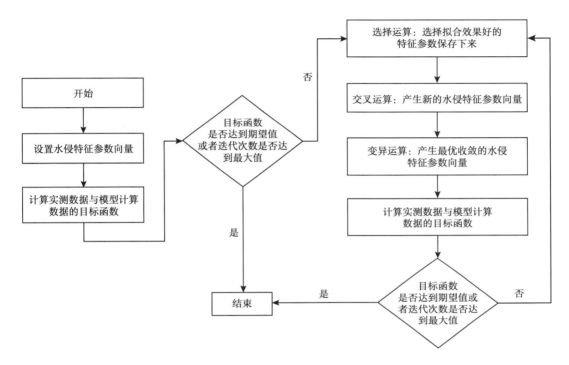

图 2　遗传算法自动拟合水侵特征参数流程图

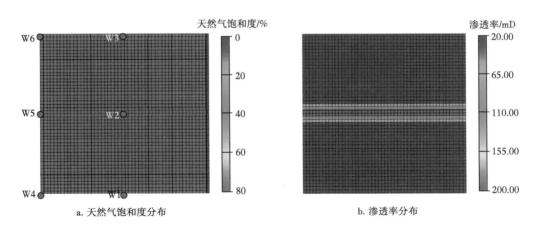

a. 天然气饱和度分布　　　　　　　　　　b. 渗透率分布

图 3　气藏水侵单元数值模拟验证模型图

在数值模拟模型的西部添加均匀水体 $1.8×10^7$m³，设置气井定液量生产，全部以 $5×10^4$m³/d 生产，对气藏整体的含水率进行自动拟合优化，经过 19 次迭代优化以后，适应度值趋于稳定,从图 4 气藏含水率拟合对比图中可以看出,经过智能优化水侵特征参数后,拟合效果较好,能够准确反映气藏生产动态特征。

针对本次建立的模型验证,智能优化代理模型整个优化拟合过程耗时 1min 左右。传统的数值模拟方法,会由于模型的精细化、复杂化导致网格数目增多,计算效率呈指数性提高,计算速度大大降低,且提高了每次历史拟合的难度及速度,本文建立的方法,是介于单元间的流动计算,计算步长大,模拟稳定、快速,因此相较于传统的数值模拟方法,能够采用智能优化算法代替手动拟合水侵特征参数,大大提高了工作效率。

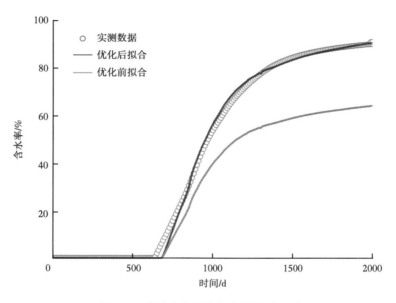

图 4 气藏含水率优化拟合结果对比图

3 应用实例

3.1 实例模型建立

四川盆地某碳酸盐岩气藏储层非均质性严重,存在水侵通道复杂、水体规模识别困难等问题,区块内多口气井受到水侵影响,严重制约着气藏的整体开发,因此气藏的水侵规律研究对于提高采收率的方案设计具有重要意义。选取气藏内受水侵影响严重的典型井组,共 4 口气井,定为 4 个气井单元。井组开井按照 $150×10^4 m^3/d$ 生产,生产 600 天后 4 口气井均受到不同程度的水侵影响,其中气井 2、3、4 的含水率后期超过 90%,水侵严重。在此期间,井组降产至 $100×10^4 m^3/d$ 以下,有效抑制气藏水侵前缘的推进,气藏边部的水侵状态与气藏内井组的生产制度调整具有紧密关系。

气藏北部存在着一定的水体,沿着气水边界选取 3 个水体单元等效气藏边部水体,气井南部属于气藏内部,为准确反演水体侵入过程,设置两口产量为 $0m^3/d$ 的虚拟加密井(图 5),模型基础参数如表 1 所示。

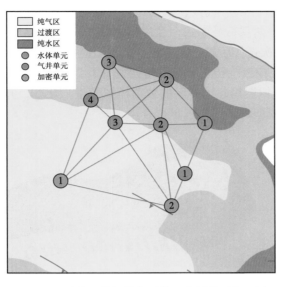

图 5 四川盆地某气藏典型井组水侵单元位置图

表 1 模型基础参数表

基础参数	数值
气水界面 /m	4385.00
地层中部静压 /MPa	76.50
水黏度 /mPa·s	0.21
初始束缚水饱和度	16%
地质储量 /$10^8 m^3$	1323.04
气体密度 /(kg·m^{-3})	0.72
水体积系数	1.06
前缘含水饱和度	80%

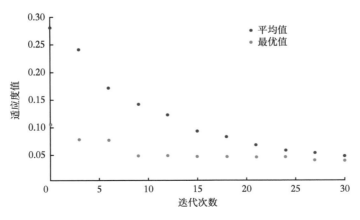

图 6 适应度优化迭代结果图

根据气藏内的 4 口气井的产气量,采用遗传算法定气量生产拟合气井的产水量,模型不断优化水体和水侵通道两项特征参数,经过 30 次迭代,适应度值逐渐趋近于稳定(图 6),平均适应度值在经过 24 次迭代后趋近于稳定,最优适应度值在经过 9 次迭代后趋近于稳定,平均误差降低到了 4.65%,相较于初始时拟合精度提高了 23.5%。

采用 Eclipse 数值模拟器构建该井组的数值模拟模型(图 7),并进行历史拟合,与本文建立的模型进行对比,模型均采用定气量拟合。

图 7　井组数值模拟模型图

3.2　模型历史拟合

通过气藏 4 口井的整体产水量拟合结果可以看出,模拟器与本文模型整体拟合效果较好,但模拟器由于构建网格复杂,无法仅针对水侵特征的参数进行拟合,因此会存在局部的拟合效果差的现象,如图中 750 天和 2500 天后的产水量(图 8),且拟合速度较低,手动修正参数后拟合一次需要 4h,而本文模型的自动拟合优化过程仅需要约 1h,模型运算一次仅需要 2min,整体拟合效果较好(图 9),优化水体和水侵通道两项特征参数后,模型能够准确反映气藏水侵动态过程。

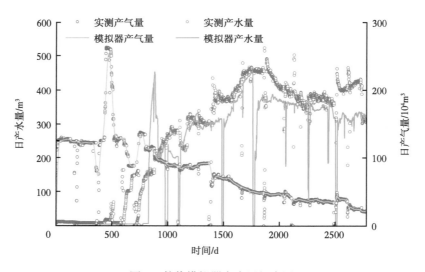

图 8　数值模拟器产水量拟合图

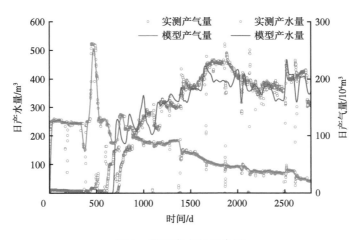

图 9 模型产水量拟合图

3.3 模型应用结果

优化后的水体和水侵通道特征参数见表 2 和表 3，通过对比相对大小可以确定水体能量和水侵优势通道分布，其中水体单元 2 的水侵速度高达 853m³/d，水体单元 3 的水侵速度次之，为 256m³/d，说明该区域水体能量主要集中在水体单元 2 和 3 的方位；根据优化后的水侵通道特征参数可以确定水侵优势通道主要集中在气井单元 4 与水体单元 2 和 3 的连接之间。这里需要说明的是，表 2 和表 3 是最终时间的水侵特征参数值，水侵特征参数值是动态根据每一阶段历史拟合自动优化的，因此可根据不同阶段的水侵情况针对性开展治水方案。

表 2 优化后的水体特征参数值表

水体单元	水侵速度/（m³·d⁻¹）
1	143
2	853
3	256

表 3 水侵通道特征参数（传导率）数据表　　　单位：m³/（d·MPa）

单元		气井单元				加密单元		水体单元		
		1	2	3	4	1	2	1	2	3
气井单元	1	0	0.0259	0.0104	0.0241	0.0330	0.0875	0.0188	0.0161	0.0108
	2	0.0259	0	0.0419	0.0531	0.0627	0.0626	0.0641	0.0838	0.0333
	3	0.0104	0.0419	0	0.0789	0.0468	0.0293	0.0189	0.0354	0.0251
	4	0.0241	0.0531	0.0789	0	0.1294	0.0758	0.0507	0.0933	0.1873
加密单元	1	0.0330	0.0627	0.0468	0.1294	0	0.0325	0.0108	0.0135	0.0132
	2	0.0875	0.0626	0.0293	0.0758	0.0325	0	0.0125	0.0116	0.0089
水体单元	1	0.0188	0.0641	0.0189	0.0507	0.0108	0.0125	0	0.0340	0.0157
	2	0.0161	0.0838	0.0354	0.0933	0.0135	0.0116	0.0340	0	0.0282
	3	0.0108	0.0333	0.0251	0.1873	0.0132	0.0089	0.0157	0.0282	0

经过优化后的水侵反演如图 10、11 所示,水侵主要发生在气藏的西北部,是由于水体能量主要集中在水体单元 2 和 3 附近,水侵优势通道主要位于水体单元 2 和 3 与气井单元 4 之间,水体单元 2 与气井单元 2 之间次之。针对以上认识,可以考虑在水体能量富足的水体单元 2 和 3 附近布置排水井,减少边部水体对气藏内部水侵的压力,同时在水体单元 2 和 3 与气井单元 4 之间及水体单元 2 与气井单元 2 之间的水侵优势通道处考虑设计阻水或排水方案。在配产治水方面,气井单元 2 和 4 受到水侵严重,可考虑降产延缓水侵前缘推进速度。由于本方法是随时间变化的动态拟合与反演,因此能够更符合实际地进行水侵预测,并对下一步的治水方案起到指导作用。

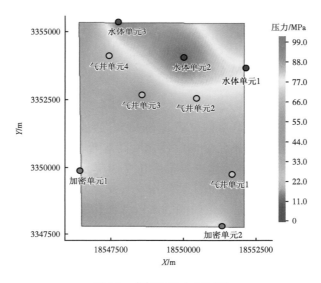

图 10　水侵后压力分布图

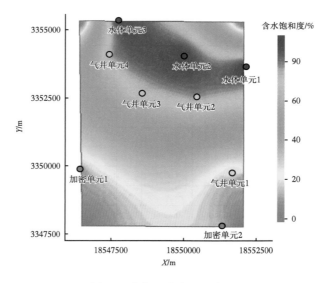

图 11　水侵后含水饱和度图

将上述水侵单元数值模拟模型得到的结果与数值模拟器进行对比,根据图12可以看出,在阶段a~c的水侵过程中,水体单元2和3部位的水侵前缘开始推进,根据阶段e和f的水侵过程可以看出,水侵优势通道主要位于气井单元3与水体单元2和3,气井单元2与水体单元2。综上所述,数值模拟器得到的水侵认识与水侵单元数值模拟模型的结果一致,进一步证明该方法能够有效反演水侵动态,为气藏水侵动态预测与治理提供有效指导。

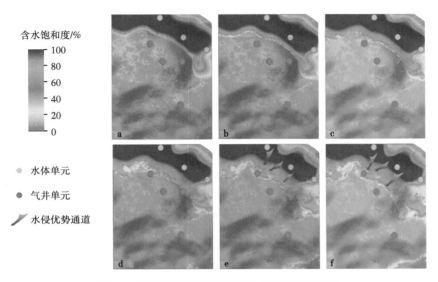

图12 数值模拟器预测井组含水饱和度变化图

4 结论

(1)水侵单元数值模拟模型基于储层地质特征及生产井和水体分布的认识,采用水体单元—气井单元的单元网络模型构建框架,相较于传统数值模型网格间的流动模型,不仅能够有效地节省计算效率,同时能够实时反映水侵流动过程中的单元间相互作用和连通状况、有效表征水体能量和水侵通道的特征。

(2)结合遗传算法,根据最优化的思想,修正水体能量和水侵通道的特征参数,实现自动历史拟合,最终反演出水体和水侵通道的分布情况,实现了对水体分布和水侵优势通道的再识别。

(3)水侵单元数值模拟模型能够有效复原水侵历史过程,可被用来预测水侵风险,提出针对性的优化调整,为后期排水采气等措施提供参考。

参 考 文 献

[1] 胡勇,陈颖莉,李滔.气田开发中"气藏整体治水"技术理念的形成、发展及理论内涵[J].天然气工业,2022,42(9):10-20.

[2] COPE R C, PROWSE T A A, ROSS J V, et al. Temporal modelling of ballast water discharge and ship-mediated invasion risk to Australia[J]. Royal Society Open Science, 2015, 2(4): 150039.

[3] 徐有杰,刘启国,李晓平,等.形状因子及复杂结构井拟稳态流动阶段井底压力渐近解的计算方法[J].

天然气工业, 2021, 41 (6): 74-82.

[4] 冯曦, 彭先, 李隆新, 等. 碳酸盐岩气藏储层非均质性对水侵差异化的影响[J]. 天然气工业, 2018, 38 (6): 67-75.

[5] 何云峰, 杨小腾. 活跃边水气藏水侵系数与稳产期关系研究[J]. 油气藏评价与开发, 2021, 11 (1): 124-128.

[6] 谭晓华, 彭港珍, 李晓平, 等. 考虑水封气影响的有水气藏物质平衡法及非均匀水侵模式划分[J]. 天然气工业, 2021, 41 (3): 97-103.

[7] 王星, 黄全华, 尹琅, 等. 考虑水侵和补给的气藏物质平衡方程的建立及应用[J]. 天然气工业, 2010, 30 (9): 32-35.

[8] HAN Xiaobing, TAN Xiaohua, LI Xiaoping, et al. A water invasion unit numerical simulation model for the distribution of water and water invasion channel in complex edge water reservoir[J]. Journal of Petroleum Science and Engineering, 2022, 215 (Part A): 110508.

[9] 张吉群, 邓宝荣, 胡长军, 等. 天然边水水域分层水侵量的计算方法[J]. 石油勘探与开发, 2016, 43 (5): 758-763.

[10] 刘华勋, 任东, 高树生, 等. 边、底水气藏水侵机理与开发对策[J]. 天然气工业, 2015, 35 (2): 47-53.

[11] SHAHK ARAMI A, MOHAGHEGH S. 智能代理在油藏建模中的应用[J]. 石油勘探与开发, 2020, 47 (2): 372-382.

[12] 赵辉, 康志江, 张允, 等. 表征井间地层参数及油水动态的连通性计算方法[J]. 石油学报, 2014, 35 (5): 922-927.

[13] 刘鑫. 基于响应面的可靠性设计优化方法研究[D]. 武汉: 华中科技大学, 2018.

[14] BROYDEN C G. The convergence of a class of double-rank minimization algorithms: 2. The new algorithm[J]. IMA Journal of Applied Mathematics, 1970, 6 (3): 222-231.

[15] NOCEDAL J. Updating quasi-Newton matrices with limited storage[J]. Mathematics of Computation, 1980, 35 (151): 773-782.

[16] 田伟东. 基于代理模型的致密油气藏历史拟合及产能不确定分析[D]. 西安: 西安石油大学, 2021.

[17] CHEN Jiaheng, WANG Lei, WANG Cong, et al. Automatic fracture optimization for shale gas reservoirs based on gradient descent method and reservoir simulation[J]. Advances in Geo-Energy Research, 2021, 5 (2): 191-201.

[18] YANG Sihan, LIU Qiguo, LI Xiaoping, et al. Automatic reservoir model identification using syntactic pattern recognition in well test interpretation[J/OL]. Petroleum Science and Technology: 1-25[2022-2-25]. https://doi.org/10.1080/10916466.2022.2143808. DOI: 10.1080/10916466.2022.2143808.

[19] ZHA Wenshu, GAO Shanlu, LI Daolun, et al. Application of the ensemble Kalman filter for assisted layered history matching[J]. Advances in Geo-Energy Research, 2018, 2 (4): 450-456.

[20] ERTEKIN T, ABOU-KASSEM J H, KING G R. Basic applied reservoir simulation[M]. Richardson: SPE, 2001.

[21] 周源, 王容, 王强, 等. 气藏复杂水侵动态巨量网格精细数值模拟[J]. 天然气勘探与开发, 2017, 40 (4): 85-89.

摘自:《天然气工业》, 2023, 43 (4): 127-136

致密气有效砂体结构模型的构建方法及其应用

郭 智[1] 冀 光[1] 姬鹏程[2] 庞 强[3] 马 妍[4]

1.中国石油勘探开发研究院；2.中国石油长庆油田公司第五采气厂；
3.中国石油长庆油田公司第三采气厂；4.中国石油长庆油田公司第十一采油厂

摘要：明确有效砂体规模及分布频率、搭建有效砂体结构模型，对于致密气井网优化调整及气田高效开发具有重要意义。以苏里格气田中区二叠系石盒子组8段、山西组1段、2段为研究对象，按照先搭建整体框架、再丰富层段细节的研究思路，提出了储层结构模型的4步构建方法和流程：（1）通过野外露头观测、沉积物理模拟等多手段拟合有效单砂体的长宽比和宽厚比等参数，测算有效单砂体平均规模；（2）充分利用开发中的海量数据，结合地质统计学、概率论等方法，对储层平面非均质性做一定的抽提和简化，判断多层叠合后每平方千米发育的有效单砂体个数；（3）基于不同砂组有效砂体发育频率、储量比例及单砂体厚度差异，明确各砂组有效砂体规模及发育个数；（4）结合各小层有效砂体累计厚度及钻遇率，建立精确到开发小层的有效砂体结构模型。研究表明：（1）有效单砂体平均规模0.186km^2，平均储量0.0559×10^{8}m^3；（2）在储量丰度约1.5×10^{8}m^3/km^{2}条件下，1km^{2}发育25~30个有效单砂体；（3）在井距600m、500m、400m、300m下可分别控制38%、47%、57%、69%的有效砂体及53%、66%、76%、84%的储量；（4）随着井密度的增加，井网对有效砂体控制程度的增幅变大，对储量控制程度的增幅减小。

关键词：苏里格气田；二叠纪；透镜状；致密砂岩气；有效砂体；储层结构模型；井网优化

0 引言

明确有效砂体规模及分布频率、搭建有效砂体结构模型对于致密气井网优化调整及气田高效开发具有重要意义[1-2]。苏里格是我国致密砂岩气田的典型代表，有效砂体呈透镜状，规模小[3-4]、连续性差、预测难度大。气田发现于2020年，限于开发早期资料少、品质差，且当时国内缺乏开发致密气的经验，造成前期的地质认识与实际存在一定的偏差，认为有效砂体规模较大，1km^{2}发育15~20个有效单砂体。2006年以来，苏里格气田开展了9个密井网区的先导试验，基于密井网试验区的分析取得了一些重要的突破，然而试验区最密井距约400m，使得刻画和表征宽度在400m以下的有效砂体仍存在很大的挑战。

一方面，气田坚持"低成本开发"战略，仅在部分试验区做了三维地震资料解释，加之二维地震资料对于复杂地表、埋藏深、薄储层的识别准确率较低，使得地震资料在气田开发中优选富集区尚可，应用在有效单砂体预测及井位部署上效果不甚理想。另一方

基金项目：中国石油天然气股份有限公司"十四五"前瞻性基础性技术攻关项目《致密气勘探开发技术研究》下属课题"致密气主力开发区稳产技术研究"（编号：2021DJ2103）及"致密气新区开发评价与开发技术研究"（编号：2021DJ2102）。

面,气田气井产量较低,依靠多井低产的模式实现规模有效开发[5-7]。截至 2021 年 11 月底,气田累计投产开发井 1.7 万口以上。大量的开发井中蕴含着丰富的地质及生产动态数据,所表现出的统计学特征即能代表气田的真实特征。以气田开发时间较早、开发效果较好、资料较完备的中区为研究对象,综合野外露头、沉积物理模拟、测井资料分析等多种手段,结合相控约束理念和地质统计学方法,按照由粗到细——先搭整体框架、再丰富层段细节的研究思路,在明确多层叠合后每平方千米发育有效砂体的规模及个数的基础上,搭建了各层组有效砂体的结构模型,为开发井网调整及气田长期稳产提供了较可靠的地质依据。

1 有效砂体基本特征

晚二叠世在鄂尔多斯盆地浅水宽缓的构造背景下,苏里格地区整体为陆相河流相,垂向上河道多期叠置,形成了上万平方千米的大规模砂岩分布区[8]。气田工区面积大,约 $4\times10^4 km^2$,可分为中区、西区、东区、南区等几个开发大区,不同区块地质特征及开发效果差异大。优选气田地质条件相对好、开发最早、开发效果最好的中区作为研究区。区内主要发育二叠系石盒子组 8 段上亚段、8 段下亚段,山西组 1 段、2 段等 4 套含气砂组,共 10 个开发小层[9-10]。

1.1 有效砂体与基质砂体呈"砂包砂"二元结构

气田砂体主要包括基质砂体(干层)和有效砂体(含气层)两种类型。基质砂体储层物性较差,但连续性好,大规模连续分布。有效砂体是产能的主要贡献者和储量计算的主体,为普遍致密背景下相对高渗的甜点,孔隙度不小于 5%,渗透率不小于 0.1mD[11],含气饱和度不小于 45%。有效砂体规模小、连续性差[12-13],多分布在心滩、河道充填等有利沉积微相,与分布广泛的基质砂岩呈"砂包砂"二元结构(图 1)。

在开发早期 1600m 的较大井距下,有效砂体看似连通,在开发中后期 800m、400m 的小井距下,钻井资料证实有效砂体是不连通的(图 1)。786 口水平井实钻剖面表明,气田有效砂体以孤立分布为主(占比 82%),仅 18% 以垂向叠置、侧向搭接等形成相对较大规模的有效砂体。因此,研究有效单砂体的规模及频率是落实气田有效储层分布特征的重要基础。

1.2 多套含气层系叠合后含气面积较大

各层段有效砂体发育频率、钻遇率和累计厚度等是评价储层发育情况的重要地质参数[14]。其中,某层段有效砂体发育频率为该层段钻遇的有效砂体个数与全部有效砂体个数的比值,所有层段之和为 100%;某层段有效砂体钻遇率为该层段钻遇有效砂体的井数与所有完钻井数的比值;某层段有效砂体平均厚度是该层段所有钻遇有效砂体的井的钻遇厚度的平均值,在该层段不钻遇有效砂体的井不参与统计。

根据研究区石 6 的 780 口直井的统计结果,石盒子组 8 段,山西组 1 段、2 段等各含气层段有效砂体发育程度差异较大,有效砂体钻遇率各层段变化范围为 26.6%~93.2%;有效砂体发育频率范围为 12%~48%,各层段有效砂体厚度为 2.36~8.73m(表 1)。各层段中,以石盒子组 8 段、山西组 1 段有效砂体最为发育[15]。

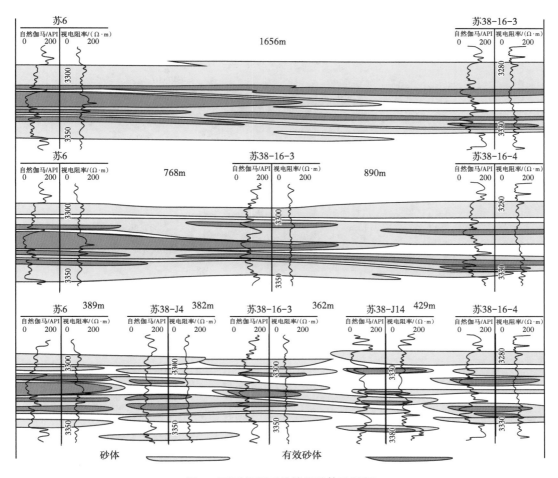

图 1 不同井距下的储层砂体连通图

4个含气层段叠合后，单井累计钻遇有效砂体 3~5 个，单井累计钻遇有效厚度 8~15m，平均 12.97 m。合层有效砂体钻遇率达到 97.4%（表1），含气面积占区块面积的 95% 以上（图2）。储层地质及开发特征表现出"井井难高产、井井不落空"的特征[16]，这就提示我们可以用均质性的眼光看待强非均性的问题，在优选开发富集区的基础上，整体部署井位。

1.3 有效砂体厚度与气井产能关系密切

分析表明，有效厚度差异对气井产能的影响远比孔隙度、含气饱和度等参数变化对气井产能影响大[17-18]。有效厚度与储量丰度的相关系数在 0.9 以上，与气井产能的相关系数在 0.7 以上（图3a、图3b），而含气饱和度、孔隙度与气井产能的相关系数小于 0.1（图3c、图3d）。另一方面，各层段有效砂体孔隙度主要分布在 6.15%~9.21%、含气饱和度分布在 48.36%~56.37%，基本呈正态分布（表1），差别并不大。因此可用有效砂体厚度或储量丰度来表征地质条件的变化。

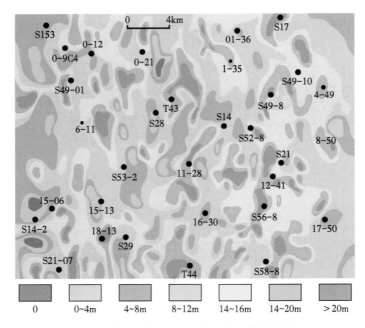

图 2　苏里格中区 ×× 区块有效砂体等厚图

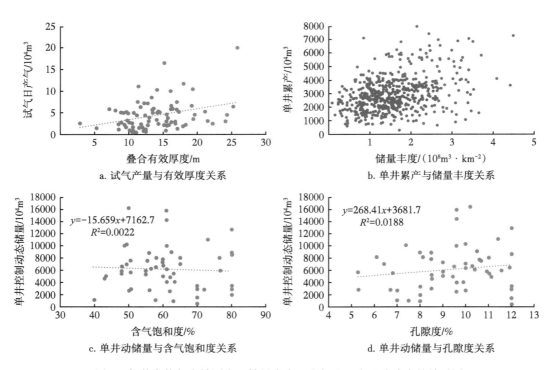

a. 试气产量与有效厚度关系

b. 单井累产与储量丰度关系

c. 单井动储量与含气饱和度关系

d. 单井动储量与孔隙度关系

图 3　气井产能与有效厚度、储量丰度、含气饱和度及孔隙度的关系图

表1 苏1里格气田中区储层基本参数表

含气层系	有效砂体发育频率/%	有效砂体钻遇率/%	有效砂体平均厚度/m	孔隙度/%	含气饱和度/%
石盒子组8段上亚段	12	36.4	2.36	5.88~8.73	49.37~53.99
石盒子组8段下亚段	49	93.2	8.73	6.23~9.21	51.25~56.37
山西组1段	26	82.0	4.31	6.21~8.37	48.36~52.09
山西组2段	13	26.6	2.98	6.15~8.13	48.83~52.87
所有层位	100	97.4	12.97	6.19~8.51	49.36~55.17

2 有效砂体结构模型的构建

建立有效砂体结构模型，需要明确各层段有效砂体的规模、分布及组合关系。为了得到普遍规律，对地质条件作了一定的抽提和简化：一是淡化了储层的平面非均质性，即多层叠合后，认为1km²内有效砂体发育会有所差异，但每1km²内发育的有效砂体与其他任何1km²内发育的有效砂体特征是一致的；二是将某一层段内的有效砂体视作具有统一的孔隙度、渗透率及含气饱和度等参数，用有效砂体厚度这一参数表征地质条件的变化，而不同层段的孔隙度、含气饱和度等参数是不同的；三是鉴于孤立型有效单砂体占气田有效砂体的80%以上，将储层的结构等效成有效单砂体在空间的堆叠。结合测井、地质、气藏工程等多学科资料，按照先搭整体框架、再丰富层段细节的研究思路，将有效砂体结构模型的构建过程分成4步：落实有效单砂体规模；评价多层叠合后1km²内有效单砂体发育个数；明确垂向上不同层段有效单砂体规模；表现不同层段不同规模有效砂体的空间组合关系，建立储层结构模型。

2.1 有效单砂体平均规模

2.1.1 有效单砂体厚度

根据钻井资料可获得较准确的有效砂体厚度数据。研究区6的780口直井钻遇约2.5万个有效单砂体，厚度主要分布在1.5~5.0m范围内，在此范围的有效砂体占有效砂体总数的86%，平均厚度3.2m。分层段来看，4个砂组的有效单砂体平均厚度分别为2.32m、3.43m、3.20m和2.96m。

2.1.2 有效单砂体宽度及长度

结合多资料、多方法研究有效单砂体宽度与长度。

2.1.2.1 直井密井网解剖及水平井实钻剖面

根据直井密井网解剖，600m井距下，连通的有效储层占比小于10%；500m井距下，连通的有效储层占比介于10%~20%；400m井距下，连通的有效砂体占有效砂体总数的20%~30%，反映出有效砂体宽度总体应小于400m。但由于密井网试验区最小井距为400m，仅依靠直井井网很难识别300~400m以下的有效砂体，需要结合其他资料进行综合分析。

研究区水平井的水平段长1000~1200m，钻遇有效砂体总长度400~900m，一般钻遇1~2个有效砂体，根据水平段方位与有效砂体展布夹角及水平井实钻轨迹可计算有效砂体长度为400~700m。

2.1.2.2 气井泄气范围评价

气田采用多层射孔、多层合采方式进行开发，单层不进行计量。为评价有效单砂体的平面规模，选取生产时间长、基本达到拟稳态、只射孔1~2层的气井，利用动态泄气范围论证储层平面规模。分析表明，63%的气井泄气范围小于$0.24km^2$，24%的井在$0.24~0.48km^2$，仅13%的井大于$0.48km^2$，气井平均泄气范围$0.20km^2$，泄气半径主要分布在200~300m。

2.1.2.3 长宽比和宽厚比参数拟合

根据前人研究成果调研[19-20]，鄂尔多斯盆地二叠系下石盒子组8段，山西组1段、2段心滩的河道充填宽厚比为50~120，长宽比为1.2~3.0。结合山西柳林等地野外露头观测和沉积物理模拟实验，拟合了研究区有效单砂体的宽厚比、长宽比公式，即

$$W=217.58\,h^{0.361\,9}，R=0.92 \tag{1}$$

$$L=120.24\,W^{0.276\,2}，R=0.87 \tag{2}$$

式中，W为有效单砂体宽度，m；h为有效单砂体厚度，m；L为有效单砂体长度，m。

根据式（1）、式（2），有效砂体宽度、长度随有效砂体厚度的增加而增大，但增幅会越来越慢，表现为宽厚比、长宽比的数值随着厚度的增加越来越小。有效砂体厚度从1m增加到10m，宽厚比由218降至50，长宽比由2.44降至1.34。气田河流相储层主要包括曲流河和辫状河两种类型（图4）。曲流河沉积水动力弱，边滩为主体有利相带，横向迁移频繁，以侧向加积为主，砂体厚度薄，宽度大，宽厚比、长宽比大。作为对比，辫状河沉积水动力强，坡降大，心滩为主体有利相带，以垂向加积为主，砂体厚度大，宽厚比、长宽比小。宽厚比、长宽比随有效砂体厚度增加而降低，表现出从山西组向石盒子组8段，由曲流河沉积向辫状河沉积转化的趋势。

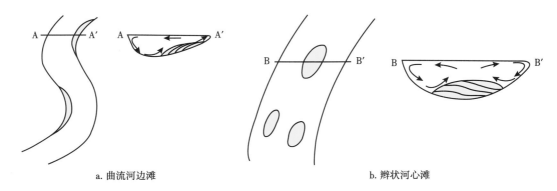

a. 曲流河边滩　　　　　　　　　　　　　b. 辫状河心滩

图4　曲流河边滩与辫状河心滩沉积位置及横剖面图

当有效单砂体厚度为 2~5m 时，代入公式（1），得到宽厚比范围 78~140；代入公式（2），得到长宽比范围 1.60~2.04。本研究得到的宽厚比、长宽比等数据总体在前人研究的数据范围之内，同时数据范围更窄，在现场的应用效果更好。根据长宽比与宽厚比拟合公式，得到有效单砂体在各宽度和长度区间的分布频率，有效单砂体宽度主要分布在 100~500m，平均 320m；长度主要分布在 300~700m，平均 580m（图5）；有效单砂体平均面积为 0.186km²，与泄气范围评价结果基本吻合。

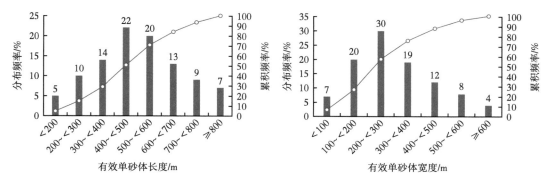

图 5　有效单砂体宽度、长度分布直方图

2.2　1km² 发育的有效砂体个数

根据有效单砂体的储量和 1km² 内有效砂体总储量，可计算出 1km² 发育有效单砂体的个数，即有效砂体的发育频率，计算公式为：

$$G = \frac{0.01 A h q S_g T_{sc} p_i}{p_{sc} T_i Z_i} \tag{3}$$

$$N = G_t / G \tag{4}$$

式中，G 表示有效单砂体储量，$10^8 m^3$；A 表示有效单砂体平均面积，km^2；h 表示有效单砂体平均厚度，m；q 表示气层平均孔隙度；S_g 表示原始含气饱和度；T_{sc} 表示地面标准温度，K；p_i 表示气藏原始地层压力，MPa；p_{sc} 表示地面标准压力，MPa；T_i 表示平均气层温度，K；Z_i 表示原始气体偏差系数；N 表示 1km² 发育有效单砂体个数；G_t 表示 1km² 储量（数值上等同储量丰度），$10^8 m^3$。

利用公式（3），根据容积法计算单个有效砂体的储量。有效单砂体平均含气面积为 0.186km²，平均厚度为 3.2m，平均孔隙度为 7.5%，平均含气饱和度为 53.5%，地面标准温度为 293.15，地面标准压力为 0.1MPa。原始气体偏差系数 Z_i 为 0.927，气层中部埋深 3300m，压力系数 0.87，计算气藏原始地层压力为 28.8MPa。地温梯度 3K/hm，计算平均气层温度为 389.15K。将上述参数代入公式（3），可计算单个有效砂体的平均储量为 $0.0559 \times 10^8 m^3$。

储量丰度定义为单位面积储层内蕴含的储量。研究区储量丰度分布在 $(1.0~2.0) \times 10^8 m^3/km^2$，平均 $1.46 \times 10^8 m^3/km^2$，即 1km² 地层内蕴含的储量为 $1.46 \times 10^8 m^3$。根据公式（4），求

得 1km² 发育有效砂体 25~30 个，平均 26 个。作为对比，前人认为气田有效单砂体规模为 500m×700m，1km² 发育有效砂体 15~20 个，平均 18 个。相比于前人认识，本研究认为有效单砂体的规模更小，平均有效单砂体规模为 320m×580m，1km² 内有效砂体数目更多，有效砂体更加分散。造成有效砂体数目增多、有效单砂体规模减小的原因是本次研究利用了更多的数据点，更充分地结合了地质静态与生产动态资料，识别出了井间原来难以识别的大量的小的有效单砂体。

根据钻井数据统计，石盒子组 8 段上亚段、下亚段，山西组 1 段、2 段等各层段有效砂体发育频率分别为 12%、49%、26%、13%（表 1），按 1km² 发育 26 个有效单砂体计算，各层段每 1km² 发育有效砂体分别为 3、13、7 和 3 个。

2.3 各层段有效单砂体规模

根据研究区 4 个含气层段的统计结果，石盒子组 8 段上亚段、下亚段，山西组 1 段、2 段等各层段储量占比分别为 10%、56%、25% 和 9%（表 2），按照平均储量丰度 $1.46×10^8m^3/km^2$ 计算，则各层段 1km² 内储量分别为 $0.143×10^8m^3$、$0.822×10^8m^3$、$0.369×10^8m^3$ 及 $0.126×10^8m^3$。根据公式（4），可计算出各层段有效单砂体储量分别为 $0.0475×10^8m^3$、$0.0633×10^8m^3$、$0.0527×110^8m^3$ 及 $0.042×10^8m^3$（表 3）。计算结果表明，石盒子组 8 段下亚段、山西组 1 段不仅有效砂体发育频率相对高，而且单个有效单砂体的储量规模也较大。

表 2　各层段有效单砂体平均储量及规模表

砂组	储量占比 /%	1km² 内地质储量 /10^8m^3	1km² 内发育有效砂体个数 /个	有效单砂体储量 /10^8m^3	有效单砂体面积 /km²	有效单砂体宽度 /m
石盒子组 8 段上亚段	10	0.143	3	0.0475	0.169	293
石盒子组 8 段下亚段	56	0.822	13	0.0633	0.199	333
山西组 1 段	25	0.369	7	0.0527	0.177	303
山西组 2 段	9	0.126	3	0.0420	0.147	272
总计	100	1.460	26	0.2055	0.692	300

表 3　各层段不同规模有效砂体参数拟合表

砂组	1km² 发育单砂体数目 /个							有效单砂体平均宽度 /m
	总数	<200m	≥200~300m	≥300~400m	≥400~500m	≥500~600m	≥600m	
石盒子组 8 段上亚段	3	1	2	0	0	0	0	293
石盒子组 8 段下亚段	13	3	3	4	1	1	1	333
山西组 1 段	7	2	2	1	1	1	0	303
山西组 2 段	3	1	1	0	1	0	0	272
总计	26	7	8	5	3	2	1	300

在获得各层段单砂体储量的基础上[21]，再结合各层段有效砂体厚度、孔隙度、饱和度等地质参数（表1），根据公式（3）反算，可得到石盒子组8段上、下亚段，山西组1段、2段有效单砂体面积分别为0.169km²、0.199km²、0.177km²、0.147km²。将有效单砂体近似看成平行四边形，则面积为长度与宽度之积，结合公式（2）和公式（5），可得到各层段有效单砂体平均宽度分别为293m、333m、303m、272m（表2）。面积计算公式为：

$$A=WL \tag{5}$$

式中，A 表示砂体面积，m²；W 表示砂体宽度，m；L 表示砂体长度，m。

2.4 不同层段不同规模有效单砂体的空间组合关系

根据有效单砂体宽度分布频率直方图（图5），宽度范围在＜200m、≥200~300m、≥300~400m、≥400~500m、≥500~600m以及≥600m的有效单砂体分布频率分别为27%、30%、19%、12%、8%及4%，得到各宽度范围内1km²发育的有效单砂体个数分别为7、8、5、3、2及1个。

垂向上结合各层段1km²内有效砂体发育个数、平均宽度，平面上结合不同宽度规模区间内1km²有效砂体发育个数，以保证各数据之间匹配性和契合性为前提，求解系列方程组，得到各砂组1km²内不同规模区间的有效砂体发育数（表3）。例如石盒子组8段上亚段1km²内发育3个有效砂体，其中1个有效单砂体宽度小于200m，另外2个有效单砂体宽度范围在200~300m区间内。

再结合10个小层的有效砂体厚度及有效砂体钻遇率（图6），可建立精确到小层级别的有效砂体的空间结构模型（图7）。该模型不是简单的概念模型，是研究区开发到现阶段所有认识的综合，在搭建的过程中充分利用了海量的地质与生产动态数据，能够较准确反映储层地质特征，可为气田开发中后期井网优化、开发对策的调整提供可靠的地质依据。

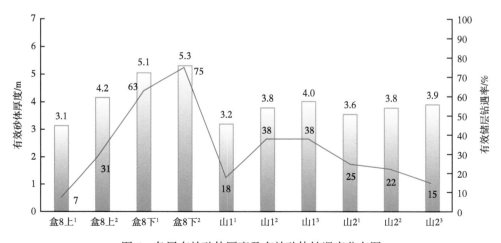

图6 各层有效砂体厚度及有效砂体钻遇率分布图

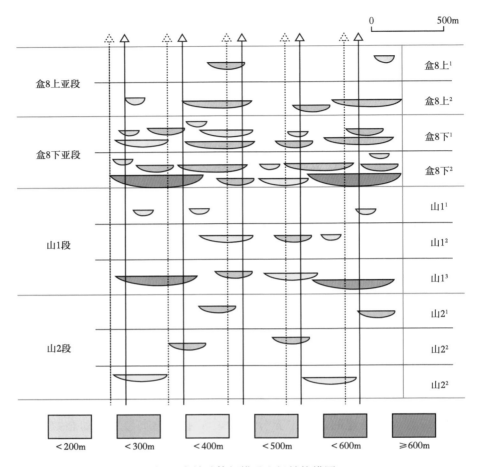

图 7 有效砂体规模及空间结构模图

3 不同井网对于有效砂体和储量的控制程度分析

用不同井距对有效砂体进行切割扫描，相当于用布虚拟井的方式评价井网对有效砂体及储量的控制程度。兼顾科学性和实用性，选取 100m 为移动步长（图 7）。

3.1 井网对有效砂体的控制程度

以 400m 井距为例，在步长为 100m 条件下，井网移动 4 次就可以实现对储层的扫描全覆盖，对应表 4 位置 0、1、2、3，分别统计在 4 种位置下井网对不同规模有效砂体的控制程度。根据前面分析，1km² 平均发育 7 个小于 200m 的有效砂体。在 400m 井网下，通过 4 次扫描平均控制住了 1.25 个（表 4），则对于小于 200m 有效砂体的控制程度为 1.25/7=18%。同理可得 400m 井距对 ≥ 200~300m、≥ 300~400m 及 ≥ 400m 有效砂体的控制程度分别为 44%、80%、100%。总的来看，在 400m 井距下，1km² 内平均钻遇了 14.25 个有效砂体，占有效砂体总数 26 个的 57%，即 400m 井距对有效砂体的控制程度为 57%。

表 4 400m 井网对不同规模有效单砂体的控制程度表

位置	>200m	≥200~300m	≥300~400m	≥400~500m	≥500~600m	≥600m	合计
0	1	4	3	3	2	1	14
1	1	4	4	3	2	1	15
2	2	3	4	3	2	1	15
3	1	3	5	3	2	1	15
钻遇个数/个	1.25	3.50	4.00	3.00	2.00	1.00	14.75
总个数/个	7	8	5	3	2	1	26
控制程度/%	18	44	80	100	100	100	57

3.2 井网对储量的控制程度

明确不同井网对储量的控制程度是开展致密气井网优化的重要基础[22-23]。在一定的有效砂体厚度下，鉴于有效砂体物性及含气性相差不大，在分析不同井网对储量的控制程度时，可用各有效砂体的体积比近似代替储量比。统计不同规模区间内有效储层的长、宽、厚，可得到小于 200m、≥ 200~300m、≥ 300~400m、≥ 400~500m、≥ 500~600m 以及 ≥ 600m 等不同规模区间有效单砂体的体积分别为 $0.21 \times 10^6 m^3$、$0.44 \times 10^6 m^3$、$0.72 \times 10^6 m^3$、$1.04 \times 10^6 m^3$、$1.40 \times 10^6 m^3$、$1.79 \times 10^6 m^3$（表 5）。根据各规模区间有效砂体发育个数，可得到 $1 km^2$ 发育有效砂体总体积为 $16.32 \times 10^6 m^3$。再结合 400m 井网对不同规模有效砂体的控制程度，可计算出该井网钻遇的不同规模的有效砂体的体积，即 $12.41 \times 10^6 m^3/km^2$，即 400m 井网对储量的控制程度为 76%（表 5）。

表 5 400m 井网对储量的控制程度计算表

宽度范围/m	平均厚度/m	平均宽度/m	平均长度/m	有效单砂体平均体/$10^6 m^3$	发育个数/个	有效砂体总体积/$10^6 m^3$	井网对有效砂体控制程度/%	井网钻遇有效砂体体/$10^6 m^3$
<200	1.5	252	554	0.21	7	1.46	18	0.26
≥200~300	2.5	303	583	0.44	8	3.53	44	1.55
≥300~400	3.5	342	603	0.72	5	3.61	80	2.89
≥400~500	4.5	375	618	1.04	3	3.13	100	3.13
≥500~600	5.5	403	631	1.40	2	2.80	100	2.80
≥600	6.5	428	641	1.79	1	1.79	100	1.79
总计	3.2	320	580	0.63	26	16.32	57	12.41

用同样方法，可计算出 600m、500m、400m、300m 等不同井网对有效砂体的控制程度分别为 38%、47%、57% 及 69%，对储量的控制程度分别 53%、66%、76% 及 84%。600m、500m、400m、300m 井距对应井网密度分别为 2、3、4、8 口 $/km^2$，在井距 300~600m 范围

内，随着井距减小、井网密度增大，井网对有效砂体控制程度的增幅不断增大，对储量控制程度的增幅越来越小（图8）。这是因为，规模较小的有效砂体的分布频率较大，然而它们对储量的贡献程度有限。

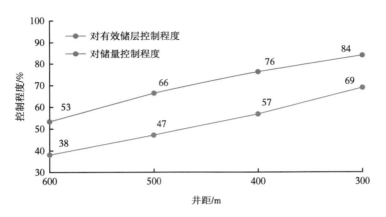

图8　不同井距的井网对有效砂体及储量的控制程度图

4　结论

（1）苏里格气田有效砂体规模小、连续性差。充分利用开发中的海量数据，结合测井、地质、气藏工程等多学科资料，按照先搭整体框架、再丰富层段细节的研究思路，提出建立有效砂体结构模型的4步法：落实有效单砂体规模；评价 1km^2 内有效单砂体发育个数；明确垂向上不同层段的有效单砂体规模；表征不同层段的不同规模有效砂体的空间组合关系。

（2）在储量丰度约 $1.5×10^8m^3/km^2$ 时，1km^2 地层平均发育 25~30 个有效单砂体，平均厚 2~5m，宽 200~500m，长 300~700m。气田82%的有效砂体为单层孤立型，18%通过垂向叠置、侧向搭接形成相对较大规模。

（3）基于有效砂体结构模型，明确了不同井网对于有效砂体和储量的控制程度。在井距600m、500m、400m、300m下可分别控制38%、47%、57%、69%的有效砂体及53%、66%、76%、84%的储量。随着井密度的增加，井网对有效砂体控制程度的增幅变大，对储量控制程度的增幅减小。

参 考 文 献

[1] 穆龙新，张铭，夏朝晖，等. 加拿大白桦地致密气储层定量表征技术 [J]. 石油学报，2017，38（4）：363-374.

[2] 蒋平，穆龙新，张铭，等. 中石油国内外致密砂岩气储层特征对比及发展趋势 [J]. 天然气地球科学，2015，26（6）：1095-1105.

[3] 赵家锐，祝海华，冯小哲. 鄂尔多斯盆地苏里格地区下石盒子组致密气储层孔隙结构分类及影响因素 [J]. 地质论评，2020，66（增刊1）：112-114.

[4] 卢涛,刘艳侠,武力超,等.鄂尔多斯盆地苏里格气田致密砂岩气藏稳产难点与对策[J].天然气工业,2015,35(6):43-52.
[5] 魏志鹏,施瑞生,王辉.鄂尔多斯盆地L区块石盒子组4段致密砂岩气藏地质—工程甜点预测与评价[J].天然气勘探与开发,2021,44(04):107-114.
[6] 胡勇,王继平,王予,等.地层含水条件下砂岩储层气相渗流通道大小量化评价方法——以鄂尔多斯盆地苏里格气田储层为例[J].天然气勘探与开发,2021,44(03):44-49.
[7] 刘世界,蔡振华,丁万贵,等.鄂尔多斯盆地临兴气田临界携液流量模型[J].天然气勘探与开发,2021,44(01):85-89.
[8] 邹才能,朱如凯,吴松涛,等.常规与非常规油气聚集类型、特征、机理及展望——以中国致密油和致密气为例[J].石油学报,2012,33(2):173-187.
[9] 冉富强,李雁,陈显举,等.致密油气藏储层评价技术[J].中国石油和化工标准与质量,2017,37(18):177-178.
[10] 杨华,付金华,刘新社,等.鄂尔多斯盆地上古生界致密气成藏条件与勘探开发[J].石油勘探与开发,2012,39(3):295-303.
[11] 邹才能,李熙喆,朱如凯,等.致密砂岩气地质评价方法:GB/T 30501—2014[S].2014.
[12] 贾爱林.中国储层地质模型20年[J].石油学报,2011,32(1):181-188.
[13] 贾爱林,程立华.数字化精细油藏描述程序方法[J].石油勘探与开发,2010,37(6):709-715.
[14] 付晓燕,王华,冯炎松,等.鄂尔多斯盆地东部米脂地区石盒子组8段储层特征及物性下限确定[J].天然气勘探与开发,2022,45(01):33-39.
[15] 马新华,贾爱林,谭健,等.中国致密砂岩气开发工程技术与实践[J].石油勘探与开发,2012,39(5):572-579.
[16] 郭智,孙龙德,贾爱林,等.辫状河相致密砂岩气藏三维地质建模[J].石油勘探与开发,2015,42(1):76-83.
[17] 吴浩,刘锐娥,纪友亮,等.致密气储层孔喉分形特征及其与渗流的关系——以鄂尔多斯盆地下石盒子组盒8段为例[J].沉积学报,2017,35(1):151-162.
[18] 姚军朋,孙小艳,吴迎彰,等.致密砂岩气藏含气控制因素研究与评价应用[J].测井技术,2015,39(4):482-485.
[19] 郝爱武,薄仁海,郭向东.鄂尔多斯盆地中部山西组三角洲—曲流河沉积[J].西北大学学报(自然科学版),2011,41(3):480-484.
[20] 王超勇,陈孟晋,汪泽成,等.鄂尔多斯盆地南部二叠系山西组及下石盒子组盒8段沉积相[J].古地理学报,2007,9(4):369-378.
[21] 孙建伟,赖雅庭,鲁莎,等.多层合采气井产量劈分新方法及其在神木气田的应用[J].天然气勘探与开发,2022,45(01):62-66.
[22] 何东博,王丽娟,冀光,等.苏里格致密砂岩气田开发井距优化[J].石油勘探与开发,2012,39(4):458-464.
[23] 李忠兴,郝玉鸿.对容积法计算气藏采收率和可采储量的修正[J].天然气工业,2001,21(2):71-74.

摘自:《天然气勘探与开发》:2022,45(2):71-80

地质应用篇

Characteristics and development model of karst reservoirs in the fourth member of Sinian Dengying Formation in central Sichuan Basin, SW China

YAN Haijun[1,2]　HE Dongbo[2]　JIA Ailin[2]　LI Zhiping[1]　GUO Jianlin[2]
PENG Xian[3]　MENG Fankun[4]　LI Xinyu[2]　ZHU Zhanmei[3]　DENG Hui[3]
XIA Qinyu[2]　ZHENG Guoqiang[2]　YANG Shan[3]　SHI Xiaomin[2]

1. China University of Geosciences (Beijing); 2. PetroChina Research Institute of Petroleum Exploration & Development; 3. PetroChina Southwest Oil and Gas Field Company; 4. Yangtze University

Abstract: The reservoir space, types and distribution characteristics of karst carbonate gas reservoirs in the fourth member of Sinian Dengying Formation (Deng 4 Member) in central Sichuan Basin are analyzed based on the drilling, logging and seismic data. A development model of karst reservoirs is constructed to support the high-efficiency development of gas pools. The research shows that the reservoirs in Deng 4 Member have mainly small-scale karst vugs and fractures as storage space, and can be divided into three types, fracture-vug, pore-vug and pore types. The development patterns of the karst reservoirs are determined. On the plane, the karst layers increase from 65m to 170m in thickness from the karst platform to the karst slope, and the high-quality reservoirs increase from 25.0m to 42.2m in thickness; vertically, the reservoirs at the top of Deng 4 Member appear in multiple layers, and show along-bedding and along fracture dissolution characteristics. The reservoirs at the bottom are characterized by the dissolution parallel to the water level during the karstification period, and have 3~5 large-scale fracture-cave systems. Based on the reservoir development characteristics and the genetic mechanism, three types of reservoir development models of karst reservoir are established, i.e., bed-dissolved body, fracture-dissolved body and paleohorizon-dissolved body. The construction of karst reservoir development models and seismic response characteristics of the three types of reservoirs can provide parameter for well placement and trajectory design, and substantially improve productivity and development indices of individual wells and gas reservoirs. The designed production capacity of the gas reservoir has enhanced from the initial 3.6 billion to 6 billion cubic meters, making the profit of the reservoir development increase noticeably.

Key words: gas reservoir characteristics; karst reservoir; karst cave; bed-dissolved body; fracture-dissolved body; paleohorizon-dissolved body; development model; Sinian Dengying Formation; central Sichuan Basin

0　Introduction

Carbonate gas reservoirs are an important type of gas reservoirs and play an important

---

Foundation item: Supported by the National Science and Technology Major Project of China (2016ZX05015); PetroChina Science and Technology Project (2021DJ1504).

role in the structure of natural gas reserves and production[1-4]. By the end of 2020, the global recoverable reserves of carbonate gas reservoirs account for 45.6%, and the natural gas production from carbonate reservoirs occupies 60% of the total amount. The proven reserves of carbonate gas reservoirs account for 52.6% of the conventional gas reserves, and the production accounts for 36.6% of the total production of the PetroChina Company Limited. In the future, carbonate gas reservoirs will be the first contributor to the production capacity of conventional natural gas for a long period. Karst is the important factor that affects the development of carbonate reservoirs in China. Throughout the whole process of natural gas exploration and development, studies on the reservoir characteristics never stop, and the study on the model of karst reservoirs is very important for the efficient development of natural gas from karst carbonate reservoirs.

Various researches have been carried out on the development characteristics and models of karst reservoirs, and had abundant results. Some typical development models, such as buried hill, interlayer, and fault karst models, have been established. They are helpful to the exploration and development of karst carbonate gas reservoirs in the Tarim Basin, the Ordos Basin and the Sichuan Basin[5-19]. A karst model called "superimposed karst" was proposed for the Sinian Deng 4 Member gas reservoir in the Anyue gas field in the central Sichuan Basin (referred to as Central Sichuan)[20]. At present, the horizontal and vertical distribution of the karst reservoirs is clear, and favorable for the development evaluation and target selection of these gas reservoirs. However, the genetic mechanism of the reservoirs is unclear, and a scientific development model has not been established. This means there are still large risks in the deployment of production wells. From the point of the genetic mechanism of karst reservoirs, this paper compares and analyzes various data by combining dynamic with static data, and geological with seismic data to analyze the development characteristics, and constructs a development model for locating wells and designing well trajectories, and finally provides references to the optimization of gas well development index and enlarging gas reservoir development scale.

1 Overview of the gas reservoirs

The Anyue gas field is located in the Ziyang City of Sichuan Province and in the Tongnan County of Chongqing City (Fig. 1a). It is located at the east of the Leshan-Longnvsi paleo-uplift, as a large latent structure on the background of the paleo-uplift[21-24]. There are two sets of Sinian gas reservoirs, which are the second and the fourth members of Dengying Formation (Deng 2 Member and Deng 4 Member for short). Both of them are karst carbonate gas reservoirs controlled by unconformity. The Deng 4 Member experienced the superposition of weathered crusts during the second and third episodes of Tongwan Movement (Fig. 1b), which shows the characteristics of superimposed karst[20]. The west of the Anyue gas field is the Deyang-Anyue rift trough where the Deng 4 Member quickly pinched out from east to west. The residual thickness of the Deng 4 Member is only 280~380m. According to electrical and lithological data, the Deng

4 Member can be divided into two sub-members from top to bottom (Deng 4_2 and Deng 4_1 for short). Further, the Deng 4_2 is divided into Deng 4_2^1, Deng 4_2^2 and Deng 4_2^3, and the latter contains Deng 4_1^1, Deng 4_1^2 and Deng 4_1^3.

The Sinian System is the oldest reservoirs with hydrocarbon in the Sichuan Basin. The Deng 4 gas reservoirs in central Sichuan Basin are at 4953~5535m, with an average porosity of 3.3% and an average permeability of $0.5 \times 10^{-3} \mu m^2$. Comprehensive studies show that the gas reservoirs have favorable accumulation conditions, large gas-bearing areas, rich reserves, and local formation water[25-30]. By the end of 2020, the proven natural gas reserves of Sinian Deng 4 Member gas reservoirs were $5908.2 \times 10^8 m^3$. With the increase of dynamic and static data during continual development and evaluation, it's found that the gas reservoirs have their intrinsic complexity[31-32], which are listed as the following: (1) The reservoirs are distributed in a large area, and affected by different sedimentation, diagenesis and fracture development, they are highly heterogeneous. (2) Some exploration wells have high productivity, but unclear understanding of the reservoir development characteristics made the productivity of early evaluation wells vary greatly. (3) Some gas wells had high and stable production in their early stages, but the production of more than 60% of the gas wells is low, and economic development of the gas reservoirs faces great challenges. (4) The underground and surface conditions of the gas reservoirs are complex, so that it is difficult to optimize development well locations. (5) There are few similar gas reservoirs that have been exploited at home and abroad, and there is little successful experience that can be learned.

2 Sinian Deng 4 Member karst reservoirs

2.1 Petrological characteristics of Deng 4 Member

Affected by differential denudation, the weathered crust at the top of the Sinian system remains unevenly distributed Cambrian Maidiping Formation limestone in some areas. Comprehensive analyses of core description, thin section identification, core physical property test and logging data show that dolomite is mainly developed in the Deng 4 Member, and the reservoir lithology mainly includes algal clot dolomite, algal stromatolite dolomite and sandy dolomite[33-35] (Fig. 2).

As the most important reservoir rock in the Deng 4 Member, algal clot dolomite consists of algae binding sand, mud or pellets which form algal agglomerates. Obvious dissolved pores can be observed in the cores (Fig. 2a, 2d), with face porosity of 3% to 6%. The primary reservoir space is residual dissolved pores/vugs among the agglomerates and later dissolved pores/vugs. Some dissolved pores, vugs and solution enlarged vugs have been filled with bitumen or dolomite.

Algal stromatolite dolomite is another important reservoir rock following the algal clot dolomite. It is a horizontally laminar, wavy or gently mound-shaped algal stromatolite formed during the growth of algae. It has been strongly karstified so that there are abundant dissolved pores ad vugs (Fig. 2b, 2e). The face porosity is 4% to 8%, and locally up to 10%. The primary reservoir space is window pores formed after the decay of algal filaments, or lattice pores formed during the growth of alga entanglement, showing the characteristics of bedding dissolution distribution.

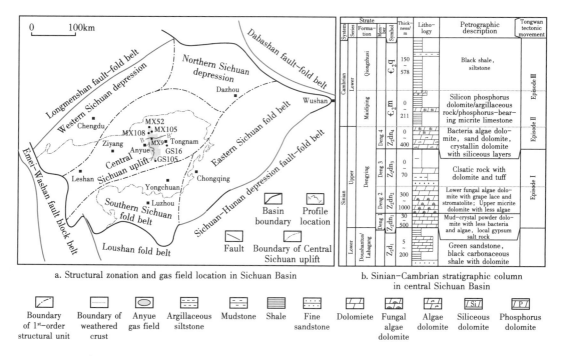

Fig. 1 Structural location and Sinian–Cambrian comprehensive column of Sinian gas reservoirs in central Sichuan Basin

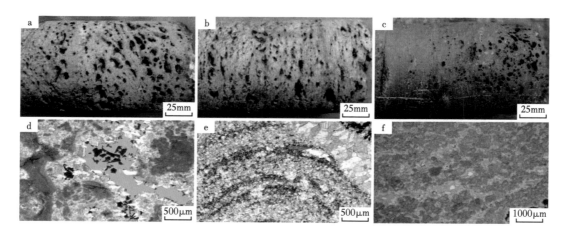

Fig. 2 Rock types and characteristics of Deng 4 Member reservoirs

a. Algal clot dolomite with rich dissolved pores and vugs, Well MX52, 5568.68m. b. Algal stromatolite dolomite with middle-large oblate karst vugs, Well MX108, 5296.67m. c. Sandy dolomite with developed vugs, Well GS105, 5221.98m. d. Algal clot dolomite with developed karst pores and necking throats, Well MX105, 5324.94m. e. Algal stromatolite dolomite with inter-crystalline dissolved vugs, Well MX9, 5447.69m. f. Sandy dolomite with inter-granular dissolved pores, Well MX105, 5342.5m

Sandy dolomite is formed in a strong hydrodynamic environment and consists of sand, residual sand, powdery crystal dolomite and bright crystal dolomite. Dolomite has the characteristics of foggy center and bright edge, and obvious particles (Fig. 2c, 2f). Its face porosity is 1% to 4%, and primary reservoir space is inter-granular and intra-granular dissolved pores/vugs with asphalt cements.

2.2 Reservoir space of Deng 4 Member

Different from the characteristics of large fractures and large vugs in the fault-karst reservoirs of the Tarim Basin, the reservoir space of Sinian gas reservoirs is mainly composed of small and medium scale pores, fractures and vugs, which are mainly small fractures and small vugs[34-45]. As the dominant space, small vugs account for about 70% of the total porosity. Solution enlarged vugs are mainly medium and small, of which the 2 to 5mm account for 78.1%, the 5 to 20mm account for 15.8%, and more than 20mm are 6.1% only. Micro-fractures are abundant, and they greatly improve the permeability of the reservoir.

Controlled by freshwater dissolution in the epigenetic period and diagenetic reformation in the later period, fractures and karst vugs are filled with bitumen, dolomite, quartz and mud. On the FMI, asphalt, dolomite, and quartz cements show high-resistivity bright color and matrix color, while argillaceous cements show dark or black color. Through core calibration to imaging logging data, face porosity and connectivity at different depths can be calculated. Face porosity represents the percentage of total pore area per unit area of borehole wall, which can be used as an indirect index to reflect formation porosity. Connectivity indicates the electrical conductivity of pores. Strong electrical conductivity means good connectivity. It can be used as a permeability index. With face porosity and connectivity indices, the effectiveness of solution enlarged vugs/pores can be quantitatively evaluated (Fig. 3). For the dip and orientation of the solution enlarged vugs/pores, it can be obtained indirectly from the occurrence of bedding dissolution in the karst stage. For fracture identification, the type, characteristics, filling degree and other information of fractures can also be identified on the FMI. High-resistivity fractures are generally cemented and have no permeability, and they are closed fractures. High-conductivity fractures may be filled with drilling fluid, shale, and other conductive minerals. They can be identified by considering AC logging data. The comprehensive evaluation results show that the connected face porosity is 2% to 11%, the isolated face porosity is 1% to 4%, and the connectivity is 0 to 0.013 of the Deng 4 Member.

2.3 Distribution of karst reservoirs

After long-term regional exposure and atmospheric precipitation leaching at the top of the Deng 4 Member, an obvious regional unconformity was developed and could be a sequence boundary. Controlled by factors such as landform, stratum dip, tight formations and fault development, surface and underground water flows along original layers as high-speed turbulence, seepage and discrete flows, resulting in significant erosion and dissolution shown as a large karstified area and thick dissolved thickness at the top of the Deng 4 Member. Affected by changes of base level, sea level and water table, there are multi-phase lens caused by atmospheric freshwater in the lower part of the Deng 4 Member. At the top and the bottom of the lens, there is a so-called mixed dissolution zone. The one at the top refers to the mixing of the atmospheric water flowing in the upper part in the approximately vertical direction and the atmospheric water flowing in the lower horizontal direction. The mixing of these two fluids in different directions would bring unsaturated carbonate and dissolution, which can form layered pores and solution enlarged vugs. The mixed dissolution zone at the bottom refers to the mixing of atmospheric fresh water and sea water (halocline). The mixing of these two fluids with different properties would also cause the dissolution of carbonate rocks. At the same time, the phreatic surface and the halocline in the shore direction may also be compressed to form a horizontal layered dissolution zone in which two strong chemical reaction zones are superimposed. That is, at the edge of the atmospheric freshwater lens, due to the superposition effect of two mixed dissolution zones, so-called edge flanking vugs can be formed. Cores and thin sections have confirmed that the karst vugs in Well GS102 near the coast are filled with argillaceous and dolomite cements. The trace element test on the cements shows 337.42×10^{-6} Sr and 336.22×10^{-6} Ba. The ratio of Sr content to Ba content is 1, revealing a mixing mechanism of atmospheric fresh water with seawater. It is comprehensively considered that the reservoir at the bottom of the Dengying Formation is controlled by mixed dissolution at the top and bottom of the atmospheric freshwater lens. Finally, the affected karst area is relatively limited and the karst formation is thin. In addition, large karst vugs are developed in the area close to the coastal zone, and gradually transition to the spongy corrosion zone in the inland direction.

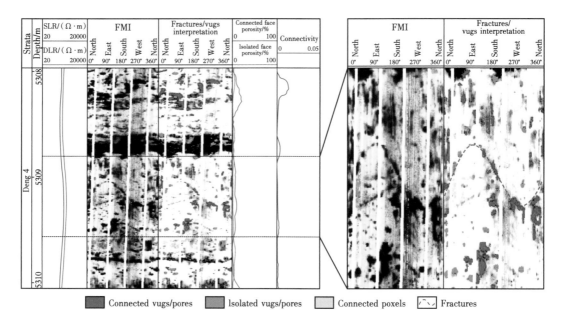

Fig. 3　FMIs of different types of reservoir space

The Sinian gas reservoirs show strong heterogeneity generally. With cores and imaging data, comprehensive consideration of the type, size of reservoir space and the relationship between fractures and vugs, the karst reservoirs in the Deng 4 Member in the target area are divided into three types: fractured-vuggy, porous-vuggy and porous reservoirs (Fig. 4). On the whole, the fractures and solution enlarged vugs in the fractured-vuggy reservoir are relatively developed. This kind reservoir has the best physical properties, so it is deemed as Class I reservoir. The porosity of this kind of reservoir is between 2% and 12%, the permeability is between $0.1 \times 10^{-3} \mu m^2$ and $10 \times 10^{-3} \mu m^2$, the face porosity is greater than 3%, and the connectivity index is greater than 0.012 (Table 1). In the porous-vuggy reservoir, fractures are not developed, but pores/vugs are developed. This kind of

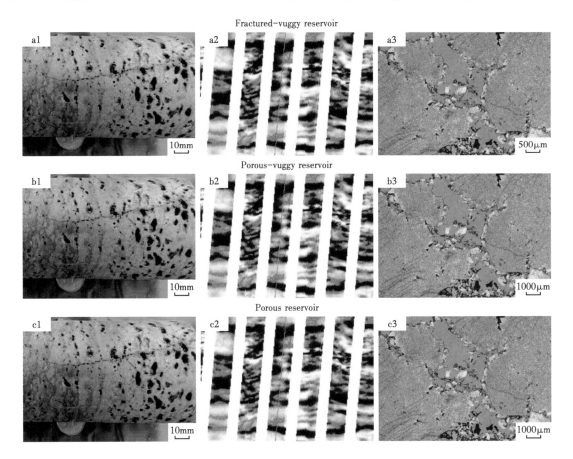

Fig. 4　Characteristics of three types of reservoirs in Deng 4 Member in central Sichuan Basin

a. Fractured-vuggy reservoir; b. Porous-vuggy reservoir; c. Porous reservoir; 1. Core photo; 2. FMI; 3. Thin section photo. a1. Algae clot dolomite with vugs connected by fractures, Well MX105, 5326.18m. a2. Dark sinusoidal linear image and dark spots on the bright background, Well MX105, 5326.18~5325.40m. a3. Dissolved pores/vugs well match with fractures, Well MX105, 5325.3m. b1. Algal stromatolite dolomite with oblate solution enlarged vugs, Well MX108, 5296.67m. b2. Dark spots distributed along beddings on the highlighted background, Well MX105, 5315.90~5316.10m. b3. Dissolved pores and solution enlarged vugs, Well MX105, 5315.90m. c1. Micrite dolomite with early karst pin pores, Well MX13, 5101.81m. c2. Few dark spots or patches on the bright background, Well GS16, 5425.90–5426.10m. c3. Less developed fractures and solution enlarged vugs, Well GS16, 5425.90m.

reservoir has good physical properties and is classified as Class II reservoir. Its porosity is between 2% and 8%, permeability is between $0.01\times10^{-3}\mu m^2$ and $1\times10^{-3}\ \mu m^2$, face porosity is greater than 2%, and connectivity index is greater than 0.001 (Table 1). The porous reservoir hasn't abundant fractures and the reservoir space is mainly intergranular pores and dissolved pores. The development degree of vugs is far lower than that of fractured-vuggy and porous-vuggy reservoirs. The porous reservoir has poor physical properties and is classified as Class III reservoir. The porosity of this kind of reservoir is between 2% and 6%, the permeability is between $0.001\times10^{-3}\ \mu m^2$ and $0.1\times10^{-3}\mu m^2$, the face porosity is lower than 2%, and the connectivity index is lower than 0.001 (Table 1). Among the three types of reservoirs, the fractured-vuggy reservoir is the easiest to be developed, the porous-vuggy reservoir is easier and the porous reservoir is difficult. In conclusion, the fractured-vuggy and the porous-vuggy reservoirs are primary targets for gas field development at present.

Table 1 Parameters of three types of reservoirs

Reservoir type	Fracture development	Porosity/%	Permeability/$10^{-3}\mu m^2$	Maximum mercury saturation/%	Median pressure/MPa	Face porosity/%	Connectivity index	Develop-ability
Fracturedvuggy	High	2~12	0.100~10.000	≥60		≥3	≥0.012	High
Porousvuggy	Middle	2~8	0.010~1.000	≥50	<5	≥2	≥0.001	Middle
Porous	Low	2~6	0.001~0.100	<50	≥5	<2	<0.001	Low

Using a double-interface restoration method for karst paleogeomorphology, and considering the characteristics of the Sinian karst paleogeomorphology, the Sinian weathered crust in the Anyue area is divided into three second landforms including karst platform, karst slope and karst lowland, and many third-level and fourth-level micro-geomorphic units[25] (Fig. 5). Vertically, there are surface karst zones, vertical seepage zone, horizontal undercurrent zone and deep slow-flow zone, and horizontally, the undercurrent zone is divided into several karst sections by means of core calibrated imaging logging. The comparative analysis of drilled wells shows that the Deng 4 Member reservoirs are laterally distributed in a large area and vertically developed in multiple layers, ranging from 2 to 15 layers. High-quality reservoirs (fractured-vuggy and porous-vuggy ones) are mainly located within 100m from the top of the Deng 4 Member, about 2 to 10m thick each layer. Meanwhile, these highquality reservoirs are also rich in the lower part of the Deng 4 Member. On the across-well profile, it is found that on the plane, from karst platform to karst slope, the depth of weathering and dissolution changes from shallow to deep, the number of dissolution sections changes from less to more, and the thickness of fractured-vuggy and porous-vuggy reservoirs changes from thin to thick (Fig. 6). The karst platform is mainly the recharge area of atmospheric fresh water, while the karst slope mainly accepts surface runoff and underground seepage. Farther away from the recharge source, the thickness of the karst reservoir increases from 65m to 170m, the karst section increases from 1–2 to 6–7, and the cumulative thickness of fractured-vuggy and porous-vuggy reservoirs increases from 25.0m to 42.2m. Vertically, there are also differences in reservoir types. In the vertical seepage zone, there mainly developed high-angle dissolution fractures shown as solution enlarged fractures and honeycomb dissolved pores (Fig. 6). In the horizontal undercurrent zone, solution enlarged fractures with low angles developed, and they are characterized by bedding and honeycomb dissolved pores, vugs and solution enlarged vugs. In the deep slow-flow zone, there are porous reservoirs, and locally fractured-vuggy or porous-vuggy reservoirs (Fig. 6).

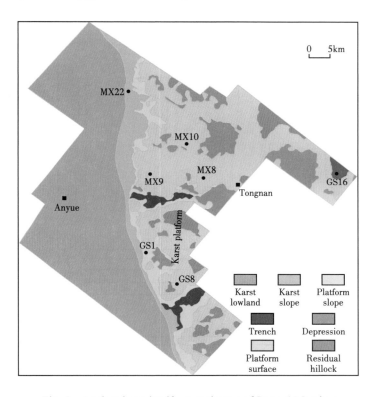

Fig. 5 Ancient karst landform at the top of Deng 4 Member

With imaging logging interpretation of drilled wells, lost circulation and drilling break logs, it is found that the macroscopic development of fractures and vugs in the Deng 4 Member shows the following characteristics. (1) Fractures and vugs at the top of the Deng 4 Member vary in size, and their locations are scattered and randomly distributed (Fig. 7). (2) The fractures and caves at the bottom of the Deng 4 Member show a regular distribution during the karst period, and on the whole they show planar distribution characteristics during the karst period. The development of the fractured-vuggy system is parallel to the paleo-water surface, and there are 3 to 5 layers in the vertical direction (Fig. 7). (3) The development scale of the fractured-vuggy system is small at the top of the Deng 4 Member and large at the bottom. Taking Block Gaoshiti as an example, according to the statistics of lost circulation, from top to bottom, there are six layers, Deng 4_2^1,

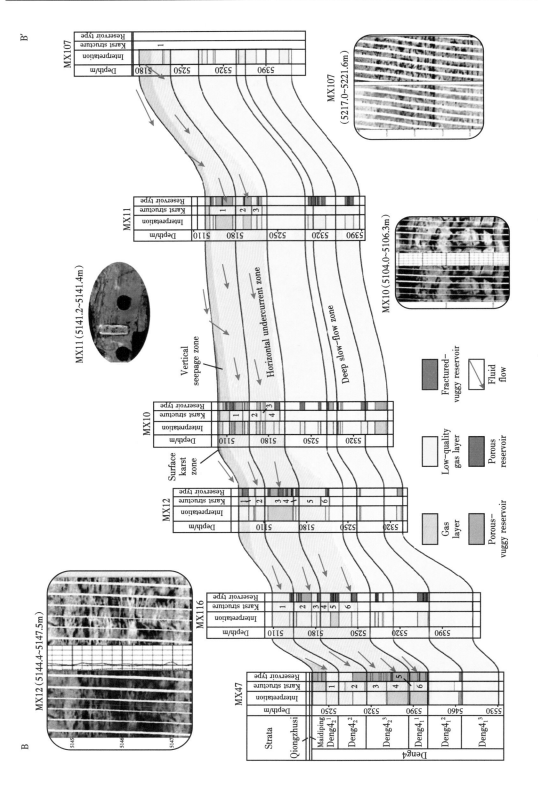

Fig. 6 Features of Deng 4 Member reservoirs (see profile location in Fig. 1)

Deng 4_2^2, Deng 4_2^3, Deng 4_1^1, Deng 4_1^2, and Deng 4_1^3. Lost circulation took place 14, 9, 2, 3, 9 and 6 times on these six layers, accounting for 32%, 21%, 5%; 7%, 21% and 14% of total lost times, respectively. Correspondingly, the amount of lost circulation is 1133m³, 774m³, 160m³, 804m³, 2845m³ and 3260m³ (Fig. 8), and accounting for 12%, 9%, 2%, 9%, 32% and 36% of the total amount. The average amount per layer is 81m³, 86m³, 80m³, 268m³, 316m³, 543m³, respectively. From top to bottom, lost circulation increased gradually. The subtotal lost circulation intervals in Deng 4_1^2 and Deng 4_1^3 are 15, which accounts for 35% of the total lost circulation points, but the cumulative leakage in the two layers is 6105m³, which accounts for 68% of the total leakage volume.

According to the above characteristics, the reservoirs at the top of the Deng 4 Member were developed in a continental environment, and the development was controlled by the original reservoir physical properties. If the original reservoir space is matrix intergranular pores or vugs, atmospheric fresh water would dissolve them along layers. The karst reservoir may extend far horizontally, and shows obvious layer-controlled characteristics. On the other hand, if matrix intergranular pores are not developed but fractures are developed, atmospheric fresh water would mainly dissolve fractures and nearby matrix pores. So the karst reservoir shows obvious fracture-controlled characteristics. The reservoir at the bottom of the Deng 4 Member shows the development characteristics of karst reservoir in a coastal environment. The development of karst reservoir is not dissolution along layers or in fractures, but dissolution at the top and bottom of freshwater lens in the karst period.

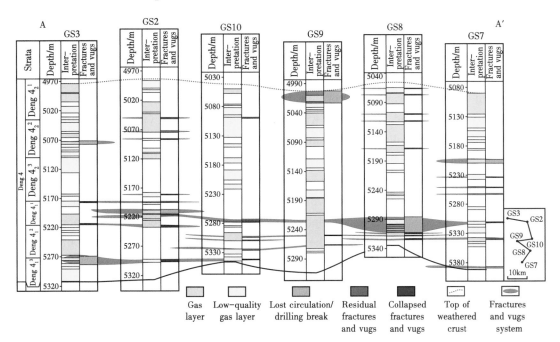

Fig. 7 Fractures and vugs in Deng 4 Member in Gaoshiti block (see profile location in Fig. 1)

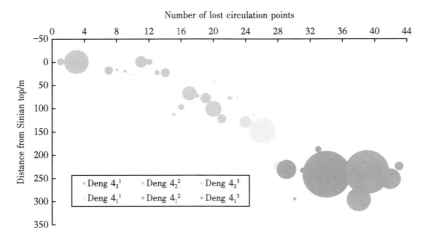

Fig. 8　Statistics of lost circulation points and leakage volume in Gaoshiti block
(the size of the circle represents the leakage volume)

3　Karst reservoir model of Deng 4 Member

Based on the distribution characteristics of Deng 4 Member karst reservoirs, and considering the differences in original reservoir space and landform, the development model of Deng 4 Member karst reservoirs can be constructed.

3.1　Development model

The reservoir at the top of the Deng 4 Member is affected by the continental environment. Whether the original space is mainly pores/vugs or fractures, the karst reservoirs are divided into bed-dissolved body and fracture-dissolved body. Bed-dissolved body refers to freshwater flowing along beds and dissolving origin pores or vugs in the karst period. The reservoir space is relatively even, laterally gradual and large, and well connected. Fractured-vuggy and porous-vuggy reservoirs are the example (Fig. 9). Fracture-dissolved body refers to freshwater flowing along and dissolving fractures during the karst period. The reservoir space is strongly heterogeneous, and the development scale and connectivity are very different. Fractured-vuggy and porous reservoirs are the example (Fig. 9). The karst reservoir at the bottom of the Deng 4 Member was affected by the coastal environment. Whether the original space is vuggy or fractured, the development of the karst reservoir is neither dissolved along the original sedimentary interface nor along the fracture, but shows the characteristics of dissolution along the top and bottom interface of the freshwater lens. This kind of karst reservoir is called paleohorizon-dissolved body. It is a kind of fractured-vuggy or porous-vuggy reservoirs distributed along the paloehorizons with different scales and different horizontal connectivity. They are dissolved along the top and bottom of the freshwater lens during the karst period, and the storage space is dominated by dissolution vugs (Fig. 9).

Fig. 9 shows the development model of karst reservoir. From east to west, Anyue gas field can be divided into recharge area, surface runoff/underground undercurrent area and catchment area from karst platform to karst lowland. Bed-dissolved bodies and fracture-dissolved bodies are distributed at the top of the Deng 4 Member in Anyue gas field, and vertically they are mainly developed in the vertical seepage zone and the horizontal subsurface flow zone. The platform edge was located at the main part of the runoff area in karst period. Controlled by microbial mound beaches and paleogeomorphology, bed-dissolved bodies were mainly developed in the main part of the mound beaches, while fracture-dissolved bodies were mainly developed at the edge of the mound beaches. The platform interior was located at the recharge area in the karst period, where fracture-dissolved bodies were developed and mainly controlled by thinner mound beaches and thick siliceous dolomite. The paleohorizon- dissolved reservoirs are distributed at the bottom of the Deng 4 Member, and vertically, they are mainly developed in the deep slow-flow zone. Affected by the development of edge flanking vugs, the size of the paleohorizon- dissolved body on the west side of the platform margin is large, and the size is different towards the inner of the platform.

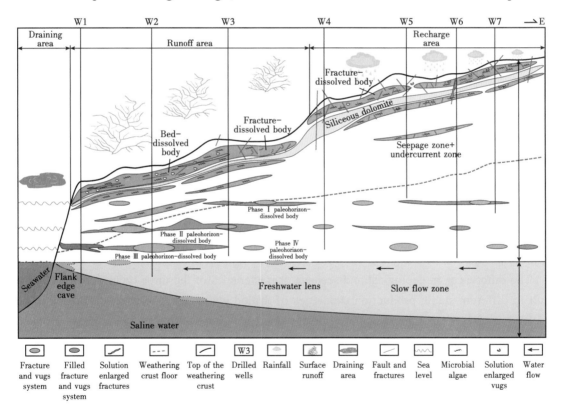

Fig. 9 Development model of effective Sinian gas reservoirs

3.2 Identification of karst reservoirs

Due to the differences in genetic mechanisms, the three types of karst reservoir have great differences in seepage channels, reservoir size, seismic response characteristics, etc., which can be effectively identified and predicted.

The seepage channels in the bed-dissolved reservoir are mainly vugs and solution enlarged vugs. The reservoir is multi-layered vertically and the horizontal extension is very far. The reservoir as a whole is characterized by stratabound and facies-controlled. Through a large number of core-logging-seismic comprehensive comparison studies, it is found that the seismic response of the beddissolved body is mainly characterized by strong amplitude and low frequency, and the seismic events are characterized by staggered segments and imbricate sheets. Usually, the top and the bottom are weak and chaotic reflections, the reflection trough is wide, and two sides extend (Table 2). The reservoir development model is typical in Well GS001-H2. The imaging data from the well shows the development of bedding dissolved pores. The production of the well is $109.9 \times 10^4 m^3/d$ during gas test.

The seepage channels in the fracture-dissolved body are mainly fractures. The karst reservoirs are distributed along fractures and very different in scale. They are fracture-controlled. Through a large number of core-logging- seismic comprehensive comparison studies, it is found that the fracture-dissolved reservoirs are characterized by large changes in seismic reflections, shown as relatively weak amplitudes, like beads and earthworm irregularly scattered, and chaotic inside and moundshaped outside (Table 2). The reservoir development model is typical in Well MX109. The imaging data from this well shows that fractures are developed. The daily production during gas test is $64 \times 10^4 m^3$.

The seepage channels in the paleohorizon-dissolved body are solution enlarged vugs and fractures. The reservoir is vertically single-layer or multi-layer, and the overall performance is paleohorizon-controlled. The seismic responses of the paleohorizon-dissolved body have obvious amplitude changes, shown as bead-like reflections. The paleohorizon-dissolved reservoirs often vary greatly in scale, and are prone to lost circulation and drilling break (Table 2). The reservoir development model is typical in Well GS8. The imaging data from this well shows a 3m high cave. The daily production during gas test is $54.3 \times 10^4 m^3$.

The differences in geological and seepage characteristics of the three types of karst reservoirs result in different stable production capacities of drilled gas wells. The gas well drilled in bed-dissolved reservoirs has high dynamic reserves, good stable production and long stable production period. The dynamic reserves of the gas well drilled in fracture-dissolved reservoirs are relatively low, the stable production is relatively poor, and the stable production period is short. The dynamic reserves of the well drilled in paleohorizon-dissolved reservoirs may be high or low, the production is not stable, and the stable production period may be long or short. At present, the bed-dissolved reservoirs and the fracture-dissolved reservoirs are targets for deploying development wells and production capacity construction in Deng 4 Member gas reservoirs. The large-scale paleohorizon-dissolved reservoirs are the future target for stabilizing and increasing gas production.

地质应用篇

Table 2　Geological and seismic responses of different reservoir models

Reservoir model	Typical core photos	Typical core features	Seismic response	Typical seismic profile
Bed-dissolved reservoir	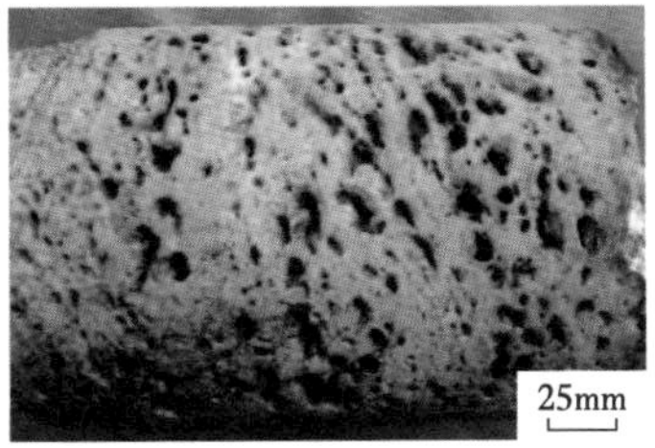	Algal agglomerate dolomite with bedding dissolved pores and vugs; Well MX52	Imbricate sheet-like reflections with low frequency and medium to strong amplitude	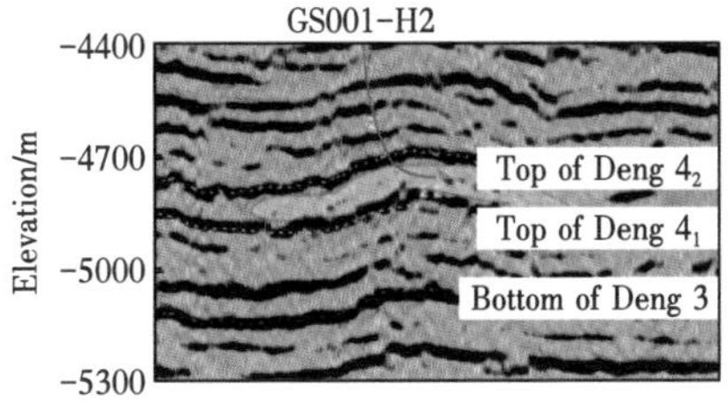 GS001-H2; Top of Deng 4_2, Top of Deng 4_1, Bottom of Deng 3
Fracture-dissolved reservoir	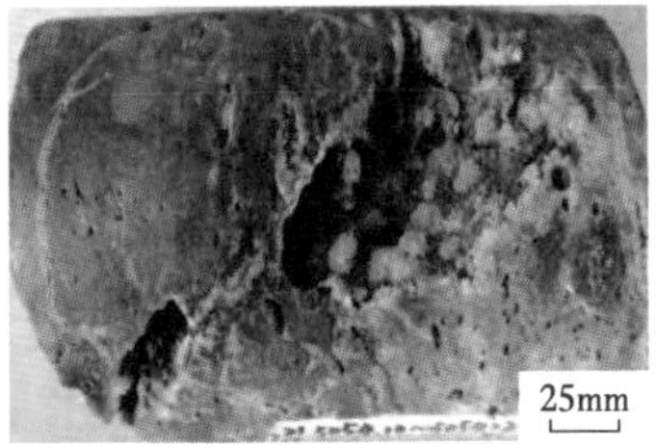	Algal sandy dolomite with dissolution fractures and vugs; Well MX21	Chaotic and scattered "bead-like" reflections with moderate and weak amplitude	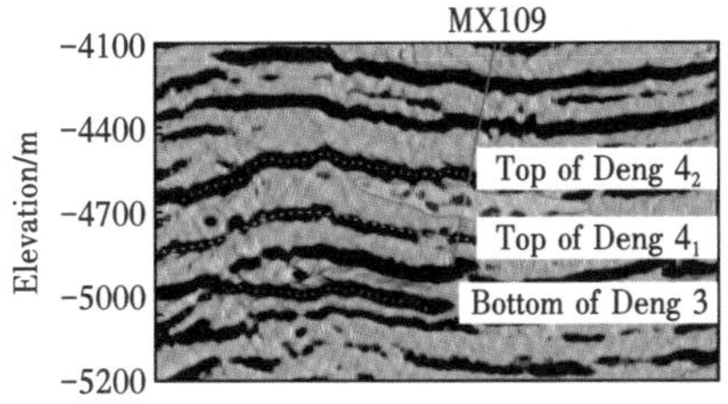 MX109; Top of Deng 4_2, Top of Deng 4_1, Bottom of Deng 3
Paleohorizon-dissolved reservoir			"Bead-like" reflections with strong energy	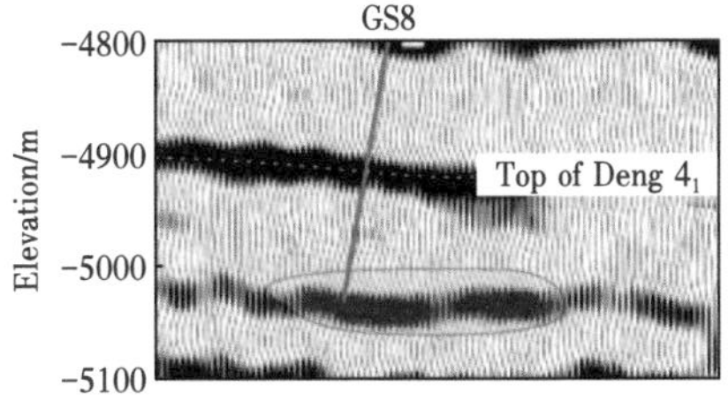 GS8; Top of Deng 4_1

— 177 —

4 Applications and results

4.1 Parameters for locating development wells

Seismic identification models established for different karst reservoirs provide the basis for locating development wells and designing well trajectory, which can improve the proportion of high-yield wells. Small-scale Sinian fractured-vuggy reservoirs are the result from combination of microbial rock deposition and karst weathering dissolution. Macroscopically, the reservoirs have three models: bed-dissolved reservoir, fracture-dissolved reservoir and paleohorizon-dissolved reservoir. The bed-dissolved reservoir and the fracture-dissolved reservoir are mainly distributed at the top of the Deng 4 Member, while the paleohorizon-dissolved reservoir is mainly distributed at the bottom of the Deng 4 Member.

Through comprehensive geological research and fine interpretation of well and seismic data, it is concluded that the bed-dissolved reservoir is characterized by imbricate sheet-like reflections with low frequency, medium and strong amplitude. The fracture-dissolved reservoir is characterized by chaotic scattered bead-like reflections with medium-strong amplitude. The paleohorizon-dissolved reservoir exhibits bead-like reflections with strong energy (Table 1). The establishment of reservoir models and corresponding seismic identification models provided the basis for deploying well locations and trajectory design, totally 64 wells in six batches for production capacity construction and one batch for succeeding production in Gaoshiti and Moxi blocks. Gas wells with test daily production higher than $100 \times 10^4 m^3$ from Sinian gas reservoirs in Anyue gas field increased from 41.6% in the evaluation period to 60% in the construction period.

4.2 Optimization of gas well index

By evaluating the productivity of gas wells drilled in different karst reservoirs, and combining the initial high production and long-term stable production capabilities, gas well development index can be optimized. Carbonate reservoirs are highly heterogeneous. Due to complex and diverse origins of reservoir spaces such as pores, fractures and vugs, different origins and scales exhibit diverse connectivity. The internal structures of different types of reservoirs are complex and diverse. Therefore, there may be contradictory between initial high production (during production test) and subsequent long-term stable production (after put into production). The initial high production of a gas well may not mean long-term stable production. Similarly, the initial production is low, but subsequent production may be stable for a long time. The initial high production and the long-term stable production of a gas well are essentially controlled by the scale and properties of underground reservoirs that are drilled in by the gas well. The tested production is controlled by the physical properties and thickness of the reservoir near the wellbore, while the stable production period is determined by the reservoir characteristics (including scale, physical properties, etc.) and the prorated production of the well. Under the premise of similar drilling well type and well deviation, if the reservoir development model is the same, it is found that the macroscopic seepage characteristics are similar in the Deng 4 Member gas reservoirs in Anyue gas field. The initial high production matches well with the long-term stable production capacity. The tested production has a good linear relationship with the dynamic reserves in the logarithmic coordinates. With this understanding, the types of Sinian gas wells are classified according to geology and gas reservoir characteristics. Then, through comprehensive consideration of initial high production, long-term stable production, production scale and economic benefits, the development index can be optimized for different types of gas wells under the premise of only testing the absolute open-flow rates of the gas wells.

4.3 Optimization of reservoir development scale

The optimal results of development index of different karst reservoir models can guide the optimization and adjustment of gas reservoir development scale and support efficient development. The reservoir development models can be used to optimize the development scale in terms of increasing single-well production and optimizing development index. On the one hand, the seismic response model corresponding to the reservoir development model is clear, and it can guide the development and construction of production wells to greatly increase the productivity. The production per gas well has increased from initial $13.8 \times 10^4 m^3/d$ to present $23 \times 10^4 m^3/d$. On the other hand, according to the seismic response model, the planar distribution of the reservoir development model can be estimated. Further, by considering the optimized gas well index and inter-well interference, the number of wells located in the reservoir development model can be estimated. The development model of Deng 4 Member gas reservoirs is similar to unconventional gas reservoirs, whose production scale is the sum of single wells. The discussion on the production scale of Deng 4 Member gas reservoirs should comprehensively consider the production scheme and the subsequent stable production. Our analysis proves that the designed production capacity in the margin zone of the Deng 4 Member should be updated from the initial $36 \times 10^8 m^3$ to $60 \times 10^8 m^3$, and the stable production will last for more than 10 years. Since the producing gas reserves in the margin zone only account for 63%, and after comprehensive consideration of scale and economic indicators, and optimization of well locations, more reserves will be produced, consequently larger development scale, or longer stable production period.

5 Conclusions

Different from other weathered crust carbonate gas reservoirs in China, the karst gas reservoirs of the Sinian Deng 4 Member have small fractures and vugs, of which the vugs of 2~5mm compose of the primary reservoir space, and the fractures greatly improve the reservoir permeability. Through core-calibrated imaging, quantitative evaluation on small solution enlarged vugs (larger than 3mm) and effective fractures are viable. There are three types of gas reservoirs which are fractured-vuggy, porous-vuggy and porous. The fractured-vuggy reservoir is the best reservoir type, the porous-vuggy one is better and the porous one is poor relatively. The development law of the karst reservoirs in the Sinian Deng 4 Member has been clear. In the horizontal direction, the karst thickness increases from 65m to 170m, and the karst sections increase from 1~2 to 6~7, from the karst platform to the karst slope. The thickness of the fractured-vuggy and the porous-vuggy reservoirs increases from 25.0m to 42.2m. Vertically, two types of dissolution took place at the top of the Deng 4 Member, namely dissolution along beds and dissolution along fractures, while at the bottom, 3~5 stages of fractured-vuggy reservoirs are parallel to the paleowater table.

Based on the distribution characteristics and the differences in original reservoir space and landform of the karst reservoirs, three reservoir models were constructed, which are bed-dissolved, fracture-dissolved and paleohorizon-dissolved bodies. The bed-dissolved body is the result from freshwater dissolving origin pores or vugs along beds. The reservoir space is relatively evenly distributed, the lateral distribution changes gradually, the reservoir scale is large, and the lateral connectivity is good. Fractured-vuggy and porous-vuggy reservoirs are the example. The fracture-dissolved body is the result from freshwater dissolving fractures when flowing in the fractures. The reservoir space is strongly heterogeneous. Fractured-vuggy and porous reservoirs with great differences in development scale and connectivity are the example. The paleohorizon-dissolved body is fractured- vuggy or porous-vuggy reservoir distributed along the paloehorizons with different scales and different horizontal connectivity, which is the result from freshwater dissolving pores, fractures and vugs at the top and bottom of the lens. The storage space is dominated by dissolved pores and vugs. The three types of development models are greatly different in seepage channel, reservoir scale, high and stable production capacity, seismic response characteristics and so on. So they can be effectively identified and predicted.

The understanding of the reservoir development models will be able to guide the efficient exploitation of the Sinian Deng 4 gas reservoirs in Anyue gas field in central Sichuan Basin. Firstly, under different types of reservoir development models, the establishment of seismic response modes can provide basic parameters for deploying well locations and trajectory design. The proportion of gas wells with test daily production of more than one million cubic meters has increased from 41.6% in the evaluation period to 60% in the production capacity construction period. Secondly, there are many differences in the macroscopic seepage mechanisms in different types of reservoir development models. Under the same model, the absolute open-flow rates and dynamic reserves of gas wells show regular changes. This understanding can be used for the optimization of single-well development index. Thirdly, the reservoir development model can be used to optimize the reservoir development scale. With the consideration of schemes of production construction and production stabilization, it is demonstrated that the designed production scale of gas reservoirs in the margin zone can be increased from the initial $36\times10^8m^3$ to $60\times10^8m^3$, and the stable production will last for more than 10 years. With further improvement of producing reserves, the development scale of the gas reservoirs will be increased or the stable production period will be further extended by continuously optimizing well locations.

References

[1] JIA Ailin, YAN Haijun, GUO Jianlin, et al. Characteristics and experiences of the development of various giant gas fields all over the world[J]. Natural Gas Industry, 2014, 34 (10): 33–46.

[2] BAI Guoping, ZHENG Lei. Distribution patterns of giant gas fields in the world[J]. Natural Gas Geoscience, 2007, 18 (2): 161–167.

[3] JIA Ailin, YAN Haijun, GUO Jianlin, et al. Development characteristics for different types of carbonate gas reservoirs[J]. Acta Petrolei Sinica, 2013, 34 (5): 914–923.

[4] JIA Ailin, YAN Haijun. Problems and countermeasures for various types of typical carbonate gas reservoirs development[J]. Acta Petrolei Sinica, 2014, 35 (3): 519–527.

[5] CUI Yu, LI Hongjun, FU Lixin, et al. Characteristics, main controlling factors and development model of Ordovician buried-hill reservoir in Beidagang structural belt, Qikou sag[J]. Acta Petrolei Sinica, 2018, 39 (11): 1241–1252.

[6] ZAN Nianmin, WANG Yanzhong, CAO Yingchang, et al. Characteristics and development patterns of reservoir space of the Lower Paleozoic buried hills in Dongying Sag, Bohai Bay Basin[J]. Oil & Gas Geology, 2018, 39 (2): 355–365.

[7] XIAO D, TAN X C, XI A H, et al. An inland facies-controlled eogenetic karst of the carbonate reservoir in the Middle Permian Maokou Formation, southern Sichuan Basin, SW China[J]. Marine and Petroleum Geology, 2016, 72: 218–233.

[8] CHEN Honghan, WU You, ZHU Hongtao, et al. Eogenetic karstification and reservoir formation model of the Middle- Lower Ordovician in the northeast slope of Tazhong uplift, Tarim Basin[J]. Acta Petrolei Sinica, 2016, 37 (10): 1231–1246.

[9] LIAO Tao, HOU Jiagen, CHEN Lixin, et al. Evolutionary model of the Ordovician karst reservoir in Halahatang oilfield, northern Tarim Basin[J]. Acta Petrolei Sinica, 2015, 36 (11): 1380–1391.

[10] XIAO D, ZHANG B J, TAN X C, et al. Discovery of a shoal-controlled karst dolomite reservoir in the Middle Permian Qixia Formation, northwestern Sichuan Basin, Southwest China[J]. Energy Exploration & Exploitation, 2018, 36 (4): 686–704.

[11] YANG Haijun, HAN Jianfa, SUN Chonghao, et al. A development model and petroleum exploration of karst reservoirs of Ordovician Yingshan Formation in the northern slope of Tazhong palaeouplift[J]. Acta Petrolei Sinica, 2011, 32 (2): 199–205.

[12] XIE Kang, TAN Xiucheng, FENG Min, et al. Eogenetic karst and its control on reservoir in the Ordovician Majiagou Formation, eastern Sulige gas field, Ordos Basin, NW China[J]. Petroleum Exploration and Development, 2020, 47 (6): 1159–1173.

[13] FENG Renwei, OUYANG Cheng, PANG Yanjun, et al. Evolution modes of interbedded weathering crust karst: A case study of the 1st and 2nd members of Ordovician Yingshan Formation in EPCC block, Tazhong, Tarim Basin[J]. Petroleum Exploration and Development, 2014, 41 (1): 45–54.

[14] LU Xinbian, HU Wenge, WANG Yan, et al. Characteristics and development practice of fault-karst carbonate reservoirs in Tahe area, Tarim Basin[J]. Oil & Gas Geology, 2015, 36 (3): 347–355.

[15] DING Zhiwen, WANG Rujun, CHEN Fangfang, et al. Origin, hydrocarbon accumulation and oil-gas enrichment of fault-karst carbonate reservoirs: A case study of Ordovician carbonate reservoirs in South Tahe area of Halahatang oilfield, Tarim Basin[J]. Petroleum Exploration and Development, 2020, 47 (2): 286–296.

[16] ZHANG Wenbiao, DUAN Taizhong, LI Meng, et al. Architecture characterization of Ordovician fault-

controlled paleokarst carbonate reservoirs in Tuoputai, Tahe oilfield, Tarim Basin, NW China[J]. Petroleum Exploration and Development, 2021, 48（2）: 314–325.
[17] RONCHI P, ORTENZI A, BORROMEO O, et al. Depositional setting and diagenetic processes and their impact on the reservoir quality in the late Visean–Bashkirian Kashagan carbonate platform（Pre-Caspian Basin, Kazakhstan）[J]. AAPG Bulletin, 2010, 94（9）: 1313–1348.
[18] ZHOU Yucheng, CHEN Qinghua, SUN Ke, et al. Distribution characteristics and development model of karst in Hunan area[J]. Journal of China University of Petroleum（Edition of Natural Science）, 2020, 44（4）: 163–173.
[19] LI Wenzheng, WEN Long, GU Mingfeng, et al. Development models of Xixiangchi Formation karst reservoirs in the Late Caledonian in the central Sichuan Basin and its oil-gas exploration implications[J]. Natural Gas Industry, 2020, 40（9）: 30–38.
[20] MA Xinhua, YAN Haijun, CHEN Jingyuan, et al. Development patterns and constraints of superimposed karst reservoirs in Sinian Dengying Formation, Anyue gas field, Sichuan Basin[J]. Oil & Gas Geology, 2021, 42（6）: 1281–1294, 1333.
[21] MA Xinhua, YANG Yu, WEN Long, et al. Distribution and exploration direction of medium-and large-sized marine carbonate gas fields in Sichuan Basin, SW China[J]. Petroleum Exploration and Development, 2019, 46（1）: 1–13.
[22] XIE Jun. Innovation and practice of the key technologies for the efficient development of the supergiant Anyue gas field[J]. Natural Gas Industry, 2020, 40（1）: 1–10.
[23] LI Xizhe, GUO Zhenhua, WAN Yujin, et al. Geological characteristics and development strategies for Cambrian Longwangmiao Formation gas reservoir in Anyue gas field, Sichuan Basin, SW China[J]. Petroleum Exploration and Development, 2017, 44（3）: 398–406.
[24] YANG Yueming, YANG Yu, YANG Guang, et al. Gas accumulation conditions and key exploration & development technologies of Sinian and Cambrian gas reservoirs in Anyue gas field[J]. Acta Petrolei Sinica, 2019, 40（4）: 493–508.
[25] YAN Haijun, PENG Xian, XIA Qinyu, et al. Distribution features of ancient karst landform in the fourth Member of the Dengying Formation in the Gaoshiti-Moxi region and its guiding significance for gas reservoir development[J]. Acta Petrolei Sinica, 2020, 41（6）: 658–670, 752.
[26] YAN Haijun, JIA Ailin, GUO Jianlin, et al. Geological characteristics and development techniques for carbonate gas reservoir with weathering crust formation in Ordos Basin, China[J]. Energies, 2022, 15（9）: 3461.
[27] JIN Mindong, TAN Xiucheng, TONG Mingsheng, et al. Karst paleogeomorphology of the fourth Member of Sinian Dengying Formation in Gaoshiti-Moxi area, Sichuan Basin, SW China: Restoration and geological significance[J]. Petroleum Exploration and Development, 2017, 44（1）: 58–68.
[28] YAN Haijun, HE Dongbo, XU Wenzhuang, et al. Paleotopography restoration method and its controlling effect on fluid distribution: A case study of the gas reservoir evaluation stage in Gaoqiao, Ordos Basin[J]. Acta Petrolei Sinica, 2016, 37（12）: 1483–1494.
[29] XIA Qinyu, YAN Haijun, XU Wei, et al. Paleokarst microtopography of the Sinian top and its development characteristics in Moxi area, central Sichuan Basin[J]. Acta Petrolei Sinica, 2021, 42（10）: 1299–1309, 1336.
[30] WANG Lu, YANG Shenglai, LIU Yicheng, et al. Experiments on gas supply capability of commingled production in a fracture-cavity carbonate gas reservoir[J]. Petroleum Exploration and Development, 2017, 44（5）: 779–787.

[31] YAN Haijun, DENG Hui, WAN Yujin, et al. The gas well productivity distribution characteristics in strong heterogeneity carbonate gas reservoir in the fourth Member of Dengying Formation in Moxi area, Sichuan Basin[J]. Natural Gas Geoscience, 2020, 31(8): 1152–1160.

[32] YAN Haijun, JIA Ailin, MENG Fankun, et al. Comparative study on the reservoir characteristics and development technologies of two typical karst weathering-crust carbonate gas reservoirs in China[J]. Geofluids, 2021, 2021: 6631006.

[33] XU Zhehang, LAN Caijun, HAO Fang, et al. Difference of mound-bank complex reservoir under different palaeogeographic environment of the Sinian Dengying Formation in Sichuan Basin[J]. Journal of Palaeogeography, 2020, 22(2): 235–250.

[34] QIANG Shentao, SHEN Ping, ZHANG Jian, et al. The evolution of carbonate sediment diagenesis and pore fluid in Dengying Formation, central Sichuan Basin[J]. Acta Sedimentologica Sinica, 2017, 35(4): 797–811.

[35] LIU Hong, MA Teng, TAN Xiucheng, et al. Origin of structurally controlled hydrothermal dolomite in epigenetic karst system during shallow burial: An example from Middle Permian Maokou Formation, central Sichuan Basin, SW China[J]. Petroleum Exploration and Development, 2016, 43(6): 916–927.

[36] LI Wenke, ZHANG Yan, ZHANG Baomin, et al. Origin, characteristics and significance of collapsed-paleocave systems in Sinian to Permian carbonate strata in Central Sichuan Basin, SW China[J]. Petroleum Exploration and Development, 2014, 41(5): 513–522.

[37] WEI Guoqi, YANG Wei, XIE Wuren, et al. Formation mechanisms, potentials and exploration practices of large lithologic gas reservoirs in and around an intracratonic rift: Taking the Sinian-Cambrian of Sichuan Basin as an example[J]. Petroleum Exploration and Development, 2022, 49(3): 465–477.

[38] DING Bozhao, ZHANG Guangrong, CHEN Kang, et al. Genesis research of collapsed-paleocave systems in Sinian carbonate strata in central Sichuan Basin, SW China[J]. Natural Gas Geoscience, 2017, 28(8): 1211–1218.

[39] WANG Yuan, WANG Shaoyong, YAN Haijun, et al. Microbial carbonate sequence architecture and depositional environments of Member IV of the Late Ediacaran Dengying Formation, Gaoshiti-Moxi area, Sichuan Basin, Southwest China[J]. Geological Journal, 2021, 56(8): 3992–4015.

[40] ZHANG Junlong, HU Mingyi, FENG Zihui, et al. Types of the Cambrian platform margin mound-shoal complexes and their relationship with paleogeomorphology in Gucheng area, Tarim Basin, NW China[J]. Petroleum Exploration and Development, 2021, 48(1): 94–105.

[41] YAN Haijun, JIA Ailin, JI Guang, et al. Gas-water distribution characteristic of the karst weathering crust type water-bearing gas reservoirs and its development countermeasures: Case study of Lower Paleozoic gas reservoir in Gaoqiao, Ordos Basin[J]. Natural Gas Geoscience, 2017, 28(5): 801–811.

[42] MA Debo, WANG Zecheng, DUAN Shufu, et al. Strike-slip faults and their significance for hydrocarbon accumulation in Gaoshiti-Moxi area, Sichuan Basin, SW China[J]. Petroleum Exploration and Development, 2018, 45(5): 795–805.

[43] LOUCKS R G. Origin and attributes of paleocave carbonate reservoirs[M]. Karst Waters Institute Special Publication, 1999, 5: 59–64.

[44] MEYERS W J. Paleokarstic features in Mississippian limestones, New Mexico: JAMES N P, CHOQUETTE P W. Paleokarst[M]. New York: Springer, 1988: 306–328.

[45] ESTEBAN M. Palaeokarst: Practical applications: WRIGHT V P, ESTEBAN M, SMART P L. Palaeokarsts and Palaeokarstic Reservoirs[D]. Reading: University of Reading, 1991: 89–119.

摘自:《Petroleum Exploration and Development》, 2022, 49(4): 810-823

川中震旦系灯四段岩溶储层特征与发育模式

闫海军[1,2]　何东博[2]　贾爱林[2]　李治平[1]　郭建林[2]　彭　先[3]　孟凡坤[4]
李新豫[2]　朱占美[3]　邓　惠[3]　夏钦禹[2]　郑国强[2]　杨　山[3]　石晓敏[2]

1. 中国地质大学（北京）；2. 中国石油勘探开发研究院；
3. 中国石油西南油气田公司；4. 长江大学

摘要： 基于钻井、录井、测井和地震等资料，系统分析四川盆地中部震旦系灯影组四段（简称灯四段）古老岩溶型碳酸盐岩储空间特征、储层类型和分布特征，构建岩溶储层发育模式，支撑气藏实现高效开发。研究表明，灯四段储层主要储渗空间为小尺度溶洞和裂缝，发育缝洞型、孔洞型和孔隙型 3 种储层类型。明确岩溶储层发育特征，平面上自岩溶台地到岩溶斜坡岩溶厚度由 65m 增加到 170m，优质储层厚度由 25.0m 增加到 42.2m，纵向上灯四段顶部储层多层展布，呈现顺层溶蚀和顺缝溶蚀特征，底部储层存在 3~5 套规模较大的缝洞系统，呈现平行于岩溶期古水平面溶蚀特征。综合储层发育特征，从成因机制出发，建立灯四段层溶体、缝溶体和面溶体 3 类储层发育模式。构建 3 类岩溶储层发育模式，明确其地震响应特征，为井位部署和轨迹设计提供参数依据，优化单井和气藏开发指标，气藏开发设计产能由初期的年产 $36\times10^8m^3$ 提升到 $60\times10^8m^3$，大幅增加了气藏开发效益。

关键词： 气藏特征；岩溶储层；溶洞；层溶体；缝溶体；面溶体；发育模式；震旦系灯影组；四川盆地中部

0 引言

碳酸盐岩气藏是一种重要的气藏类型，在天然气储量和产量结构中占有重要地位[1-4]，截至 2020 年年底，全球碳酸盐岩天然气可采储量约占天然气总可采储量的 45.6%，碳酸盐岩储层天然气产量约占天然气总产量的 60%。中国石油天然气股份有限公司（简称中石油）碳酸盐岩气藏探明储量占常规气探明储量的 52.6%，产量占常规气产量的 36.6%，在未来相当长一段时间内，碳酸盐岩气藏都是常规天然气上产的主体。岩溶是中国碳酸盐岩储层发育的重要控制因素，储层发育特征研究贯穿天然气勘探开发全过程，岩溶储层发育模式研究对于岩溶型碳酸盐岩气藏高效开发至关重要。

前人针对岩溶储层发育特征和发育模式开展了多方面研究并取得了系列成果认识，建立了潜山岩溶、层间岩溶、断溶体岩溶等多种发育模式，有效指导了渤海湾盆地、塔里木盆地、鄂尔多斯盆地和四川盆地岩溶型碳酸盐岩气藏的勘探开发[5-19]。目前，四川盆地中部（简称川中）安岳气田震旦系灯影组四段（简称灯四段）气藏建立了"叠合岩溶"的岩溶模式[20]，明确了岩溶储层发育的分区分带特征，支撑了气藏开发评价和选区，但对于储层成因机制认识不清，尚未建立科学的储层发育模式，建产井部署风险较大。本文通过多种资料综合对比分析，从岩溶储层成因机制出发，采用动态与静态结合、地质与地震相结合的

基金项目： "十三五"国家重大专项"复杂天然气藏开发关键技术"（编号：2016ZX05015）；中国石油天然气股份有限公司"十四五"前瞻性基础性科技项目"风化壳型碳酸盐岩气藏提高采收率技术研究"（编号：2021DJ1504）。

研究方法分析储层发育特征,从而构建岩溶储层发育模式,以期为开发井位部署和轨迹优化设计提供参数依据,同时优化气井开发指标和气藏开发规模。

1 气藏概况

川中安岳气田位于四川省中部资阳市、重庆市潼南县境内(图1a),位于乐山—龙女寺古隆起的东端,其构造为古隆起背景上的一个大型潜伏构造[21-24]。震旦系气藏发育灯影组二段(简称灯二段)和灯四段两套储层,均为受不整合面控制的岩溶型碳酸盐岩气藏,其中灯四段表现为桐湾运动Ⅱ幕和Ⅲ幕两期风化壳的叠合(图1b),呈现叠合岩溶发育特征[20]。安岳气田以西为德阳—安岳裂陷槽,向西灯四段快速尖灭,地层残余厚度为280~380m。依据电性和岩性特征,灯四段自上而下可划分为灯四$_2$亚段和灯四$_1$亚段,前者包括灯四$_2^1$、灯四$_2^2$和灯四$_2^3$共3个小层,后者包括灯四$_1^1$、灯四$_1^2$和灯四$_1^3$共3个小层。

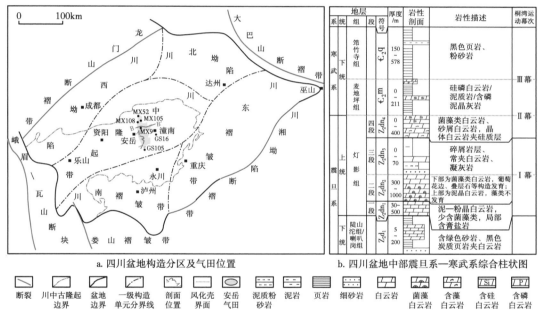

图1 川中震旦系气藏构造位置及震旦系—寒武系综合柱状图

震旦系是四川盆地最古老的含油气层系,川中灯四段气藏埋深4953~5535m,平均孔隙度为3.3%,平均渗透率为0.5mD,综合研究表明气藏成藏条件优越、含气面积大、储量规模大、局部发育地层水[25-30]。截至2020年年底,川中震旦系灯四段气藏探明天然气地质储量为5908.2×10^{8}m^3。随着气藏开发评价动静态资料的增加,气藏也呈现出一定的复杂性[31-32],主要表现在:(1)储层大面积连片分布,但受沉积、成岩差异和裂缝发育程度的影响,储层非均质性较强;(2)个别探井具有很高的产能,但受储层发育特征认识不清的影响,早期评价井产能差异大;(3)开发初期部分气井能够实现高产稳产,但60%以上为低产气井,气藏效益开发挑战大;(4)气藏地下、地面条件复杂,开发井位优选难度高;(5)国内外同类型气藏投入开发极少,没有成功经验可供借鉴。

2 川中灯四段岩溶储层特征

2.1 灯四段岩石学特征

受差异剥蚀作用影响，震旦系顶部风化壳在局部地区不均一残留寒武系麦地坪组石灰岩。综合岩心描述、薄片鉴定、岩心物性测试及录井资料分析显示，灯四段主要发育白云岩，储层岩性主要包括藻凝块白云岩、藻叠层白云岩和砂屑白云岩[33-35]（图2）。

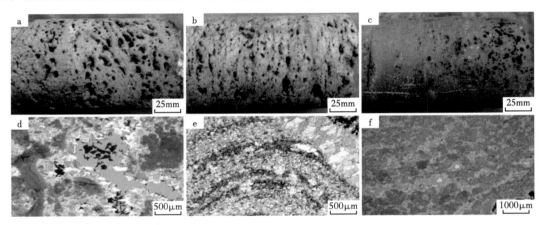

图2 震旦系灯四段储层岩石类型和特征

a. MX52井，5568.68m，藻凝块白云岩，溶蚀孔洞发育；b. MX108井，5296.67m，藻叠层白云岩，扁圆状溶洞，中洞—大洞；c. GS105井，5221.98 m，砂屑白云岩，孔洞发育；d. MX105井，5342.5 m，藻凝块白云岩，溶孔发育，缩颈喉道；e. MX9井，5447.69 m，藻叠层白云岩，晶间溶孔；f. MX105井，5324.94 m，砂屑白云岩，粒间溶孔发育

藻凝块白云岩是灯四段最主要的储集岩类，藻黏结砂屑、泥或球粒形成藻凝块或团块，岩心中能够观察到明显的溶孔（图2a、图2d），面孔率集中在3%~6%，主要储集空间为凝块间残余溶孔及后期溶孔，溶孔溶洞部分被沥青或白云石充填。

藻叠层白云岩是发育比例仅次于藻凝块白云岩的重要储集岩类，其主要为藻生长过程中形成的水平纹层状、波状或缓丘状藻叠层岩，岩溶改造作用强，溶蚀孔洞发育（图2b、图2e），岩心观察面孔率主要为4%~8%，部分达到10%，主要储集空间为藻丝体腐烂后形成的窗格孔洞，或者是藻缠绕生长过程中形成的格架孔洞，具有顺层溶蚀分布的特征。

砂屑白云岩形成于水动力较强的环境，发育砂屑、残余砂屑及细—粉晶亮晶白云石，白云石具有"雾心亮边"特征，颗粒结构明显（图2c、图2f），面孔率集中在1%~4%，主要储集空间为粒间和粒内溶孔，可见沥青充填。

2.2 灯四段储集空间特征

不同于塔里木盆地断溶体储层发育模式下的大缝大洞特征，四川盆地震旦系灯四段岩溶储层储集空间主要为中、小尺度的孔、缝和洞，整体表现为以小缝小洞为主的特征[34-45]。小尺度溶洞孔隙度占总孔隙度的70%左右，是主要储集空间，溶洞中又以中小尺度溶洞为主，其中直径为2~5mm的小洞数量占78.1%，直径为5~20mm的中洞数量占15.8%，直径大于20mm的大洞数量仅占6.1%，同时储层微裂缝发育，可大幅增加储层渗透性。

受表生期淡水溶蚀和后期成岩改造作用控制，裂缝和溶洞有被沥青、白云石、石英和泥质充填的现象。在电成像测井图像上，沥青、白云石和石英充填都呈高阻亮色和基质色，而泥质充填呈暗色或黑色。采用岩心标定成像测井的方法，能够计算出不同深度的面孔率和连通性指数。面孔率表示井壁单位面积里总的孔洞面积所占百分比，能够间接反映孔隙度大小。连通性指数表示孔洞的导电性能强弱，导电性能强，则孔洞的连通性好，可作为渗透性指标。依据面孔率和连通性指数，能够对溶洞/孔的有效性进行定量评价（图3）。对于溶蚀孔洞的产状，利用岩溶期顺层溶蚀的产状间接获得。对于裂缝识别来说，裂缝的发育类型、特征、填充程度等信息通过电成像测井图像进行识别。高阻缝一般被胶结、没有渗透性，是闭合缝；高导缝有可能充填钻井液、或泥质及其他导电矿物，需要结合声波扫描测井进行综合判别。综合评价结果表明，灯四段解释连通面孔率为2%~11%、孤立面孔率为1%~4%、连通性指数为0~0.013。

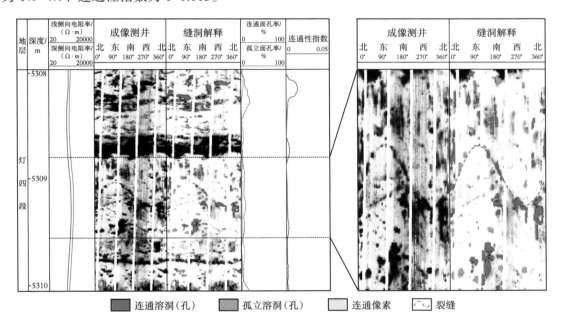

图3　不同储集空间成像测井识别

2.3　岩溶储层分布特征

灯四段顶部由于遭受长期的区域性暴露和大气降水淋滤，地表形成明显的可作为层序界面的区域不整合面。受地貌高低、地层倾角、致密层及断裂发育程度等因素控制，地表、地下水体沿着原始地层储渗介质高速紊流、渗流、离散流等流动，侵蚀和溶蚀作用显著，灯四段顶部岩溶影响面积大，溶蚀地层厚度大。灯四段底部受基准面变化、海平面升降及潜水水平面的规律性变化等影响，存在多期大气淡水透镜体，在大气淡水透镜体的顶部和底部分别存在1个混合溶蚀区。顶部的混合溶蚀区是指上部近似垂向的大气水与下部水平方向流动大气水的混合，这两种不同方向流体的混合会造成对碳酸盐不饱和并产生溶蚀作用，可形成层状孔洞。而底部的混合溶蚀区是指大气淡水与海水的混合（盐跃层），这两种不同性质的流体混合同样会造成碳酸盐岩的溶蚀作用。同时，向岸方向潜水面与盐跃层还可能压缩形成两个强化学反应带相叠合的水平层状溶蚀区带，即在大气淡水透镜体的边缘由于两种混合溶蚀区的叠加效应导致形成所谓的边缘侧翼溶洞。岩心和薄片资料证实，临近海岸的 GS102 井溶洞内被泥质和白云石充填，微量元素测试溶洞充填物中 Sr 含量为 337.42×10^{-6}，Ba 含量为 336.22×10^{-6}，Sr 含量与 Ba 含量比值为 1，揭示其为大气淡水和海水混合作用成因机制。综合认为灯四段底部受大气淡水透镜体顶底部存在的混合溶蚀作用控制，岩溶影响面积相对局限，溶蚀地层厚度较薄，在靠近海岸带的区域发育大型溶洞，向内陆方向逐渐过渡为海绵状溶蚀带发育为特征。

震旦系灯四段储层整体表现出强非均质性特征，利用岩心、成像资料，主要依据储集空间类型、大小及缝洞搭配关系，综合考虑成像解释面孔率和连通性指数大小，灯四段岩溶储层分为缝洞型、孔洞型和孔隙型 3 种类型[38-42]（图 4）。整体来说，缝洞型储层裂缝和溶洞均较发育，储层储渗性能最好，是灯四段气藏 I 类储层。该类储层孔隙度为 2%~12%，

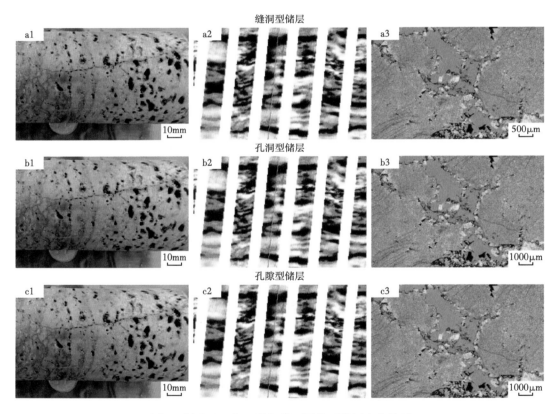

图 4　川中地区灯四段气藏不同类型储层发育特征

a 为缝洞型储层，b 为孔洞型储层，c 为孔隙型储层；1 为岩心照片，2 为成像测井，3 为薄片照片。其中，a1. MX105 井，5326.18m，藻凝块白云岩，裂缝沟通溶孔；a2. MX105 井，5325.20~5325.40m，高亮背景下暗色正弦线状影像和暗色斑点分布；a3. MX105 井，5325.30m，溶蚀孔洞和裂缝搭配好；b1. MX108 井，5296.67m，藻叠层白云岩，扁圆状溶洞；b2. MX105 井，5315.90~5316.10m，高亮背景下暗色斑点顺层展布；b3. MX105 井，5315.90m，溶蚀孔洞发育；c1. MX13 井，5101.81m，泥晶白云岩，早期岩溶形成的针孔；c2. GS16 井，5425.90~5426.10m，亮色背景，基本不含暗色斑点或者斑块；c3. GS16 井，5425.90m，缝洞欠发育

渗透率为0.1~10.0mD，面孔率大于3%，连通性指数大于0.012（表1）。孔洞型储层裂缝欠发育、孔洞发育，储层储渗性能次之，是灯四段气藏Ⅱ类储层。该类储层孔隙度为2%~8%，渗透率为0.01~1.00mD，面孔率大于2%，连通性指数大于0.001（表1）。孔隙型储层不发育裂缝，主要为晶间孔和溶孔，溶洞发育程度远低于孔洞型及缝洞型储层，储层储渗性能最差，是灯四段气藏Ⅲ类储层。该类储层孔隙度为2%~6%，渗透率为0.001~0.100mD，面孔率小于2%，连通性指数小于0.001（表1）。3类储层中缝洞型储层最易动用，孔洞型储层易动用，两类储层是目前气田开发的主要对象，孔隙型储层较难动用。

表1 不同类型储层参数表

储层类型	裂缝发育程度	孔隙度/%	渗透率/mD	最大进汞饱和度/%	中值压力/MPa	面孔率/%	连通性指数	动用性
缝洞型	发育	2~12	0.100~10.000	≥60		≥3	≥0.012	易动用
孔洞型	欠发育	2~8	0.010~1.000	≥50	<5	≥2	≥0.001	可动用
孔隙型	不发育	2~6	0.001~0.100	<50	≥5	<2	<0.001	难动用

采用"双界面"岩溶古地貌恢复方法，结合四川盆地震旦系岩溶古地貌特征，将安岳地区震旦系岩溶风化壳平面上分为岩溶台地、岩溶斜坡和岩溶低地3个二级地貌单元和若干个三级、四级微地貌单元[25]（图5）。通过岩心刻度成像的方法，纵向上划分出地表岩溶带、垂直渗流带、水平潜流带和深部缓流带，同时水平潜流带又划分为若干个岩溶段（图6）。

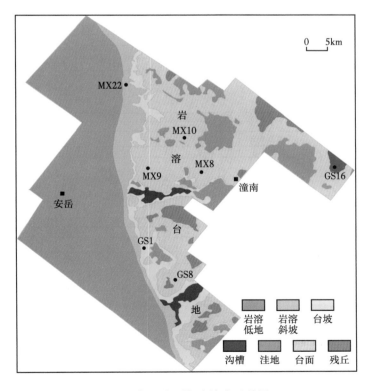

图5 灯四段顶部岩溶古地貌图

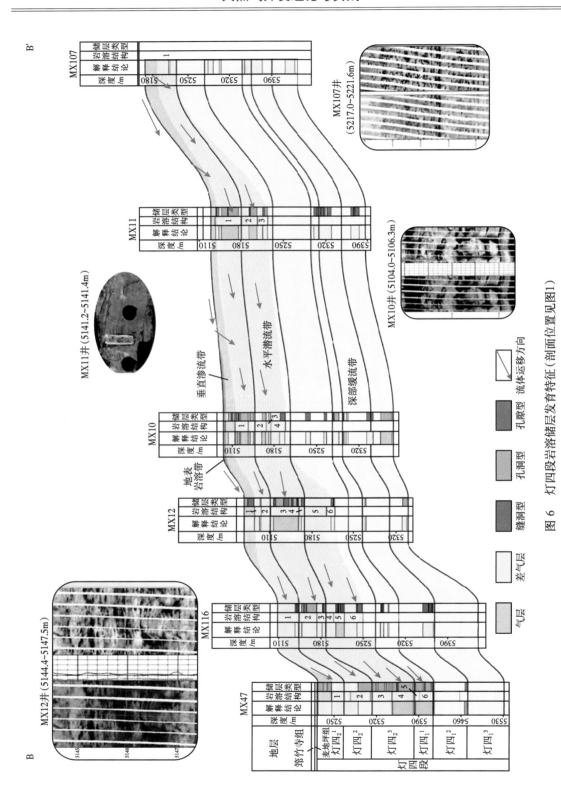

图 6 灯四段岩溶储层发育特征（剖面位置见图1）

单井解剖发现，灯四段储层纵向多层，发育2~15层不等，单层厚度约为2~10m，优质储层（缝洞型和孔洞型）主要分布在灯四段顶部，而灯四段底部个别井发育优质储层。连井对比发现，平面上从岩溶台地到岩溶斜坡，风化溶蚀深度由浅变深，风化溶蚀段数由少变多，缝洞型和孔洞型储层厚度由薄变厚（图6）。岩溶台地主要为大气淡水的补给区，岩溶斜坡主要表现为地表径流和地下渗流，随着距离补给区越远，岩溶发育厚度由65m增加到170m，岩溶段由1~2段增加到6~7段，缝洞型和孔洞型储层累计厚度由25.0m增加至42.2m。纵向上灯四段不同岩溶结构储层类型也存在差异，垂直渗流带以发育高角度溶蚀缝为主，表现为溶蚀扩大缝、蜂窝状溶蚀孔洞特征（图6）。水平潜流带以发育低角度溶蚀扩大缝为主，表现为顺层溶蚀孔洞、蜂窝状溶蚀孔洞特征。深部缓流带以发育孔隙型储层为主，局部地区发育缝洞型储层（图6）。

综合利用完钻井成像测井解释、钻井液漏失和放空数据资料研究发现，宏观上灯四段缝洞发育呈现如下特征：（1）灯四段顶部缝洞发育规模大小不一，发育位置呈现分散、随机分布特征（图7）；（2）灯四段底部缝洞发育位置在岩溶期呈现规律性分布，整体表现为"岩溶期面状展布特征"，缝洞系统发育与古潜水面平行分布，缝洞系统纵向上有3~5层（图7）；（3）灯四段顶部缝洞发育规模小，底部缝洞发育规模大（图8）。以高石梯区块为例，钻井漏失量数据统计结果显示，从顶部到底部灯四$_2^1$、灯四$_2^2$、灯四$_2^3$、灯四$_1^1$、灯四$_1^2$、灯四$_1^3$等6个小层的漏失段数分别为14，9，2，3，9，6个；其相应漏失段数的占比分别为32%，21%，5%，7%，21%，14%；其漏失量分别为1133m³，774m³，160m³，804m³，2845m³，3260m³；其相应漏失量的占比分别为12%，9%，2%，9%，32%，36%。平均单层漏失量分别为81m³，86m³，80m³，268m³，316m³，543m³。灯四段从顶部到底部，漏失量逐渐增加，底部灯四$_1^2$和灯四$_1^3$两个小层累计漏失段数为15层，占总漏失段数的35%，但是两层累计漏失为6105m³，占整个漏失量的68%。

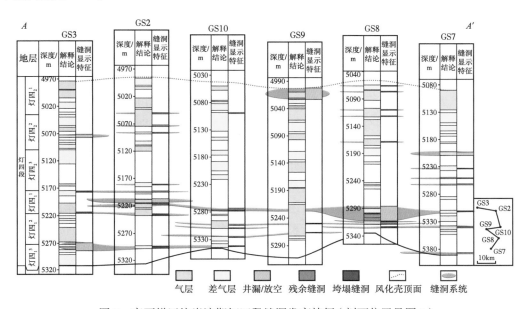

图7 高石梯区块岩溶期灯四段缝洞发育特征（剖面位置见图1）

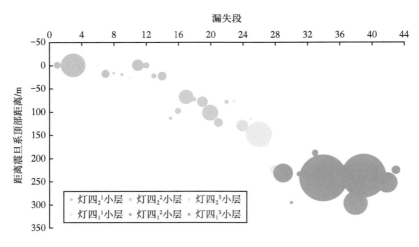

图 8 高石梯区块井漏位置距风化壳顶部深度与不同小层漏失量统计图（圆大小代表漏失量多少）

由此看出，灯四段顶部储层表现出陆地环境下岩溶储层发育的特征，其岩溶储层的发育受控于原始地层储渗介质。如果原始地层储渗介质是基质粒间孔（洞），大气淡水顺层溶蚀，岩溶储集体在横向上延伸很远，呈现出明显的层控特征。如果原始地层储渗介质基质孔洞欠发育而裂缝发育，大气淡水主要在裂缝体系及附近的基质中溶蚀，岩溶储集体呈现出明显的缝控特征。灯四段底部储层表现出海岸环境下岩溶储层发育特征，其岩溶储层的发育既不是沿层溶蚀，也不是沿缝溶蚀，而是表现为岩溶期沿淡水透镜体顶底界面溶蚀的特征。

3 川中灯四段岩溶储层发育模式构建

立足于灯四段岩溶储层分布特征，综合考虑原始地层储渗介质和地形地貌的差异性，构建震旦系灯四段岩溶储层发育模式。

3.1 岩溶储层发育模式

灯四段顶部储层受陆地环境影响，依据原始地层储渗介质是以基质孔隙（洞）为主还是以缝洞为主，将岩溶储层划分为层溶体和缝溶体。层溶体是岩溶期淡水沿原始的孔（洞）顺层溶蚀，储集空间相对均匀分布、横向渐变展布，发育规模较大、横向连通性较好的缝洞型和孔洞型储层（图9）。缝溶体是岩溶期淡水主要沿缝溶蚀，储集空间分布非均质性较强，发育规模和连通范围均差异较大的缝洞型和孔隙型储集体（图9）。灯四段底部为受海岸环境影响，无论原始地层储渗介质是孔洞还是缝洞，其岩溶储层的发育既不是沿着原始沉积界面溶蚀，也不是沿着裂缝溶蚀，而是表现出沿淡水透镜体顶底界面溶蚀的特征，该类储集体称之为面溶体。面溶体是岩溶期沿淡水透镜体顶底部界面溶蚀，储集空间以溶蚀孔洞为主，发育规模不一、横向连通性不等的沿面展布的缝洞型和孔隙型储集体（图9）。

岩溶储层发育模式见图9，安岳气田自东向西由岩溶台地到岩溶低地可依次形成补给区、地面径流/地下潜流区和汇水区。层溶体和缝溶体分布在安岳气田灯四段顶部，垂向上主要发育在垂直渗流带和水平潜流带内。安岳气田台地边缘岩溶期位于径流区的主体部位，受丘滩体和古地貌双重控制，丘滩体主体部位主要发育层溶体，丘滩体边缘主要发育缝溶体。安岳气田台地内部岩溶期位于补给区，受丘滩体更薄、硅质白云岩厚度等因素控制，主要发育缝溶体。面溶体分布在安岳气田灯四段底部，垂向上主要发育在深部缓流带内。受边缘侧翼溶洞发育影响，台缘带西侧面溶体规模较大，向台地内部方向面溶体大小不一。

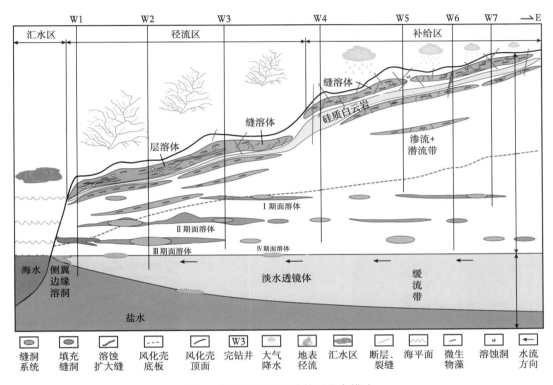

图9 震旦系气藏有效储层发育模式

3.2 不同岩溶储集体识别

由于成因机理存在差异，3类岩溶储集体在渗流通道、储集体规模、地震响应特征等方面存在较大差异，据此对其进行有效识别和预测。

层溶体储层渗流通道主要是溶洞，储集体纵向多层，横向延伸范围远，储层整体表现为层控、相控特征。通过大量岩心—测井—地震综合对比研究发现，层溶体储层的地震响应主要表现为振幅较强、频率较低、反射轴呈错段—叠瓦片状特征，通常上下为弱—杂乱反射，反射波谷较宽，两侧延伸反射成层性好，平面上呈现片状分布特征（表2）。该储层发育模式以 GS001-H2 井最为典型，该井成像显示顺层溶蚀孔洞发育，试气日产量为 $109.9×10^4m^3$。

缝溶体储层渗流通道主要是裂缝，储集体沿缝分布，规模差异较大，整体表现为缝控特征。缝溶体储层地震上主要表现为反射特征变化大、振幅相对较弱等特征，呈现不规则散珠—断蚯蚓状特点，内部为杂乱反射结构，丘形外部形态见表 2。该储层发育模式以 MX109 井最为典型，该井成像显示裂缝发育，试气日产量为 $64×10^4m^3$。

面溶体储层渗流通道是溶洞和裂缝，储层纵向呈单层或多层，整体表现为面控特征。面溶体储层地震有明显的振幅变化，主要表现为"珠状"反射特征（表 2）。面溶体储层规模差异较大，在钻井过程中容易出现井漏、放空等现象。该储层发育模式以 GS8 井最为典型，该井成像显示发育 3m 高的洞穴，试气日产量为 $54.3×10^4m^3$。

表 2 不同储层发育模式地质及地震响应特征表

发育模式	典型岩心照片	典型岩心特征	地震响应特征	典型地震剖面
层溶体		MX52 井，藻凝块白云岩，顺层溶蚀孔洞发育	低频中强振幅"叠瓦片状"反射	GS001-H2
缝溶体		MX21 井，藻砂屑白云岩，溶蚀缝、洞发育	中弱振幅杂乱"散珠状"反射	MX109
面溶体			强能量"珠状"反射	GS8

3 类岩溶储集体地质和渗流特征的差异性导致完钻气井稳产能力不同。层溶体完钻气井动态储量高、稳产条件好、稳产期长。缝溶体完钻气井动态储量相对较低、稳产条件相对较差、稳产期短。面溶体完钻气井动态储量可高可低、稳产条件不均一、稳产期可长可短。层溶体和缝溶体是目前灯四段气藏开发井位部署和产能建设的核心，而规模较大的面溶体是未来气藏接替稳产的主要开发对象。

4 开发应用及效果

4.1 为开发井位部署提供参数依据

通过建立不同储集体的地震识别模型,为开发井位部署和轨迹设计提供参数依据,大幅提高高产井比例。震旦系小尺度缝洞型储层是微生物岩沉积和岩溶期风化溶蚀综合作用的结果,储层宏观上表现为层溶体、缝溶体和面溶体3种发育模式,层溶体和缝溶体主要分布在灯四段顶部,面溶体主要分布在灯四段底部。通过综合地质研究和井震精细解剖,确定"层溶体"表现为低频中强振幅"叠瓦状"反射特征;"缝溶体"表现为中强振幅杂乱"散珠状"反射特征;"面溶体"表现为强能量"珠状"反射特征(表2)。储层发育模式的构建和相应地震识别模型的建立,为高石梯和磨溪区块6批建产井和1批接替井共64口开发井位部署和轨迹优化设计提供了参数依据,支撑安岳气田震旦系气藏测试日产 $10^6 m^3$ 气井比例由开发评价期的 41.6% 提高到产能建设期的 60%。

4.2 优化气井开发指标

评价不同储集体的气井产能特征,综合初期高产与长期稳产能力,优化气井开发指标。碳酸盐岩储层非均质性强,由于孔、缝、洞等储集空间成因复杂多样,不同成因的孔、缝、洞表现出不同尺度、不同规模的连通性,不同储层类型内部结构复杂多样,整体导致气井初期高产(测试高产)与长期稳产(稳产时间)能力不匹配,气井初期高产不一定能长期稳产,初期中低产也可能长期稳产。气井初期高产与长期稳产能力本质上受控于气井所控制的地下储渗体规模及性质,测试产量是否高产是由井眼附近的储层物性和厚度综合确定,而稳产时间是由气井所控制储渗体特征(包括规模、物性等)和单井配产决定。研究发现安岳气田灯四段气藏在相近的钻井井型、井斜等前提下,同一储层发育模式下流体宏观渗流特征相似,气井初期高产与长期稳产能力相匹配,气井测试产量的对数与动态储量的对数呈现较好的线性关系。结合这一认识,通过地质与气藏特征相结合对震旦系气井进行类型划分,综合考虑初期高产与长期稳产、建产规模和经济效益等,在完钻井仅仅测试无阻流量的前提下,很好地对不同类型气井开发指标进行优化。

4.3 优化气藏设计规模

综合不同储集体开发指标优化结果,指导气藏开发规模优化调整,支撑气藏实现高效开发。储层发育模式构建在单井提产和指标优化两方面整体上又用来优化气藏开发规模。一方面,明确不同储层发育模式下的地震响应模型,指导开发建产井产能大幅提升,气井单井配产由初期的 $13.8×10^4 m^3/d$ 提高到目前的 $23×10^4 m^3/d$。另一方面,依据不同储层发育模式的地震响应模型能够给出不同储层发育模式在平面上的分布范围,结合不同储层发育模式下气井开发指标优化结果,在考虑适度井间干扰的前提下能够推算出不同储层发育模式内完钻井数。灯四段气藏开发模式类似于非常规气藏,气藏开发规模由单井叠加获得,开发规模论证要综合考虑建产节奏和稳产接替能力。论证结果支持安岳气田灯四段台缘带气藏建产设计规模由初期的 $36×10^8 m^3$ 调整到 $60×10^8 m^3$,稳产时间10年以上。考虑到目前台缘带气藏储量动用程度只有 63%,综合考虑规模与效益指标,通过优选钻井井位持续提高气藏的储量动用程度，从而提高气藏开发规模或者是进一步延长气藏稳产期。

5 结论

不同于中国其他风化壳型碳酸盐岩气藏，震旦系灯四段岩溶气藏储层为小尺度缝洞，直径为2~5mm的小型溶洞是主要储集空间，裂缝发育可大幅度提高储层渗透性。通过岩心校正成像，实现了小尺度溶洞（溶洞直径大于3mm）和有效裂缝的定量识别。气藏发育缝洞型、孔洞型和孔隙型3类储集类型，缝洞型储层是最优质的储层类型，孔洞型储层次之，孔隙型储层最差。明确了震旦系灯四段岩溶储层发育特征，平面上由岩溶台地向岩溶斜坡过渡，岩溶厚度由65m增加到170m，岩溶段由1~2段增加到6~7段，缝洞型和孔洞型储层厚度由25.0m增加至42.2m。纵向上，灯四段顶部发育顺层溶蚀和顺缝溶蚀两类溶蚀作用，灯四段底部发育3~5期平行于古潜水面的缝洞型储层。

立足于岩溶储层分布特征，综合考虑原始地层储渗介质和地形地貌的差异性，综合分析构建了灯四段层溶体、缝溶体和面溶体3种储层发育模式。层溶体是在岩溶期淡水沿原始的孔（洞）顺层溶蚀，储集空间相对均匀分布、横向渐变展布、发育规模较大、横向连通性较好的缝洞型和孔洞型储层。缝溶体是在岩溶期淡水主要沿缝溶蚀，储集空间分布非均质性较强，发育规模和连通范围均差异较大的缝洞型和孔隙型储集体。面溶体是岩溶期沿淡水透镜体顶底部界面溶蚀，储集空间以溶蚀孔洞为主，发育规模不一、横向连通性不等的沿面展布的缝洞型和孔隙型储集体。3类发育模式储集体在渗流通道、储集体规模、高产稳产能力、地震响应特征等方面存在较大差异，据此可以对3类发育模式储集体进行有效识别和预测。

储层发育模式的认识指导了川中安岳气田震旦系灯四段气藏的高效开发：（1）建立不同类型储层发育模式下的地震响应模型，为开发井位部署和轨迹设计提供参数依据，支撑灯四段测试日产10^6m^3气井比例由评价期的41.6%提高到产能建设期的60%。（2）不同类型储层发育模式下流体宏观渗流机制存在差异，同一模式下气井无阻流量与动态储量呈现规律性变化，这一认识能够用于单井开发指标优化。（3）储层发育模式构建整体上能够用来优化气藏开发设计规模，综合考虑建产节奏和稳产潜力，论证台缘带气藏建产设计规模由初期的$36×10^8m^3$提高到$60×10^8m^3$，稳产时间10年以上，考虑进一步提高储量动用程度，通过持续优选钻井井位提高气藏开发设计规模或进一步延长气藏稳产期。

参 考 文 献

[1] 贾爱林,闫海军,郭建林,等.全球不同类型大型气藏的开发特征及经验[J].天然气工业,2014,34（10）:33-46.

[2] 白国平,郑磊.世界大气田分布特征[J].天然气地球科学,2007,18（2）:161-167.

[3] 贾爱林,闫海军,郭建林,等.不同类型碳酸盐岩气藏开发特征[J].石油学报,2013,34（5）:914-923.

[4] 贾爱林,闫海军.不同类型典型碳酸盐岩气藏开发面临问题与对策[J].石油学报,2014,35（3）:519-527.

[5] 崔宇,李宏军,付立新,等.歧口凹陷北大港构造带奥陶系潜山储层特征、主控因素及发育模式[J].石油学报,2018,39（11）:1241-1252.

[6] 昝念民,王艳忠,操应长,等.东营凹陷下古生界碳酸盐岩古潜山储层储集空间特征及发育模式[J].石

油与天然气地质, 2018, 39 (2): 355-365.

[7] XIAO D, TAN X C, XI A H, et al. An inland facies-controlled eogenetic karst of the carbonate reservoir in the Middle Permian Maokou Formation, southern Sichuan Basin, SW China[J]. Marine and Petroleum Geology, 2016, 72: 218-233.

[8] 陈红汉, 吴悠, 朱红涛, 等. 塔中地区北坡中—下奥陶统早成岩岩溶作用及储层形成模式[J]. 石油学报, 2016, 37 (10): 1231-1246.

[9] 廖涛, 侯加根, 陈利新, 等. 塔北哈拉哈塘油田奥陶系岩溶储层发育模式[J]. 石油学报, 2015, 36 (11): 1380-1391.

[10] XIAO D, ZHANG B J, TAN X C, et al. Discovery of a shoal-controlled karst dolomite reservoir in the Middle Permian Qixia Formation, northwestern Sichuan Basin, Southwest China[J]. Energy Exploration & Exploitation, 2018, 36 (4): 686-704.

[11] 杨海军, 韩剑发, 孙崇浩, 等. 塔中北斜坡奥陶系鹰山组岩溶型储层发育模式与油气勘探[J]. 石油学报, 2011, 32 (2): 199-205.

[12] 谢康, 谭秀成, 冯敏, 等. 鄂尔多斯盆地苏里格气田东区奥陶系马家沟组早成岩期岩溶及其控储效应[J]. 石油勘探与开发, 2020, 47 (6): 1159-1173.

[13] 冯仁蔚, 欧阳诚, 庞艳君, 等. 层间风化壳岩溶发育演化模式: 以塔中川庆EPCC区块奥陶系鹰一段—鹰二段为例[J]. 石油勘探与开发, 2014, 41 (1): 45-54.

[14] 鲁新便, 胡文革, 汪彦, 等. 塔河地区碳酸盐岩断溶体油藏特征与开发实践[J]. 石油与天然气地质, 2015, 36 (3): 347-355.

[15] 丁志文, 汪如军, 陈方方, 等. 断溶体油气藏成因、成藏及油气富集规律: 以塔里木盆地哈拉哈塘油田塔河南岸地区奥陶系为例[J]. 石油勘探与开发, 2020, 47 (2): 286-296.

[16] 张文彪, 段太忠, 李蒙, 等. 塔河油田托甫台区奥陶系断溶体层级类型及表征方法[J]. 石油勘探与开发, 2021, 48 (2): 314-325.

[17] RONCHI P, ORTENZI A, BORROMEO O, et al. Depositional setting and diagenetic processes and their impact on the reservoir quality in the late Visean–Bashkirian Kashagan carbonate platform (Pre-Caspian Basin, Kazakhstan)[J]. AAPG Bulletin, 2010, 94 (9): 1313-1348.

[18] 周宇成, 陈清华, 孙珂, 等. 湖南地区岩溶分布特征及其发育模式[J]. 中国石油大学学报 (自然科学版), 2020, 44 (4): 163-173.

[19] 李文正, 文龙, 谷明峰, 等. 川中地区加里东末期洗象池组岩溶储层发育模式及其油气勘探意义[J]. 天然气工业, 2020, 40 (9): 30-38.

[20] 马新华, 闫海军, 陈京元, 等. 四川盆地安岳气田震旦系气藏叠合岩溶发育模式与主控因素[J]. 石油与天然气地质, 2021, 42 (6): 1281-1294, 1333.

[21] 马新华, 杨雨, 文龙, 等. 四川盆地海相碳酸盐岩大中型气田分布规律及勘探方向[J]. 石油勘探与开发, 2019, 46 (1): 1-13.

[22] 谢军. 安岳特大型气田高效开发关键技术创新与实践[J]. 天然气工业, 2020, 40 (1): 1-10.

[23] 李熙喆, 郭振华, 万玉金, 等. 安岳气田龙王庙组气藏地质特征与开发技术政策[J]. 石油勘探与开发, 2017, 44 (3): 398-406.

[24] 杨跃明, 杨雨, 杨光, 等. 安岳气田震旦系、寒武系气藏成藏条件及勘探开发关键技术[J]. 石油学报, 2019, 40 (4): 493-508.

[25] 闫海军, 彭先, 夏钦禹, 等. 高石梯—磨溪地区灯影组四段岩溶古地貌分布特征及其对气藏开发的指导意义[J]. 石油学报, 2020, 41 (6): 658-670, 752.

[26] YAN Haijun, JIA Ailin, GUO Jianlin, et al. Geological characteristics and development techniques for carbonate gas reservoir with weathering crust formation in Ordos Basin, China[J]. Energies, 2022, 15 (9): 3461.

[27] 金民东, 谭秀成, 童明胜, 等. 四川盆地高石梯—磨溪地区灯四段岩溶古地貌恢复及地质意义[J]. 石油勘探与开发, 2017, 44(1): 58-68.

[28] 闫海军, 何东博, 许文壮, 等. 古地貌恢复及对流体分布的控制作用: 以鄂尔多斯盆地高桥区气藏评价阶段为例[J]. 石油学报, 2016, 37(12): 1483-1494.

[29] 夏钦禹, 闫海军, 徐伟, 等. 川中地区磨溪区块震旦系顶面古岩溶微地貌及其发育特征[J]. 石油学报, 2021, 42(10): 1299-1309, 1336.

[30] 王璐, 杨胜来, 刘义成, 等. 缝洞型碳酸盐岩气藏多层合采供气能力实验[J]. 石油勘探与开发, 2017, 44(5): 779-787.

[31] 闫海军, 邓惠, 万玉金, 等. 四川盆地磨溪区块灯影组四段强非均质性碳酸盐岩气藏气井产能分布特征及其对开发的指导意义[J]. 天然气地球科学, 2020, 31(8): 1152-1160.

[32] YAN Haijun, JIA Ailin, MENG Fankun, et al. Comparative study on the reservoir characteristics and development technologies of two typical karst weathering-crust carbonate gas reservoirs in China[J]. Geofluids, 2021, 2021: 6631006.

[33] 徐哲航, 兰才俊, 郝芳, 等. 四川盆地震旦系灯影组不同古地理环境下丘滩储集体的差异性[J]. 古地理学报, 2020, 22(2): 235-250.

[34] 强深涛, 沈平, 张健, 等. 四川盆地川中地区震旦系灯影组碳酸盐沉积物成岩作用与孔隙流体演化[J]. 沉积学报, 2017, 35(4): 797-811.

[35] 刘宏, 马腾, 谭秀成, 等. 表生岩溶系统中浅埋藏构造-热液白云岩成因: 以四川盆地中部中二叠统茅口组为例[J]. 石油勘探与开发, 2016, 43(6): 916-927.

[36] 李文科, 张研, 张宝民, 等. 川中震旦系—二叠系古岩溶塌陷体成因、特征及意义[J]. 石油勘探与开发, 2014, 41(5): 513-522.

[37] 魏国齐, 杨威, 谢武仁, 等. 克拉通内裂陷及周缘大型岩性气藏形成机制、潜力与勘探实践: 以四川盆地震旦系—寒武系为例[J]. 石油勘探与开发, 2022, 49(3): 465-477.

[38] 丁博钊, 张光荣, 陈康, 等. 四川盆地高石梯地区震旦系岩溶塌陷储集体成因及意义[J]. 天然气地球科学, 2017, 28(8): 1211-1218.

[39] WANG Yuan, WANG Shaoyong, YAN Haijun, et al. Microbial carbonate sequence architecture and depositional environments of Member IV of the Late Ediacaran Dengying Formation, Gaoshiti–Moxi area, Sichuan Basin, Southwest China[J]. Geological Journal, 2021, 56(8): 3992-4015.

[40] 张君龙, 胡明毅, 冯子辉, 等. 塔里木盆地古城地区寒武系台缘丘滩体类型及与古地貌的关系[J]. 石油勘探与开发, 2021, 48(1): 94-105.

[41] 闫海军, 贾爱林, 冀光, 等. 岩溶风化壳型含水气藏水分布特征及开发技术对策: 以鄂尔多斯盆地高桥区下古气藏为例[J]. 天然气地球科学, 2017, 28(5): 801-811.

[42] 马德波, 汪泽成, 段书府, 等. 四川盆地高石梯—磨溪地区走滑断层构造特征与天然气成藏意义[J]. 石油勘探与开发, 2018, 45(5): 795-805.

[43] LOUCKS R G. Origin and attributes of paleocave carbonate reservoirs[J]. Karst Waters InstituteSpecialPublication, 1999, 5: 59-64.

[44] MEYERS W J. Paleokarstic features in Mississippian limestones, New Mexico[M]//JAMES N P, CHOQUETTE P W. Paleokarst. New York: Springer, 1988: 306-328.

[45] ESTEBAN M. Palaeokarst: Practical applications[G]//WRIGHT V P, ESTEBAN M, SMART P L. Palaeokarsts and Palaeokarstic Reservoirs. Reading: University of Reading, 1991: 89-119.

摘自:《石油勘探与开发》, 2022, 49(4): 704-715

地质应用篇

单井和区块动态储量评估方法优选及应用
——以某断块小气藏为例

王晨辉 贾爱林 位云生 郭 智

中国石油勘探开发研究院

摘要：气藏动态储量是气藏开发方案制定和气藏评价的重要依据之一。为提高气藏动态储量估算的一致性和准确性，以某整装小断块气藏为研究对象，对物质平衡法和现代产量递减法等 7 种单井动态储量估算方法进行了对比评价和敏感性分析，提出了分析中可能会遇到的几种问题。同时研究了井间干扰对动态储量估算的影响，并比较了单井累加法和多井 Blasingame 方法在区块动态储量估算中的准确性。结果表明，对于单井动态储量估算，现代产量递减法操作简单、估算结果稳定、平均误差小于 1%，相比之下，常用的物质平衡法在估算结果的直线段拟合上缺乏稳定性和准确性。因此，本文推荐使用现代产量递减方法进行单井动态储量估算。其次，对于区块动态储量估算，多井 Blasingame 方法是一种有效解决井间干扰的方法，只需使用一口井即可估算整个区块的动态储量。本文使用该方法对 10 口井进行全区动态储量估算，结果显示 10 口井各自得到的区块动态储量均收敛于一个值，即断块动态储量。最后，本文探讨了井控范围内的采出程度。针对采出程度低的井，建议保持气藏压力、提高气体的膨胀性以提高采收率。

关键词：物质平衡法；现代产量递减法；动态储量；井间干扰

0 引言

储量是油气田开发的基础，剩余储量是评估当前油气田开发形势的重要指标[1-3]。剩余储量在数值上等于油藏可采储量和油藏累计采油量之差[4-7]。动态储量的估算是评价剩余油气的储量和潜力的关键。动态储量是指在现有工艺技术和井网开发方式不变的条件下，以单井或者气藏的产量和压力数据为基础，采用动态方法估算得到的储量[8-10]。与传统容积法估算的静态储量相比，动态储量通常较小[11-12]。

目前，气藏动态储量的估算方法主要分为三类：物质平衡法、现代产量递减方法及试井相关方法[5, 12-17]。动态储量的准确估算是评价气藏开发效果和预测开发动态的前提，也是调整开发规划方案的关键。本文选用两类方法共七种子方法，对动态储量进行估算，并对这些方法进行对比和评价，以明确方法的准确性和应用效果。此外，本文还考虑了井间干扰对区块动态储量估算的影响，对比了单井累加法及 Blasingame 多井模型，为确定区块动态储量提供了思路[15, 18-19]。

本文分为三个部分进行讨论。第一部分介绍了两大类共七种单井动态储量估算方法，

基金项目：中国石油股份公司"十四五"前瞻性基础性重大科技项目"复杂天然气田开发关键技术研究"（编号：2021DJ1706）资助。

并介绍了研究区块的地质和生产动态情况。第二部分对这七种方法进行了对比和讨论，分析了每种方法估算结果可能存在的问题，并进一步探讨了在多井干扰下区块动态储量估算的问题。第三部分总结了本文的研究内容，并提出相关结论。

1 方法

1.1 动态储量估算方法介绍

首先简要介绍常见的动态储量估算方法[8, 12, 20-21]：

（1）物质平衡法（Material balance method，MB）：该方法基于物质守恒原理，假设气藏开采过程中储层保持热动力学平衡状态，利用测压资料进行地质储量估算。将视地层压力为零时的累计产量视为天然气地质储量[6]。该方法所需参数相对简单，但需要足够多的压力数据及地层平均压力，因此存在一定的不确定性。

（2）现代产量递减分析方法（Rate transient analysis，RTA）：该方法以不稳定渗流理论为基础，通过对流动压力和产量数据进行转换和分析，建立变产量变压力图版。利用特征曲线等分析手段，确定储层渗流参数并估算动态储量[15-16, 21-25]。该方法具有较高的准确性，但是需要足够多的数据支持。

（3）试井方法（Well testing）：该方法基于试井理论，假设单井生产达到拟稳态，通过分析拟压力随时间的直线关系，确定动态储量。该方法适用于低渗透气藏及裂缝系统，但需要有稳定的生产压力、充足的数据及明显的递减趋势[11, 26]。

本文选取了物质平衡法和现代产量递减方法两大类方法进行研究，并分别选择了3~4种子方法，见表1[8, 21, 27]：

表1 本文选择的动态储量估算方法一览

方法名称	子方法名称	简要介绍
物质平衡法（MB）	压降指示曲线法	经典物质平衡法，绘制出 p/Z 随 G_p 变化的曲线，该曲线与 X 轴的交点即为动态储量
	Roach方法[28]	根据已知数据计算 x, y，利用线性回归得到斜率和截距，其中斜率的倒数为动态储量，截距为岩石有效压缩系数
	单位累计压降产气量方法	使用原始压力减去当前压力得到累计压力，绘制 $G_p/\Delta p$ 随 Δp 变化的曲线，根据拟合的直线与原始压力的交点，读取计算与 Y 轴交点得到动态储量
现代产量递减法（RTA）	Blasingame方法	使用物质平衡时间，使拟稳态阶段的定压定产阶段的曲线重合，以准确处理变产量问题
	Agrawal-Gardner方法	通过建立无因次时间依赖于井控半径的模型，降低拟合分析的多解性
	NPI方法	图版纵轴为规整化压力，降低数据分散的影响
	FMB流动物质平衡法	使用井底流压代替地层压力，不需要关井测量静压

物质平衡法的基本假设是开发过程中，储层保持热动力学平衡，各点的压力处于平衡状态。一般气藏可分为定容气藏、封闭气藏和水驱气藏。根据气藏类型的不同，实际气藏被简化为一个或者多个封闭或者有水侵的容器，在开发过程中，气体和水的体积变化遵循物质守恒原理，从而建立物质平衡方程。气藏平均压力是物质平衡法估算动态储量的关键

参数之一。关井测压可以比较准确地获取气藏的压力,但对测试工作要求较高且会影响生产,因此在实际生产过程中很少进行关井测压。此时可以通过井口静压折算和加权平均的方式计算气藏平均压力[8]。

相比之下,产量递减方法采用单井日常生产数据进行分析,主要包括经典的 Arps 递减方法[29],Fetkovich 典型曲线拟合法[16],现代的 Blasingame 方法[23, 30],Agarwal-Gardner 方法[31]及 FMB 流动物质平衡法[25]。这些方法均基于均质地层不稳定渗流理论,适用于边界控制流阶段。不同方法适用于不同的条件,例如 Fetkovich 方法适用于恒定产量问题,而 Blasingame 方法则可以应用于变产量问题。Blasingame 方法通过引入物质平衡时间、产量规整化压力等手段,来处理变产量变压力问题,从而减少解释结果的多解性[16, 23]。

1.2 研究对象介绍

本文的研究对象是中国南方某断块气藏,图 1 所示为该气藏的顶界构造图及井位图。该气藏为复杂断块气藏,沉积环境为辫状河三角洲前缘沉积,主要沉积微相为水下分流河道及河口沙坝微相。该区域内构造破碎复杂,存在多个封闭断层和小而密集的断块,垂向含油层系多,侧向油气层受断块局限,一般各个断块为独立的油气系统。本文的研究对象为 A 断块,它是一种层状构造气藏,主要储层为古近系流沙港组流二段和流三段,边底水不发育,天然能量弱。该气藏埋藏深度为 2800~3000m,原始地层压力为 24~30MPa;储层孔隙度为 14.3%,渗透率为 23.3mD,物性条件属于中孔中渗;储层具有良好的连通性;构造高部位气层厚度为 47m,构造低部位厚度为 3~6m,上报静态储量为 $20.9\times10^8\text{m}^3$。

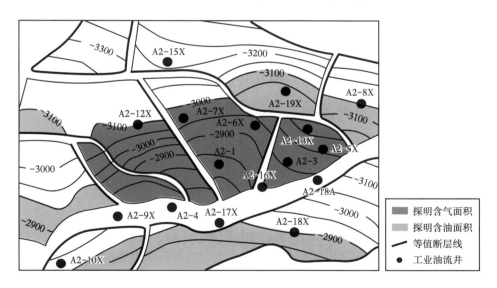

图 1 A 断块储层顶界构造图

研究对象 A 断块共布置了 10 口井。截至目前,该气藏累计产出天然气 $5.66\times10^8\text{m}^3$,地层压力为 10.6MPa,相比于原始地层压力,该断块压力保持在中等水平,且具有较大的剩余储量。图 2 给出了 A-1 井的生产动态散点图,自 2000 年投产以来,该井的日产气量和日产油量一直呈现下降趋势,压力衰竭速度较快。结合地质资料,该断块整体地层能量供给不足。

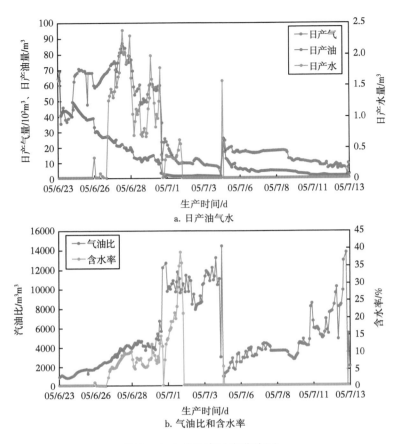

图 2 A-1 井生产动态曲线图

2 评估方法对比与结果分析

本节使用表 1 中的物质平衡法和现代产量递减法两大类方法估算 A 断块的动态储量。首先对两类方法的子方法进行对比，然后进行横向对比，总结不同方法存在的问题和使用的经验。最后探讨考虑井间干扰情况下的断块动态储量估算。

2.1 物质平衡法

图 3 展示了压降指示曲线法、Roach 方法和单位累计压降产气量方法在 A-1 井的计算结果。图中各个参数的含义如下：p 为井底流压，MPa；Z 为天然气压缩因子，无因次；G_p 为天然气累计产量，$10^8 m^3$；i 为原始状态，无因次；G 为估算的动态储量，$10^8 m^3$；R^2 为拟合的相关系数，无因次；Roach 方法中的横坐标 $x=\dfrac{G_p p_i/Z_i}{(\Delta p) p/Z}$，$10^8 m^3/MPa$；纵坐标 $y=\dfrac{1}{\Delta p}\left(\dfrac{p_i/Z_i}{p/Z}-1\right)$，$MPa^{-1}$。

结果表明，压降指示曲线法估算的动态储量为 $2.23\times 10^8 m^3$，Roach 方法和单位累计压降产气量方法的结果相近，分别为 $1.83\times 10^8 m^3$，$1.87\times 10^8 m^3$。使用压降指示曲线法时，需要注意对原始压力进行校正，使拟合直线与 Y 轴的交点在数值上等于 p_i/Z_i。

图 4 展示了 A-17X 井的压降指示曲线。其中，图 4a 为前期生产数据（2008—2010 年）的指示曲线，呈现出合理的直线段，图 4b 显示了前期加中期（2008—2016 年）生产数据，明显不存在直线段。因此，在进行动态储量估算时，应该区分开不同时期的生产数据，不能将其放到同一个图上进行比较。对于本例而言，中期数据缺乏直线段的原因可能是生产中期工艺措施发生变化，例如在 2013 年进行了柱塞气举作业，导致压降指示曲线无法呈现合理的直线段。

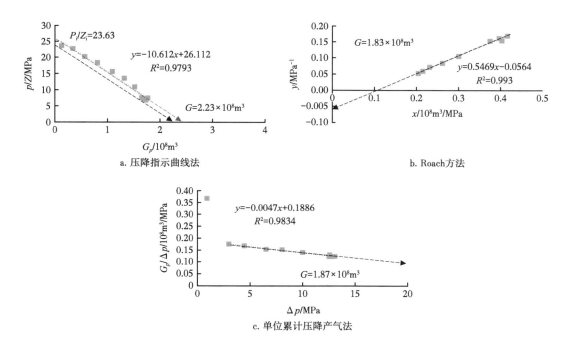

图 3 A-1 井三种物质平衡法指示曲线和估算动态储量示意

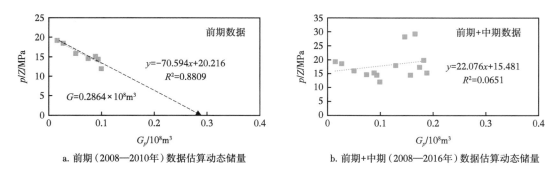

图 4 A-17X 井的压降指曲线

图 5 展示了 A-16X 井采用压降指示曲线法估算初期、中期、后期的动态储量，分别为 $0.67×10^8m^3$，$1.38×10^8m^3$ 和 $2.51×10^8m^3$，可以看到该井控制的动态储量逐渐增加。动态储量受到波及范围或者生产措施的影响，因此会发生变化。另外，A-16X 井后期进行后备层补孔作业，也导致井控动态储量增大。

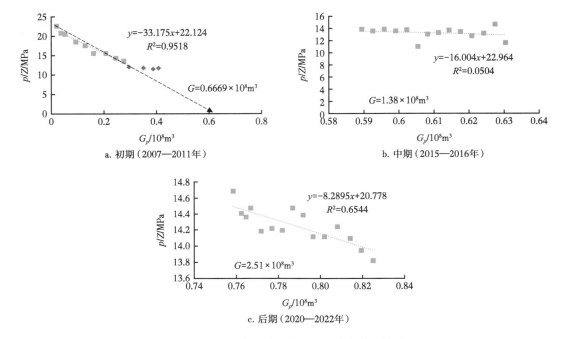

图 5 A-16X 井不同生产时期的动态储量结果

本文研究的 10 口井中，压降指示曲线法在 90% 的井都能出现合理的直线段，因此是最值得推荐的方法。单位累计产气量法在 50% 的井存在直线段，表现中等，但由于该方法不依赖压缩系数，仅使用压力和产量数据，因此较为推荐。相比之下，Roach 方法只有 10% 的井存在合理直线段，大多数井无法得出合理的结果，因此该方法不被推荐。需要注意的是，由于本区块属于中孔中渗的封闭断块，满足物质平衡法的基本假设，因此并不是区块的原因导致 Roach 方法无法获得直线段。文献调研显示，Roach 方法对于原始压力非常敏感，计算中的横纵坐标值与原始数据之间关系密切，因此不容易出现直线段[8]。因此，在物质平衡方法中，经典的压降指示曲线法最值得推荐，其次是单位累计压降产气量方法，而 Roach 方法不被推荐使用。

2.2 现代产量递减法

通过使用 IHS Harmony 软件[32]（2016v3）进行图版拟合，得到了 4 种方法估算的动态储量，具体结果见表 2。通过对单井横向数据的对比，可以看出 4 种方法之间的计算结果非常接近。为了定量计算方法的平均误差，首先计算每口井的平均动态储量，然后计算每种方法和平均结果的误差，从而获得每种方法的平均误差。使用如下公式计算平均误差：

$$E = \frac{\sum_{i=1}^{N_d} \dfrac{G_i - \overline{G_t}}{\overline{G_t}}}{N_d} \times 100\% \tag{1}$$

式中，E 为平均误差，无因次；$i=1, 2, \cdots, N_d$ 是井号，无因次；G_i 是某方法估算的动态储量，

$10^8 \mathrm{m}^3$；$\overline{G_t}$ 是四种方法估算的平均动态储量，$10^8 \mathrm{m}^3$。

依次计算 4 种方法的平均误差，结果分别为 0.72%，1.04%，-1.61%，-0.15%，这些误差均非常小，其中 Blasingame 方法和 FMB 方法的相对误差最小，结果表明 4 种方法均有良好的可靠性和准确性。

表 2 现代产量递减方法估算的单井动态储量（单位：$10^8 \mathrm{m}^3$）

井号	Blasingame	A-G	NPI	FMB
A-1	2.41	2.35	2.28	2.31
A-3	2.15	2.02	2.00	2.02
A-5X	1.72	1.71	1.69	1.70
A-6X	0.17	0.16	0.16	0.17
A-7X	0.31	0.31	0.31	0.31
A-13X	0.47	0.45	0.46	0.46
A-14X	0.18	0.18	0.18	0.18
A-16X	1.34	1.38	1.31	1.39
A-17X	0.25	0.26	0.26	0.26
A-18a	0.04	0.05	0.04	0.04

使用 RTA 方法的前提是确保流动状态已经达到了拟稳态边界控制流动阶段，这一点可以通过图 6 中的判别方法来确定。图 6a 显示，生产散点在后期阶段有一个明显的斜率为 -1 段，表明生产状态已经达到了拟稳态。如果流动尚未达到拟稳态阶段，则无法确定出一个准确的动态储量，此时需要确定一个波及范围内的最小的动态储量。由于散点越往左，拟合的储量越大，这种情况下可靠性也越低。因此，对于尚未达到拟稳态流的情况来说，拟合原则是将散点尽量向右拟合，确定出一个最小的动态储量（Contacted gas in place），以更准确地反映这个波及范围内的储量值。

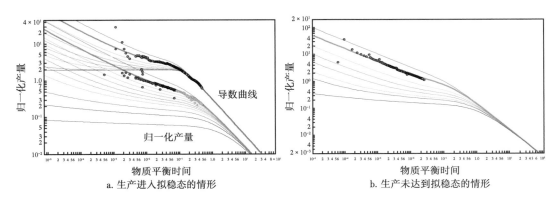

图 6 使用 A-G 图版的拟稳态判别方法

此外，不同的方法之间需要保持一致性，仅仅依靠散点和图版拟合得到的结果并不一定正确。以 A-12X 井为例，图 7a 是采用流动物质平衡法得到的结果，可以看出产能随时间的增加逐渐降低，可能是水侵或者天然气有效渗透率的降低导致。需要注意的是，FMB 的拟合除了视地层压力 p/Z 拟合上压力散点之外，气体产能指数也应该有一个合理的拟合值，如图 7a 的蓝色散点所示。另外，图 7b 和图 7c 为 Blasingame 方法的拟合情况，虽然图 7b 和图版的拟合很好，但是却没有反映出产能的降低。正确的拟合应该如图 7c，后期的拟合数据应适当偏离单位直线，这样才能确保不同方法的解释具有一致性。

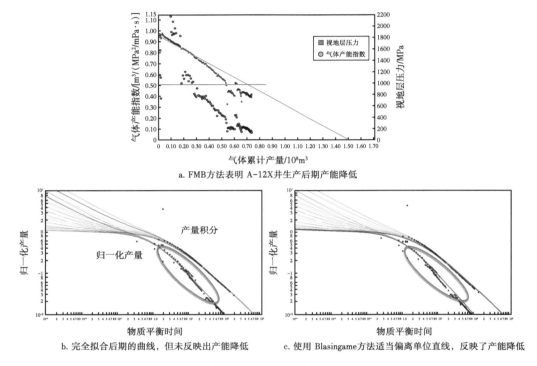

图 7 不同现代产量递减方法的对比和解释一致性展示

2.3 两类方法横向对比

本节对两类方法进行了横向对比和讨论，表 3 展示了两种方法在 A 断块 10 口井的平均计算结果及相对误差。结果显示，两类方法在多数井的结果相近，总体平均误差为 11.86%。在大多数井中，这两类方法的计算误差在 25% 以内，比如 A-1 井，A-3 井，A-5X 井，A-7X 井，A-17X 井，A-18a 井。然而，两类方法在 A-6X 井，A-13X 井的偏差超过 50%，这是由于在某些井中，物质平衡法不存在直线段，拟合相对困难，因此估算的动态储量存在偏差，结果缺乏代表性。

综上所述，如图 8 所示，物质平衡法的概念和原理简单易懂，不依赖于储层构造和油气井等参数，是应用最广泛的方法之一。然而，该方法在应用过程中必须满足一些假设条件，比如储层内压力基本均衡变化，储层为定容等。此外，该方法假定气藏压力平衡，但由于地层非均质性和开发阶段的影响，确定具有代表性的地层压力是困难的。因此，需要对结果进行原始静压校正，区分开不同时期的生产数据，以获得较好的直线段。对于不存在直线段的井，不宜采用物质平衡法，否则不确定性大。其次，合理确定气藏类型是应用该方法的前提。例如，致密气藏可能需要关井数月才能准确获得平均地层压力，这会影响气井生产，因此致密气藏压力数据 p/Z 容易分散，而不满足于定容条件假设[7]。相比之下，现代产量递减分析方法拥有成熟的软件和图版，容易上手，实用性强。现代产量递减方法可以使用井底流压进行计算，并适用于变产量问题。与物质平衡法相比，现代产量递减方法适用范围更加广泛，且具有较小的不确定性。因此，在动态储量的估算方法中，本文推荐使用现代产量递减方法。然而需要注意的是，没有任何一种方法能够适用于所有类型的气藏，只有综合应用各种分析方法，才有可能减少分析误差。

表 3 两类方法在 A 断块的动态储量估算结果对比

井号	物质平衡法 /$10^8 m^3$	现代产量递减分析法 /$10^8 m^3$	平均误差 /%
A-1	2.05	2.34	13.94
A-3	1.91	2.05	7.26
A-5X	1.50	1.70	13.62
A-6X	0.52	0.17	-68.04
A-7X	0.37	0.31	-15.68
A-13X	0.29	0.46	58.47
A-14X	—	0.18	—
A-16X	0.95	1.36	42.78
A-17X	0.29	0.26	-10.17
A-18a	0.05	0.04	-5.00
总计	—	—	11.86

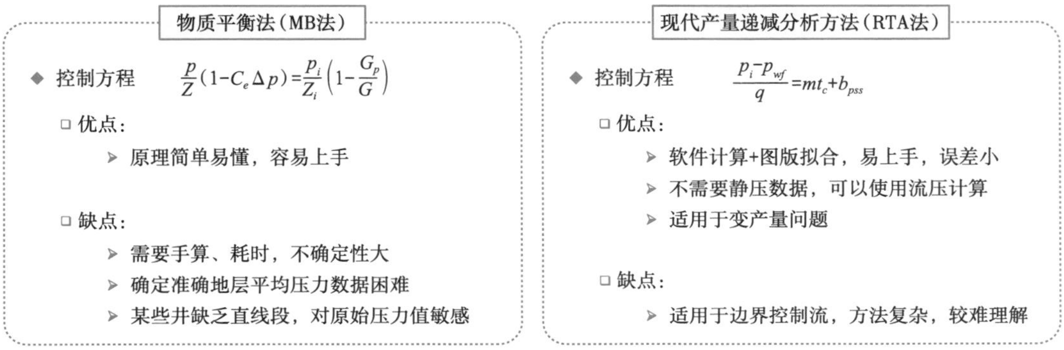

物质平衡法（MB法）
- 控制方程 $\dfrac{p}{Z}(1-C_e \Delta p) = \dfrac{p_i}{Z_i}\left(1-\dfrac{G_p}{G}\right)$
- 优点：
  - 原理简单易懂，容易上手
- 缺点：
  - 需要手算、耗时，不确定性大
  - 确定准确地层平均压力数据困难
  - 某些井缺乏直线段，对原始压力值敏感

现代产量递减分析方法（RTA法）
- 控制方程 $\dfrac{p_i - p_{wf}}{q} = m t_c + b_{pss}$
- 优点：
  - 软件计算+图版拟合，易上手，误差小
  - 不需要静压数据，可以使用流压计算
  - 适用于变产量问题
- 缺点：
  - 适用于边界控制流，方法复杂，较难理解

图 8 两类动态储量估算方法之间的对比总结

2.4 多井干扰的计算

在前面几节中，我们基于单井控制动态储量进行了计算，然而，如果要估算整个区块

的动态储量,采用单井累加法可能会存在误差,这是由于井间干扰现象的影响[18-19, 33-34, 35]。因此,本节讨论考虑井间干扰时的区块动态储量的估算方法。

首先,井间干扰是指同一油层内同时有两口以上的井生产时,一口井的生产制度发生变化,会影响到其他井的生产。如图9所示,A井最先投产,其控制的压力边界为图中曲线,随后,新钻的B井使区块的压力场发生改变,同时也改变了A井的控制边界。当区块压力场重新稳定后,A井和B井之间形成了分流线,导致A井的控制范围发生了改变。因此,对于不同时期投产的井而言,初期投产井控制的动态储量范围较大,而后期投产的井会干扰初期投产的井,使其动态储量估算值减小[33-34, 36]。

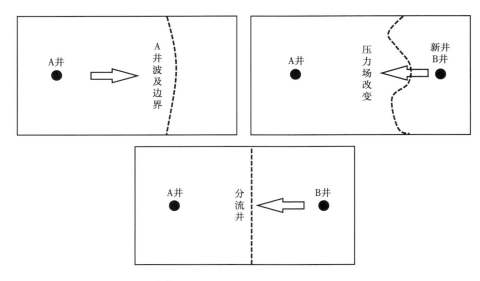

图9 井间干扰的示意图[33]（曲线表示压力传播的边界,箭头表示压力传播的方向）

多井Blasingame法可以用于区块动态储量估算,对于某个区块上的多口井,当流动达到边界控制流之后,流动方程可以写成如下形式[15]:

$$\frac{q_k(t)}{[p_i - p_{wf,k}(t)]} = \frac{1}{\dfrac{1}{N c_t \overline{t_{tot}}} + b_{pss,mw}} \quad (2)$$

$$\overline{t}_{tot,k} = \frac{1}{q_k(t)} \int_0^t \sum_{i=1}^{n_{well}} q_i(\tau) d\tau = \frac{N_{p,tot}}{q_k(t)} \quad (3)$$

式中,t_{tot}为总物质平衡时间,d;q为流量,m³/d;p为压力,MPa;N为储量,×10⁸m³。

以上两个式子是Arps调和递减的一般形式,也是物质平衡公式的一种,但是它适用于变流量或者变压力的情况。该式表明,通过绘制$\dfrac{q_k(t)}{[p_i - p_{wf,k}(t)]}$和$t_{tot}$交会图,可估算出整个区块的总储量。

分别使用单井累加法和多井 Blasingame 法估算 A 断块的动态储量，两种方法均采用 IHSharmony 软件完成计算。单井累加方法计算的步骤是利用每口井独立的生产数据（产量和压力）估算单井控制的动态储量，然后逐个算术累加得到区块动态储量。多井 Blasingame 方法的步骤是对于每口井，均使用全区的总产量，但压力使用本井自身的压力，具体的计算原理可以参见 Blasingame 的文章[15]。

针对 A 断块的 10 口井，每口井均使用多井 Blasingame 方法估算区块动态储量，结果如图 10 所示。可以看出，所有井估算的结果非常接近，均指向了一个相似的储量结果，其平均值和方差分别为 $11.76\times10^8m^3$ 和 $0.88\times10^8m^3$。这一趋势和 Blasingame 文章[15]中的 Arun 气田结论一致。也就是说，使用单一井估算全区动态储量，结果会收敛于同一个值，这进一步证明了该方法的准确性。

使用多井 Blasingame 方法估算得到的 A 断块动态储量为 $11.76\times10^8m^3$。相比之下，单井累加法得到的断块动态储量为 $8.86\times10^8m^3$（现代产量递减法）及 $7.93\times10^8m^3$（物质平衡法）。多井法最大的优点是仅使用一口井便可以估算全区动态储量，方法高效且结果准确。

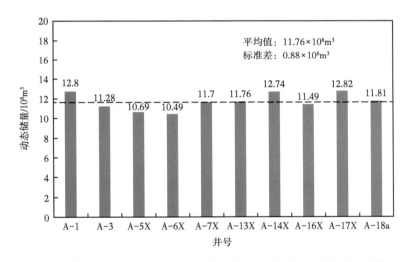

图 10 使用多井 Blasingame 方法的考虑井间干扰的 A 断块储量估算

根据文献研究，单井累加法估算的动态储量通常偏高，原因是单井估算的结果存在动态储量的叠加。然而，本文单井累加得到的动态储量却小于多井 Blasingame 方法的动态储量，可能是由于后备层的补孔作业所致。经统计，在 A 断块的 10 口井中，有 6 口井在生产中后期进行了上返或下返补孔作业，新打开了一批后备层，从而增加了动态储量，而单井累加法仅使用生产初期的动态数据，导致估算的动态储量偏小。

此外，对于井间干扰的研究还相对较少，特别是对于干扰强度的定量分析，需要后续进一步的深入研究[37]。

2.5 井控范围内的采出程度

本节根据采出程度对生产井进行分类。采出程度的定义为该井的累计产气量与该井动态储量的比值。将井按 50% 采出程度分为两类进行对比。结果发现，采出程度中等（50%

左右）的井，如 A-1 井，A-7X 井等，只进行了柱塞气举作业，采出程度偏低，而采出程度高（80% 左右）的井，如 A-5X 井，A-13X 井，进行了补孔和柱塞气举作业，采出程度较高。因此，建议对采出程度中等但潜力较大的井，如 A-1 井，A-7X 井，A-17X 井等进行补孔作业，以提高其采出程度。

表 4 A 断块储量动用程度分类情况

储量动用程度	井号	累计产气量 /$10^8 m^3$	平均动态储量 /$10^8 m^3$	采出程度 /%
中（~50%）	A-1	0.87	2.34	0.37
	A-7X	0.14	0.31	0.45
	A-17X	0.17	0.26	0.63
高（~80%）	A-5X	1.37	1.7	0.80
	A-13X	0.35	0.46	0.76
	A-14X	0.14	0.18	0.78

对于气藏增储上产而言，与动态储量评估参数直接相关的提高采收率的建议主要有保持气藏压力和提高气体的膨胀性或者流动能力。首先，压力是气藏增储上产的关键参数之一，也是与动态储量评估直接相关的参数之一，可以通过注入干气或者 CO_2 的方式补充气藏的能量，以保持气藏的压力。其次，通过提升气藏温度，增强气体的膨胀能力和流动性，最终提高气藏的采收率。

3 结论

本文以某整装小断块气藏为研究对象，对估算动态储量的物质平衡法和现代产量递减法的 7 种子方法进行了对比和评价。在物质平衡法中，压降指示曲线法在大多数井中表现稳定，单位累计产气量法表现中等，而 Roach 方法存在问题。因此，本文推荐经典的压降指示曲线法和单位累计产气量法。同时，在使用物质平衡法时应区分不同时期的生产数据，并避免将其放在同一个图上，以获得合理的直线拟合。

在现代产量递减法中，本文对比了 4 种方法的估算结果，发现结果接近，平均误差较小。建议在使用该方法前确定生产状态是否达到拟稳态，并在未达到拟稳态时尽量往右拟合散点，以确定最小的动态储量值，更准确地反映波及范围内的储量。此外，不同方法之间的解释需要保持一致性，以反映井真实的生产状况。

综合而言，相比物质平衡法，现代产量递减法操作简单、结果稳定、适用范围广，并且有成熟的软件和图版支持。因此，本文推荐使用现代产量递减方法进行动态储量估算。物质平衡法虽然概念和原理简单易懂，但难以确定有代表性的地层压力，此外，真实样品数据点可能缺乏直线段，因此不适宜采用物质平衡法，否则会存在较大的不确定性。

本文对比了单井累加法和多井 Blasingame 法在区块动态储量估算中的表现。结果显示，10 口井各自得到的区块动态储量均收敛于一个值，即断块动态储量，因此多井 Blasingame 模型是一种较好的解决井间干扰的区块动态储量估算方法。

最后，针对井控波及范围内采出程度不同的井，建议保持气藏压力、提高气体的膨胀性以提高采收率。

参 考 文 献

[1] 贾爱林, 何东博, 位云生, 等. 未来十五年中国天然气发展趋势预测[J]. 天然气地球科学, 2021, 32（1）: 17-27.

[2] 贾爱林. 中国天然气开发技术进展及展望[J]. 天然气工业, 2018, 38（4）: 77-86.

[3] 贾爱林, 闫海军, 郭建林, 等. 全球不同类型大型气藏的开发特征及经验[J]. 天然气工业, 2014, 34（10）: 33-46.

[4] 位云生, 贾爱林, 徐艳梅, 等. 气藏开发全生命周期不同储量计算方法研究进展[J]. 天然气地球科学, 2020, 31（12）: 1749-1756.

[5] 国家能源局. 天然气可采储量计算方法[M]. 北京: 石油工业出版社, 2010.

[6] 中华人民共和国自然资源部. 石油天然气储量估算规范[R]. 北京: 石油工业出版社, 2020.

[7] 塔雷克·艾哈迈德, 孙贺东, 欧阳伟平, 等. 油气藏工程手册[M]. 第5版. 北京: 石油工业出版社, 2021: 441-464.

[8] 孙贺东. 深层高压气藏动态储量评价技术[M]. 北京: 石油工业出版社, 2021: 8-18.

[9] 郭智, 王国亭, 夏勇辉, 等. 多层透镜状致密砂岩气田井网优化技术对策[J]. 天然气地球科学, 2022, 33（11）: 1883-1894.

[10] 付斌, 李进步, 张晨, 等. 强非均质致密砂岩气藏已开发区井网完善方法[J]. 天然气地球科学, 2020, 31（1）: 143-150.

[11] 陈元千, 唐玮. 油气田剩余可采储量、剩余可采储比和剩余可采程度的年度评价方法[J]. 石油学报, 2016, 37（06）: 796-801.

[12] 陈元千. 油气藏工程实践[M]. 第5版. 北京: 石油工业出版社, 2011: 245-296.

[13] 陈小刚, 王宏图, 刘洪, 等. 气藏动态储量预测方法综述[J]. 特种油气藏, 2009, 16（02）: 9-13.

[14] 郭平, 欧志鹏. 考虑水溶气的凝析气藏物质平衡方程[J]. 天然气工业, 2013, 33（01）: 70-74.

[15] MARHAENDRAJANA T, BLASINGAME T A. Decline Curve Analysis Using Type Curves — Evaluation of Well Performance Behavior in a Multiwell Reservoir System[C/OL]//SPE Annual Technical Conference and Exhibition. OnePetro, 2001: 1647-1661[2022-10-29]. DOI: 10.2118/71517-MS.

[16] FETKOVICH M J. Decline Curve Analysis Using Type Curves[J/OL]. Journal of Petroleum Technology, 1980, 32（06）: 1065-1077[2023-08-22]. https: //dx.doi.org/10.2118/4629-PA. DOI: 10.2118/4629-PA.

[17] SUN H. Fundamentals of Advanced Production Decline Analysis[M/OL]//Advanced Production Decline Analysis and Application. Gulf Professional Publishing, 2015: 1-29[2022-10-20]. DOI: 10.1016/B978-0-12-802411-9.00001-6.

[18] 张金庆, 安桂荣, 许家峰. 单井新增可采储量和单井控制储量的关系[J]. 中国海上油气, 2015, 27（1）: 53-56.

[19] 康安. SPE和SEC油气储量评估规范的更新及对比[J]. 国际石油经济, 2010, 18（6）: 61-64.

[20] AHMED T, 孙贺东, 欧阳伟平, 等. 油气藏工程手册[M]. 北京: 石油工业出版社, 2021: 441-452.

[21] 孙贺东. 油气井现代产量递减分析方法及应用[M]. 北京: 石油工业出版社, 2013: 62-104.

[22] 李勇, 李保柱, 胡永乐, 等. 现代产量递减分析在凝析气田动态分析中的应用[J]. 天然气地球科学, 2009, 20（02）: 304-308.

[23] BLASINGAME T A, MCCRAY T L, LEE W J. Decline Curve Analysis for Variable Pressure Drop/Variable Flowrate Systems[C/OL]//SPE Gas Technology Symposium. OnePetro, 1991[2023-08-24]. https: //dx.doi.

org/10.2118/21513-MS. DOI：10.2118/21513-MS.

[24] MASA PRODANOVIC, MARIA ESTEVA, MATTHEW HANLON, et al. Digital Rocks Portal：a repository for porous media images[EB/OL].（2015）. http：//dx.doi.org/10.17612/P7CC7K.

[25] TABATABAIE S H, BEHMANESH H, MATTAR L. Using the Flowing Material Balance Model to Determine Which Wells Out of a Group of Wells belong to the Same Common Pool[J/OL]. SPE Reservoir Evaluation & Engineering, 2022, 25（04）：719-729[2023-08-25]. https：//dx.doi.org/10.2118/208944-PA. DOI：10.2118/208944-PA.

[26] 陈元千. 油气藏工程实践[M]. 第2版. 北京：石油工业出版社，2006：25-80.

[27] 何丽萍. 长庆气田动态储量评价方法研究[D]. 西安石油大学，2010.

[28] ROACH R. Analyzing Geopressured Reservoirs—A Material Balance Technique[C]. Geology. 1981.

[29] J ARPS B J, AIME M. Analysis of Decline Curves[J/OL]. Transactions of the AIME, 1945, 160（01）：228-247[2023-08-25]. https：//dx.doi.org/10.2118/945228-G. DOI：10.2118/945228-G.

[30] DOUBLET L E, PANDE P K, MCCOLLUM T J, et al. Decline Curve Analysis Using Type Curves--Analysis of Oil Well Production Data Using Material Balance Time：Application to Field Cases[C/OL]//International Petroleum Conference and Exhibition of Mexico. OnePetro, 1994[2023-08-24]. https：//dx.doi.org/10.2118/28688-MS. DOI：10.2118/28688-MS.

[31] OROZCO D, AGUILERA R. Use of Dynamic Data and a New Material-Balance Equation for Estimating Average Reservoir Pressure, Original Gas in Place, and Optimal Well Spacing in Shale Gas Reservoirs[J/OL]. SPE Reservoir Evaluation & Engineering, 2018, 21（4）：1035-1044[2023-08-25]. https：//dx.doi.org/10.2118/185598-PA. DOI：10.2118/185598-PA.

[32] HARMONY IHS. Single user help[EB/OL]. IHS Markit Ltd, 2020.https：//www.ihsenergy.ca/support/documentation_ca/Harmony/content/pdf_output/single-user-harmony-help.pdf

[33] 袁清芸，王洋，黄召庭，等. 井间干扰造成的气藏储量叠加问题研究[J]. 天然气地球科学，2013，24（3）：639-642.

[34] 王林，彭彩珍，倪小伟，等. 井间干扰对气井控制储量的影响[J]. 西部探矿工程，2012，24（3）：38-40.

[35] 邝绍献. 油田单井可采储量定量预测模型[J]. 油气地质与采收率，2013，20（1）：85-88，116-117.

[36] 庞进，雷光伦，刘洪，等. 利用物质平衡法评价气井井间干扰[J]. 科学技术与工程，2012，12（26）：6787-6789，6793.

[37] CHU W C, SCOTT K D, FLUMERFELT R, et al. A New Technique for Quantifying Pressure Interference in Fractured Horizontal Shale Wells[J/OL]. SPE Reservoir Evaluation & Engineering, 2020, 23（01）：143-157[2023-08-25]. https：//dx.doi.org/10.2118/191407-PA. DOI：10.2118/191407-PA.

摘自：《天然气地球科学》，2023：1-13

四川盆地高石梯—磨溪地区震旦系灯影组碳酸盐岩储层特征

范翔宇[1,2]　闫雨轩[1]　张千贵[2,3]　吉　人[4]　柏爱川[1,5]　赵鹏斐[1]　何　亮[1]

1. 西南石油大学地球科学与技术学院；2. 西南石油大学油气藏地质与开发工程国家重点实验室；3. 西南石油大学石油与天然气工程学院；4. 中国石油集团测井有限公司西南分公司；5. 中国石油集团测井有限公司测井技术研究院

摘要：四川盆地高石梯—磨溪地区震旦系灯影组碳酸盐岩气藏储量丰富，属于超深层气藏，孔隙结构复杂且溶洞发育，当前尚未完全厘清该地区灯影组碳酸盐岩储层特征，为油气勘探开发带来极大挑战。本文结合岩石物理性质实验和测井解释研究高石梯—磨溪地区灯影组碳酸盐岩的岩性、测井响应和孔隙性等储层特征。研究结果表明：（1）高石梯—磨溪地区灯影组碳酸盐岩岩性主要为细晶白云岩、藻云岩和泥晶白云岩，其中灯四段细晶白云岩占比61.2%，灯二段藻云岩占比74.3%；（2）灯影组储层空间类型以裂缝和溶蚀孔洞为主，岩石喉道半径较小，中值喉道半径为0.010~0.051μm，平均0.028μm；（3）储层物性灯二段较灯四段好，孔隙度渗透率相关性极差，呈特低孔低渗特征，渗透性受裂缝影响较大；（4）渗透率参差系数计算结果均大于0.9，表明灯影组储层为显著的非均质储层。本研究成果可为该工区优质储层预测、开发设计及钻采工程施工等提供基础依据。

关键词：储层特征；高石梯—磨溪地区；灯影组；储层物性；碳酸盐岩；孔隙特征；物性实验；测井解释

0　引言

四川盆地高石梯—磨溪地区上震旦系灯影组气藏探明储量超过 $7000×10^8m^3$，被认为是四川盆地的重要产气区之一[1-2]。尤其是灯影组气藏试采产气量较高[3]，显示良好的勘探开发前景。该区气藏主要分布于灯二段和灯四段碳酸盐岩，埋深超过4500m，属于深层—超深层气藏，是四川盆地能源接替与持续的方向[4-5]。由此，明确高石梯—磨溪地区灯影组碳酸盐岩储层特征及成因机制对优质储层的分布预测、开发方案的制订及下步勘探部署均具有重要意义[6-7]。

测井技术是储层特征评价技术中的主要手段。肉眼或镜下观察井下取出的岩心，形成对储层裂缝的发育程度和分布等的直观认识[8-10]，但由于岩心观察仅能反映储层点的特征，且数量有限，在工程实际应用中具有较大的局限性，一般用作其他数据的校核依据。常规测井、成像测井、核磁共振测井等测井技术的发展，可以让人们更精确地认识裂缝及裂缝性油气藏。裂缝和溶洞影响着碳酸盐岩的储层性质，主要表现在碳酸盐岩储层发育有复杂的孔洞型、裂缝型、裂缝—孔洞型孔隙结构[11-13]，呈典型的非均质性特征，相较于常规砂岩储层更加复杂。由此，基于不同原理的常规测井方法对碳酸盐岩地层孔隙性解释结果差

基金项目：国家自然科学基金项目（42172313、51774246）、四川省自然科学基金项目（编号：2022NSFSC0185）。

异显著[14-15]。当前已有一些学者利用测井解释的方法对碳酸盐岩储层特征进行了分析[16-17]，如闫海军等研究了川中高石梯—磨溪地区碳酸盐岩储层特征[18]，胡修权等利用测井资料研究了储层构型[19]，罗冰等研究了灯影组储层发育控制因素[20]，但是目前对四川盆地高石梯—磨溪地区灯影组碳酸盐岩储层特征的认识仍然不够明确。

为此，本文结合岩石物理实验和测井解释研究高石梯—磨溪地区灯影组碳酸盐岩的岩性、测井响应和孔隙性等储层特征，以期为该工区优质储层预测、开发设计及钻采工程施工等提供基础依据。

1 工区沉积与构造特征

1.1 沉积特征

高石梯—磨溪地区位于四川盆地东南部地区，构造位于川中古隆起东端轴部（图1）。灯影组气藏主要分布于灯影组碳酸盐岩，该地层可以分为四段，自上而下分别为灯四段、灯三段、灯二段和灯一段[21]。灯三段为泥页岩夹石英砂岩，硅质岩也主要发育在灯三段中，所以在灯三段较难形成有效的储集空间。灯一段无相关的岩心资料分析，且查阅文献并未发现灯一段发育良好储层[22]。因此，高石梯—磨溪地区灯影组主力开发层位于灯四段和灯二段[22]。灯四段岩相和厚度变化大，以藻叠层和藻格架白云岩、凝块石白云岩、（藻）砂屑白云岩为主，夹泥晶白云岩或与之呈互层，基质孔和溶蚀孔洞发育，残留厚度在30~400m之间。灯二段岩性以藻泥晶白云岩为主，局部有少量凝块石、藻纹层、藻砂屑白云岩，厚度在300~400m之间，中部发育有几十米到上百米厚的葡萄花边白云岩，见残留溶蚀孔洞。

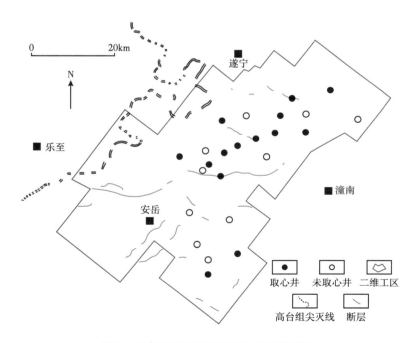

图1 研究区工区地理位置与构造特征图

1.2 构造特征

高石梯—磨溪地区现今震旦系顶界总的构造轮廓是西高东低，轴向呈北东向，核部位于川西南部，轴线位于老龙坝—资中—安岳一线（图1）。高石梯—安平店—磨溪潜伏构造带东为龙女寺构造，西南临近资阳古圈闭和威远构造。由于地处盆地中心，来自盆地周边的挤压力在此变得十分微小，主要是受基底平缓隆起的影响，其特征属于低平构造，主要有南北向和东西向两组构造线，多高点，断裂不发育。

2 储层特征

2.1 岩性特征

通过对高石梯—磨溪地区录井、取心及薄片资料的分析，认为灯影组储层岩性主要为细晶白云岩（图2）、藻云岩和泥晶白云岩，部分层段发育硅质岩及极少量的页岩。岩石中部分硅质充填溶洞，泥晶白云岩结晶晶粒极细。该地层发育的泥晶白云岩中黏土分布较为均匀，泥晶晶粒细，在0.01mm以下（图3）。灯影组还发育有藻云岩，以灯二段居多。

图4为灯四段常规测井和成像测井解释结果。灯四段发育有含硅质晶粒白云岩，呈晶粒结构，白云石一般0.10~0.20mm。自形—半自形镶嵌，局部晶间孔充填沥青，特大孔内充填粗大亮晶白云石。从图4中可以发现，含硅质白云岩在测井曲线响应上具有低自然伽马、低补偿中子、相对较高的声波时差的特征。此外，从图4b中可以看出，灯四段发育有溶孔、裂缝。

图2　含硅质晶粒白云岩　　　　　　　图3　泥晶白云岩偏光图

图5为对168枚铸体薄片鉴定统计获得的灯四段和灯二段岩石类型分析结果。从图5a中可以看出，灯四段主要为晶粒白云岩，占比达到61.2%；其次是硅质白云岩，占比21.5%；藻云岩占比为13%，并且有少量角砾白云岩（占比2.2%）和白云质硅岩（占比2.1%）。根据上述分析可知，灯四段主要岩性为晶粒白云岩、硅质白云岩并伴有少量藻云岩。从图5b中可以看出，灯二段主要为藻云岩，占比达到74.3%，其次是晶粒白云岩，占比23.4%，并且有少量硅质白云岩（占比0.7%）、泥晶白云岩（占比0.7%）和白云质硅岩（占比0.7%）。根据上述分析可知，灯二段主要岩性为藻云岩，并伴有晶粒白云岩，灯二段的藻云岩也具有一定的生烃能力。

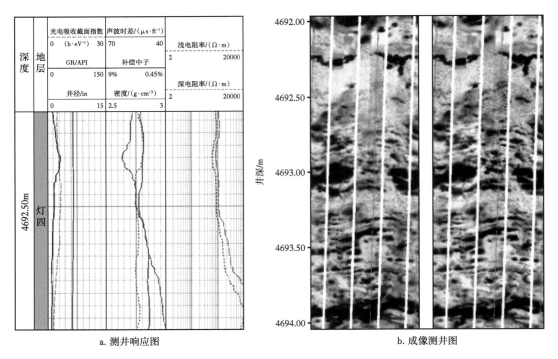

a. 测井响应图　　　　　　　　　　　　　　　b. 成像测井图

图 4　灯四段测井响应特征综合图

（注：1in=25.4mm，1ft=0.3048m，下同）

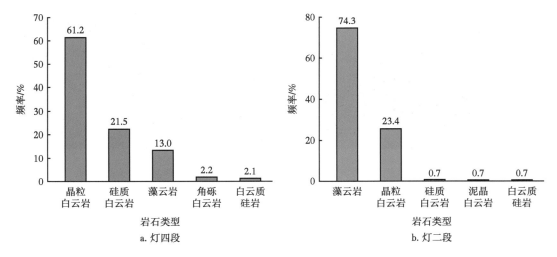

a. 灯四段　　　　　　　　　　　　　　　　　b. 灯二段

图 5　灯影组储层岩石类型统计图

图 6 为灯四段岩性与电性之间的交会图。从图 6 中可以看出，灯四段主要岩性为藻云岩、泥晶白云岩、细晶白云岩和少量硅质白云岩，与铸体薄片鉴定统计结果相近。该地层硅质白云岩电阻率响应值普遍比其他岩石大，并且和其他岩石电性差异较大；其次，藻云

岩电阻率响应值也比泥晶白云岩和细晶白云岩较大；而泥晶白云岩和细晶白云岩的电阻率响应值相差不大。由此可知，通过电阻率测井曲线可以较好地区分出硅质白云岩，藻云岩需要通过深侧向电阻率曲线方能和别的岩性做出区分，而泥晶白云岩和细晶白云岩需要结合补偿中子曲线方可区分出来。

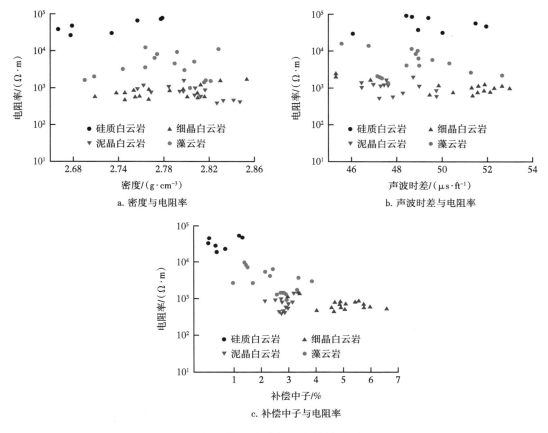

图 6　灯四段岩性—电性关系图

分析可知，灯四段岩性以晶粒白云岩为主，其次发育有硅质白云岩；灯二段岩性以藻云岩为主，灯影组矿物成分均以白云石为主，灯四段相比灯二段发育有更多的硅质。

2.2　储层物性特征

利用高压渗透率仪和氦孔仪对灯四段的 $\phi 25mm \times 50mm$ 岩样进行测试，获得岩石样品的孔隙度与渗透率（图7）。从图7中可以看出，灯四段岩样孔隙度主要分布在0.50%~5.00%之间，平均孔隙度为2.25%。渗透率主要分布在0.001~10.0000mD之间，平均渗透率为0.9104mD。

对灯影组600块全直径样品进行测试，获得全直径样品的渗透率和孔隙度（图8、图9）。从图8中可以看出，灯影组二段全直径孔隙度主要分布在0.50%~5.00%之间，平均孔隙度为2.21%。渗透率主要分布在0.0001~10.0000mD之间，平均渗透率为3.0712mD。从图9中可以看出，灯影组四段全直径孔隙度主要分布在 0.50%~5.00% 之间，平均孔隙度为 2.21%。渗透率主要分布在 0.0001~1.0000mD 之间，平均渗透率为 0.446mD。由此可知，柱塞样与全直径样品的统计结果有一定的差别，但差别不大。

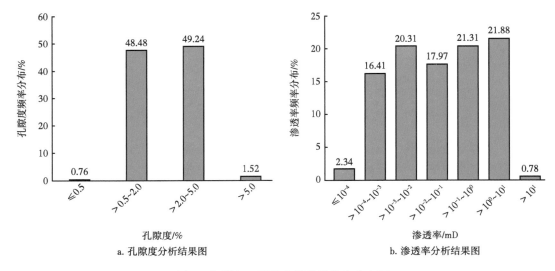

a. 孔隙度分析结果图　　　　　　　　　　b. 渗透率分析结果图

图 7　灯影组四段柱塞样物性分布直方图

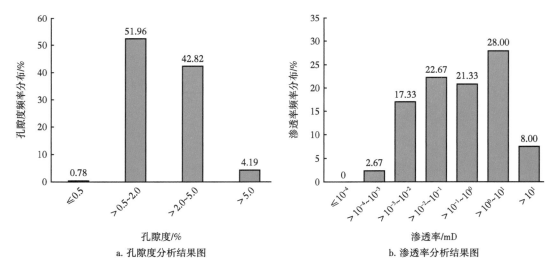

a. 孔隙度分析结果图　　　　　　　　　　b. 渗透率分析结果图

图 8　灯影组二段全直径样品物性分布直方图

图 10 为对研究区 137 块岩心进行分类统计出来的不同岩性样品的平均孔隙度和渗透率分布直方图。从图 10 中可以看出，细晶白云岩的平均孔隙度和渗透率分别为 2.65% 和 1.3902mD；藻云岩的平均孔隙度和渗透率分别为 1.82% 和 3.2404mD，细晶白云岩和藻云岩的物性整体较好；泥晶白云岩的平均孔隙度和渗透率分别为 2.69% 和 0.4201mD，相比细晶白云岩和藻云岩稍次；硅质白云岩的平均孔隙度和渗透率分别为 1.27% 和 0.0093mD，角砾

白云岩的平均孔隙度和渗透率分别为 2.64% 和 0.0902mD。含硅质白云岩、硅质白云岩和角砾白云岩虽然具有一定的孔隙度，但是渗透率很低，原因是角砾、硅质磨圆性差，分选性不好，甚至会充填白云石晶间孔和溶蚀孔洞，严重破坏储集性能，不利于储层发育。

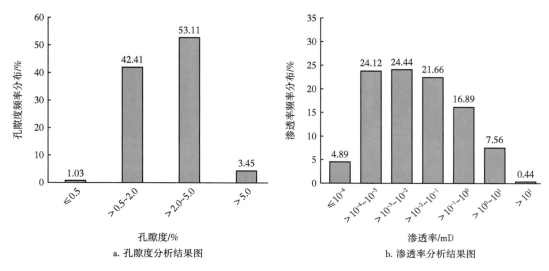

a. 孔隙度分析结果图　　　　　b. 渗透率分析结果图

图 9　灯影组四段全直径样品物性分布直方图

总体来看，细晶白云岩、藻云岩和泥晶白云岩的物性整体较好，该类岩性地层为主要的气藏储层。

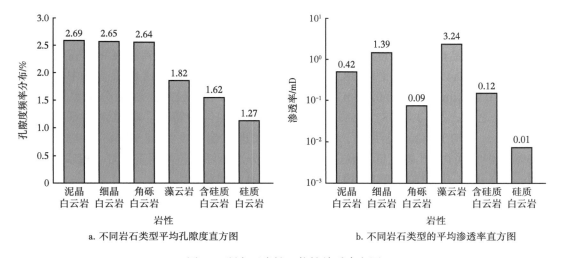

a. 不同岩石类型平均孔隙度直方图　　　　　b. 不同岩石类型的平均渗透率直方图

图 10　研究区岩性—物性关系直方图

2.3　孔隙结构特征

根据灯影组的岩心观察，在灯四段、灯二段岩心上均见有不同发育程度的溶孔。溶孔在岩心上呈条带、蜂窝状、斑块、星散状分布于各类晶粒白云岩、藻白云岩、角砾云岩中，以顺层条带分布占绝大多数，分布不均，局部密集呈蜂窝状，孔径大小悬殊，非均质性较强，溶孔形态多呈不规则状或近圆状，部分溶孔与溶洞相伴而生。该储层的储集空间主要为粒间孔（图11a）、粒内孔（图11b）、晶间溶孔（图11c）、溶洞（图11d）、溶蚀缝（图11e）等。岩心上溶蚀孔洞发育，可见大量顺层溶蚀孔洞。

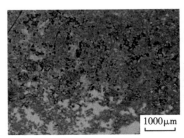

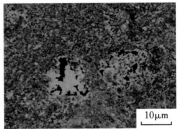

a. 磨溪10井，5111.81m，灯四段，粉晶硅质云岩，粒间孔，单偏光

b. 高石6井，5109.11m，灯四段，粉晶砂粒屑云岩，粒内溶孔，单偏光

c. 磨溪8井，5158.82m，灯四段，绵层硅质云岩，晶间溶孔，单偏光

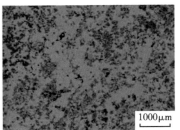

d. 磨溪18井，灯四段，井深5113.59~5113.75m，灰褐色云岩，小溶洞发育

e. 磨溪8井，灯四段，井深5110.57m，褐灰色硅质云岩，溶蚀缝，单偏光

图 11　灯影组储层典型岩石学特征图

表1为研究工区灯影组储层灯四段和灯二段白云岩的孔喉特征参数表。从表1中可以看出，多数样品进汞饱和度未达到50%。在少数进汞饱和度达到50%的样品中，中值压力为14.409~70.496MPa，平均38.235MPa，说明该地层岩石渗透性很差。中值喉道半径为0.010~0.051μm，平均0.028μm，说明该地层喉道半径较小。喉道分选系数范围在1.960~5.514之间，平均4.638，说明岩石孔喉分布不均匀的特点。喉道歪度系数范围在1.293~5.993，平均1.983，说明偏于粗歪度。最大进汞饱和度为32.920%~75.990%，平均37.835%，说明岩样的孔隙度低，喉道半径较小，分选不好。整体而言，灯二段喉道半径普遍较小，灯四段的孔隙结构较灯二段的要好，最大孔喉半径较大。

表 1　灯影组储层白云岩孔喉特征参数表

层位	取值名称	门槛压力/MPa	中值压力/MPa	中值半径/μm	最大汞饱和度/%	分选系数	歪度系数	均值系数	最大孔喉半径/μm
灯四段	最小值	0.162	14.409	0.010	19.640	2.884	1.293	2.697	0.100
	最大值	7.335	70.496	0.051	75.990	5.514	2.295	9.92	4.542
	平均值	1.249	38.235	0.028	41.792	4.776	1.717	5.259	1.526
灯二段	最小值	0.430	/	/	2.935	1.960	1.877	0.343	0.404
	最大值	1.817	/	/	32.920	5.378	5.993	4.033	1.710
	平均值	1.272	/	/	18.840	3.973	3.254	2.453	0.759

2.4 储层物性测井解释分析

图 12 为灯影组碳酸盐岩储层常规测井解释获得的储层孔隙度、泥质含量、渗透率和地层含水饱和度结果图。从图 12 中可以看出，该储层段的自然伽马呈低值，无明显扩径现象，双侧向电阻率在碳酸盐岩高阻的背景下呈现低值，且深电阻率大于浅电阻率呈"正差异"。气层的孔隙度大多在 1.50%~7.00% 之间，主要分布于 2.00%~5.00%；含水饱和度在 5.00%~45.00% 之间，主要分布于 5.00%~20.00%；渗透率在 0.001~30.000mD 之间，主要分布于 0.010~3.000mD。对比岩心实验测试结果和测井解释结果可知，二者吻合度较高，测井分析储层物性参数可用于工程实际分析。

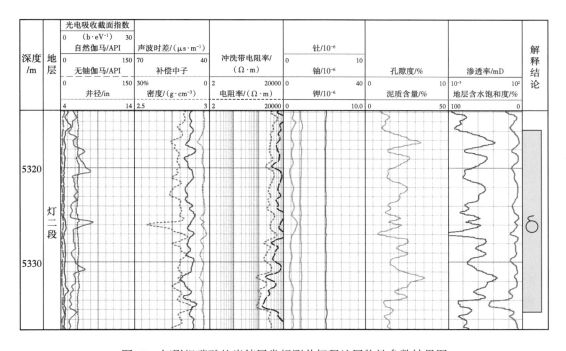

图 12 灯影组碳酸盐岩储层常规测井解释地层物性参数结果图

3 储层特征综合分析

根据上述分析可以发现，高石梯—磨溪地区碳酸盐岩储层孔渗性质受岩溶作用影响较大，发育的孔洞、裂缝不均，使碳酸盐岩储层具有强烈的非均质性。使用储层渗透率非均质表征参数——渗透率参差系数（C_k）来描述储层的非均质性[23]。

渗透率参差系数表征的是各样品渗透率值偏离完全均值线的平均值。将连续逐点解释的渗透率值或渗透率样品测试值从小到大排成一序列，设有 n 块样品，并分别从 1 到 n 编号。横坐标 x 轴为样品百分数，纵坐标 y 轴为样品渗透率累计百分数。这样散点图中由 n 个点组成（图 13），其中第 m 个点的坐标 (x_m, y_m) 为：

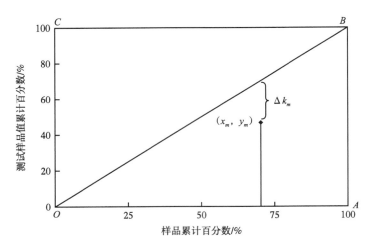

图 13 渗透率参差系数计算示意图

$$x_m = \frac{m}{n} \times 100\% \qquad (1)$$

$$y_m = \frac{\sum_{i=1}^{m} K_i}{\sum_{i=1}^{n} K_i} \times 100\% \qquad (2)$$

式中，x_m 是第 m 个点的横坐标；y_m 是第 m 个点的纵坐标；m 为第 m 个样品。

图 13 中的对角线 OB 为完全均质线，OAB 为完全非均质线。

渗透率参差系数（C_k）定义为各样品的渗透率累计百分数偏离"完全均质线"（OB）的相对值的平均值，即：

$$C_k = \left(C_{k1} + C_{k2} + \cdots + C_{k(n-1)} \right) / (n-1) \qquad (3)$$

$$\begin{cases} C_{km} = \Delta k_m / x_m \\ \Delta k_m = x_m - y_m \end{cases} \qquad (4)$$

式中，C_k 为渗透率参差系数；C_{km} 为第 m 个样品点偏离完全均质线的相对大小；Δk_m 为第 m 个样品点偏离完全均质线的值。

渗透率参差系数是介于 0~1 的小数，当渗透率参差系数越接近于 1 时，说明非均质性越强[24]。

利用渗透率参差系数对柱塞样样品进行计算，求得渗透率参差系数高达 0.91，对全直径样品数据计算，求得渗透率参差系数高达 0.95，为极度非均质储层。图 14 为灯影组柱塞样孔隙度和渗透率交会图。从图 14 中可以看出，该储层孔隙度和渗透率变化较大，相关性很差，存在许多低孔高渗的数据点。尤其是当有裂缝的岩样在孔隙度相似的情况下，渗透率高出多个数量级，说明储层渗透性主要受裂缝影响。灯影组储层岩样的孔隙度集中在 0.5%~5.0% 之间，渗透率大多小于 10.0000mD，平均值最高只有 3.0100mD，属于特低孔隙度—低渗透的储层。

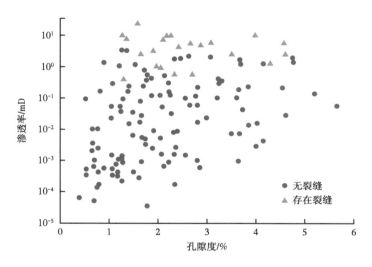

图 14　灯影组岩心孔隙度和渗透率交会图

与砂岩储层相比，碳酸盐储层储集空间类型多、次生变化大，具有更大的复杂性和多样性。由灯影组储层常规测井图（图 12）中可以看出，灯影组的储层自然伽马值很低，说明储层中泥质含量很低。密度值降低，补偿中子值增加，声波时差小幅摆动，可认为是发育有低角度的裂缝。

此外，灯影组储层主要为高温、含硫化氢和含硅质的裂缝—孔洞型、裂缝—孔隙型储层，储层纵横向变化较大，储层段电阻率普遍较高，导致储层测井评价难度大。

4　结论

（1）高石梯—磨溪地区灯影组储层岩性以晶粒白云岩为主，灯二段以藻云岩为主，灯二段藻云岩比灯四段发育，灯四段相比灯二段发育有更多的硅质。

（2）高石梯—磨溪地区灯影组储层岩石喉道半径较小，孔径大小偏于粗孔径且孔隙度低，喉道半径较小，分选不好。并且，灯二段喉道半径普遍较小，灯四段的孔隙结构较灯二段的要好，最大孔喉半径较大。

（3）高石梯—磨溪地区储层物性整体较差。灯二段孔隙度发育好，灯四段次之。相应地，灯二段渗透率相对也较高，灯四段次之。

（4）使用全直径样品与柱塞样的统计结果对比，结果有很大不一样，用渗透率参差系数计算方法对两种样品进行计算，得出渗透率参差系数全直径样品和柱塞样品分别为 0.95 和 0.91，均大于 0.90，说明灯影组储层为极度非均质储层。

参 考 文 献

[1] 胡勇，彭先，李骞，等．四川盆地深层海相碳酸盐岩气藏开发技术进展与发展方向[J]．天然气工业，2019，39（9）：48-57.

[2] 李国辉，苑保国，朱华，等．四川盆地超级富气成因探讨[J]．天然气工业，2022，42（5）：1-10.

[3] 陈河斌．高石梯—磨溪地区灯影组碳酸盐岩储层测井评价方法研究[D]．成都：西南石油大学，2018.

[4] 张钰祥，杨胜来，王蓓东，等．用径向流产能模拟法确定超深层碳酸盐岩气藏储层物性下限——以高石梯—磨溪区块为例[J/OL]．大庆石油地质与开发，2022：1-8（2022-06-28）[2023-02-16]．https://doi.org/10.19597/J.ISSN.1000-3754.202203021.

[5] LIU Y N, HU M Y, ZHANG S. Types, structural evolution difference and petroleum geological significance of Cambrian-Ordovician carbonate platforms in Gucheng-Xiaotang area, Tarim Basin, NW China[J]. Petroleum Exploration and Development, 2022, 49（5）：1019-1032.

[6] 李玉丹，曾大乾，郑文波，等．海相碳酸盐岩酸性气藏储层特征描述与开发关键技术[J]．天然气工业，2022，42（S1）：41-45.

[7] 罗垚，谭秀成，赵东方，等．埃迪卡拉系微生物碳酸盐岩沉积特征及其地质意义：以川中磨溪8井区灯影组四段为例[J]．古地理学报，2022，24（2）：278-291.

[8] 周永胜，张流．裂缝性储集层岩心裂缝统计分析[J]．世界地质，2000，19（2）：117-124.

[9] SHABANI M, YARMOHAMMADI S, GHAFFARY S. Reservoir quality investigation by combination of core measured data and NMR technique analysis: a case study of Asmari carbonate reservoir in Gachsaran field[J]. Carbonates and Evaporites, 2023, 38: 1.

[10] 何伶．利用常规测井资料评价碳酸盐岩裂缝—孔隙性储层[J]．石油天然气学报，2010，32（6）：258-262.

[11] 高树生，刘华勋，任东，等．缝洞型碳酸盐岩储层产能方程及其影响因素分析[J]．天然气工业，2015，35（9）：48-54.

[12] 张晓明．利用测井资料评价玉北碳酸盐岩储层有效性[J]．新疆地质，2013，31（S1）：107-111.

[13] 夏威，蔡潇，丁安徐，等．南川地区栖霞—茅口组碳酸盐岩储集空间研究[J]．油气藏评价与开发，2021，11（2）：63-69.

[14] 唐军，章成广，蔡德洋．基于斯通利波特征参数的致密砂岩储层有效性评价方法研究[J]．石油天然气学报，2013，35（6）：79-85.

[15] 邓模，瞿国英，蔡忠贤．常规测井方法识别碳酸盐岩储层裂缝[J]．地质学刊，2009，33（1）：75-78.

[16] 肖开华，李宏涛，段永明，等．四川盆地川西气田雷口坡组气藏储层特征及其主控因素[J]．天然气工业，2019，39（6）：34-44.

[17] 司马立强，疏壮志．碳酸盐岩储层测井评价方法及应用[M]．北京：石油工业出版社，2009.

[18] 闫海军，何东博，贾爱林，等．川中震旦系灯四段岩溶储集层特征与发育模式[J]．石油勘探与开发，2022，49（4）：704-715.

[19] 胡修权，鲁洪江，易驰，等．川中高石梯—磨溪地区震旦系灯影组储层构型研究[J]．中国岩溶，2022，41（6）：847-859.

[20] 罗冰，杨跃明，罗文军，等．川中古隆起灯影组储层发育控制因素及展布[J]．石油学报，2015，36（4）：416-426.

[21] 赵东方，谭秀成，罗文军，等．早成岩期岩溶特征及其对古老深层碳酸盐岩储层的成因启示——以川中地区磨溪8井区灯影组四段为例[J]．石油学报，2022，43（9）：1236-1252.

[22] 谭磊，刘宏，陈康，等．川中高磨地区震旦系灯影组三、四段层序沉积与储集层分布[J]．石油勘探与

开发，2022，49（5）：871-883.

[23] 邵先杰. 储层渗透率非均质性表征新参数——渗透率参差系数计算方法及意义［J］. 石油实验地质，2010，32（4）：397-399.

摘自：《天然气勘探与开发》，2023，46（2）：1-11

苏里格气田苏南国际合作区开发效果、关键技术及重要启示

王国亭 贾爱林 孟德伟 韩江晨 邵辉 冀光

中国石油勘探开发研究院

摘要：苏里格气田勘探发现以后效益开发面临极大挑战，为吸收借鉴国际先进的开发技术和管理经验实现开发突破，确立了与法国道达尔公司共同开发、中方担任作业者的国际合作开发模式。10余年的合作开发实践表明，在相同的储层地质条件下国际合作区单井开发指标明显高于自主开发区，系统梳理关键开发技术并进行系统总结对提升自主开发区开发效果具有重要意义。与自主开发区追求规模效益与低成本控制的开发理念不同，国际合作区以经济效益、正现金流策略为目标，以风险控制为核心。经过多年集中攻关与实践检验，形成了三维地震—地质融合储层评价、网格分区棋盘丛式标准化井网部署、批量实施工厂化钻完井作业、TAP Lite 分层压裂储层改造、适度放压间歇生产气井管理、速度管柱主导的措施增产 6 项关键核心特色开发技术，通过与自主开发区技术对比，落实了 5 项可供借鉴的特色开发技术，并总结了 3 条重要启示：(1)持续深化地质研究支撑高质量部署；(2)加强顶层优化设计支撑科学有序实施；(3)强化全过程管理与质量控制助推开发效果提升。国际合作区关键核心开发技术与重要经验的吸收借鉴可对致密气新区开发效果的提升提供有力支撑。

关键词：苏里格气田；国际合作区；开发效果；关键技术；重要启示

0 引言

苏里格气田是我国目前致密气资源量、储量及产量规模最大的气田，勘探面积约为 $5\times10^4 km^2$，资源量超 $6\times10^{12}m^3$，探明（含基本探明）储量超 $4.0\times10^{12}m^3$，2014 年至今平均产气量超过 $230\times10^8m^3/a$，累计产气量超 $2700\times10^8m^3$，是我国致密气藏成功开发的典范[1-2]。2000 年苏 6 井的压裂试气超过 $120\times10^4m^3/d$，该井的试气高产标志着苏里格气田的重大勘探发现，自此拉开了我国致密气藏开发的序幕。苏里格气田具有储层致密、气藏压力低、储量丰度低、气井产量低的特征，实现效益开发面临技术、资金、管理等多方面挑战，开发难度极大[3-6]。为实现气田开发突破，中国石油长庆油田公司（简称长庆油田公司）提出"合作开发苏里格气田"的方案，形成了中国石油天然气集团有限公司（简称中国石油）内部 5 家企业与长庆油田公司共同开发的"5+1"风险合作模式，为吸收、借鉴国外先进的开发技术和经营管理理念，进一步推动苏里格气田开发，确立了与法国道达尔公司共同开发的国际合作开发模式[5-10]。

苏南国际合作区经过多年持续攻关探索，形成了一系列主体开发技术，全面解决了开发建设从地面到地下、从钻井到采气、从投入到产出等一系列开发难题，累计产气量超过

基金项目：中国石油天然气股份有限公司"十四五"重大科技专项"致密气勘探开发技术研究"（编号：2021DJ2106），"复杂天然气田开发关键技术研究"（编号：2021DJ1704）。

$200 \times 10^8 m^3$。苏南国际合作开发项目已成为中国石油对外合作示范性工程,并被道达尔公司评为全球优质项目之一,是全球战略合作的旗舰项目。对比分析表明,国际合作区的关键开发指标明显优于自主开发区,系统分析并借鉴其关键核心技术尤为重要。在国际合作开发模式分析的基础上,本文系统分析评价了国际合作区的关键开发指标,并与自主开发区进行深入对比,梳理总结了国际合作区的关键核心特色开发技术,落实了值得借鉴的关键技术方法,从而为苏里格气田自主开发区块高效开发提供支撑,也为国内同类气藏的开发提供借鉴。

1 国际合作区概况

1.1 国际合作开发模式

2006年中国石油决定与法国道达尔公司合作开发苏南区块天然气资源,双方分别出资51%和49%成立苏里格南作业分公司(简称苏南公司),全面负责天然气合作开发项目的生产、经营及管理工作。苏南对外合作项目是中国石油陆上国际合作项目中首个由中国石油控股的项目,在实践中形成了中方担任作业者的管理模式。中方担任项目作业者,重点负责钻井、地面、外协、采办、财务、天然气生产、HSE等方面工作,道达尔公司具备资深的地质专家团队,重点负责区域研究、井位部署、钻井监督、协助压裂等工作。通过发挥各自专长,共同开发苏南区块,促使双方管理及业务技能取得进步。在自主创新、集成创新和引进消化再创新的基础上,经过多年持续攻关逐步形成了五大类30余项主体开发技术系列[5-10],践行了从简、从省、从优的高质量效益开发技术路线,2013年、2017年、2020年苏南国际合作区产量分别突破$10 \times 10^8 m^3$、$20 \times 10^8 m^3$、$30 \times 10^8 m^3$。

1.2 国际合作区地质特征

国际合作区位于鄂尔多斯盆地苏里格气田中南部(图1)。与苏里格气田主体区块相同,国际合作区主力产层为二叠系下石盒子组盒8段及山西组山1段,盒8段属于辫状河沉积,山1段属于曲流河沉积。气藏埋深介于3450~3730m,地层温度约为110℃,压力约为33.5MPa,压裂系数为0.87~0.95,主力层段气层平均有效厚度为11.59m,孔隙度为7.89%,渗透率为0.51mD,含气饱和度为60.33%,储量丰度为$1.42 \times 10^8 m^3/km^2$(表1),天然气组分中甲烷含量为92.6%,相对密度为0.57,属于典型无边底水定容弹性驱动、低孔致密岩性圈闭干气气藏。

苏里格气田不同区块有效储层发育特征差异明显,中区主砂带集中发育、叠置厚度大且连通性较好,苏东南次之,东区欠发育,西区储层受地层水影响严重,南区储层厚度薄且规模小[11-13]。国际合作区位于苏里格气田中南部,储层特征与东区、西区及南区差异较大,与中区更为接近,因此选取气田中区与其相邻或相近的苏14、桃2、苏36-11区块进行对比(图1)。分析结果表明,国际合作区有效储层厚度、孔隙度、渗透率、含气饱和度、储量丰度及有效砂体钻遇数等参数特征与上述自主开发区基本接近,具备进行开发指标与效果对比评价的地质基础(表1)。

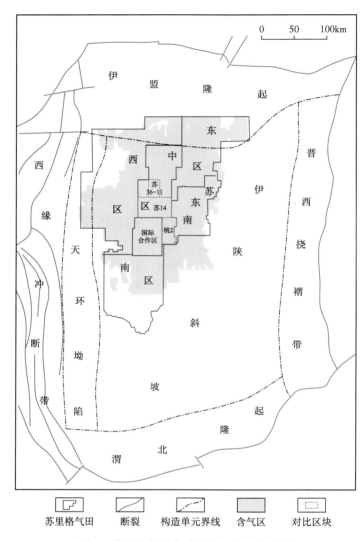

图 1 苏里格气田苏南国际合作区位置图

表 1 苏里格气田国际合作区与典型自主开发区储层特征对比表

	分区	有效厚度/m	孔隙度/%	有效砂体钻遇数/个	渗透率/mD	含气饱和度/%	储量丰度/($10^8 m^3/km^2$)
典型自主开发区	苏36-11	12.75	8.19	3.5	0.66	59.64	1.53
	苏14	12.44	8.34	3.3	0.60	61.28	1.39
	桃2	12.06	8.22	3.2	0.62	61.90	1.43
	平均	12.42	8.25	3.3	0.63	60.90	1.44
国际合作区		11.59	7.89	3.3	0.51	60.33	1.42

2 国际合作区开发效果

2.1 国际合作区关键开发指标

苏里格型致密砂岩气藏储层非均质性强,在目前主体开发井网下气井几乎互不连通,表现出"一井一藏、一井一动态"的特征。气田整体动态特征是由众多单井组合而成,因此单井开发指标评价尤为关键。为系统评价国际合作区气井产能,选择 492 口生产时间较长、动态资料较为丰富的气井开展投产后前 3 年平均日产量、投产后前 3 年平均累计产量、Ⅰ类+Ⅱ类气井比例、气井最终累计产气量(EUR)等多个指标分析。评价结果表明,国际合作区投产后前 3 年气井平均日产量为 $1.6×10^4m^3$,投产后前 3 年气井平均累计产量为 $1730.0×10^4m^3$,Ⅰ类+Ⅱ类气井比例为 81.3%,气井 EUR 为 $3480×10^4m^3$(图 2、图 3、表 2),2012 年至 2019 年Ⅰ类+Ⅱ类气井比例基本保持稳定,历年气井 EUR 呈现稳中有升的趋势。苏 14、桃 2、苏 36-11 等 3 个自主开发区前 3 年气井平均日产量为 $1.0×10^4m^3$,投产后前 3 年气井平均累计产量为 $1081.4×10^4m^3$,Ⅰ类+Ⅱ类气井比例为 68.8%,气井 EUR 为 $2610×10^4m^3$(图 2、图 3、表 2),2007 年至 2019 年Ⅰ类+Ⅱ类气井比例呈现逐渐降低的特征,历年气井 EUR 也呈现逐渐降低的趋势。对比分析表明,在基本接近的储层地质条件下国际合作区气井开发指标均明显优于自主开发区。

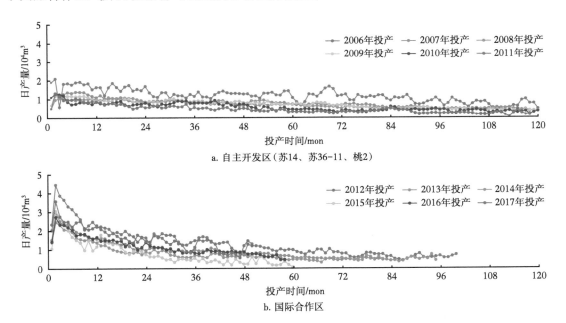

图 2 苏里格气田国际合作区与自主开发区分年投产气井日产量对比图

需要指出的是,国际合作区与自主开发区气井生产制度不同,国际合作区以适当放压生产为主,初期产量高、递减快,首年递减率为 35%~40%;而自主开发区以控压生产为主,初期产量相对偏低、递减相对缓慢,首年递减率为 25%~28%。因此依据初期日产量进行开发效果对比并不合理。对于苏里格型致密砂岩气藏而言,由于有效储层规模小且井间多不连通，单井 EUR 是相对固定的，不会随开发阶段的不同而发生改变，可以作为气井效果对比的核心指标。此外，国际合作区动态 I 类 + II 类气井比例较高，也在一定程度上助推了气井初期日产量和 EUR 的提高。

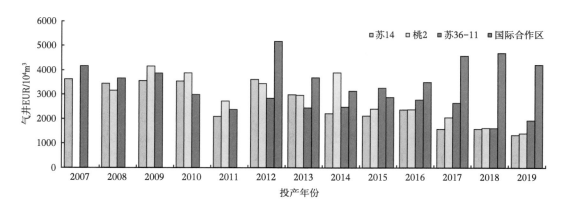

图 3　苏里格气田国际合作区与自主开发区历年投产气井 EUR 对比图

表 2　苏里格气田国际合作区与典型自主开发区气井指标对比表

区块		投产后前 3 年气井平均日产量 /10⁴m³	投产后前 3 年气井平均累计产量 /10⁴m³	I 类 + II 类气井比例 /%	气井 EUR/10⁴m³
自主开发区	苏 36-11	1.0	1052.8	71.0	2862
	苏 14	0.8	940.8	64.8	2437
	桃 2	1.1	1250.7	70.7	2339
	合计 / 平均	1.0	1081.4	68.8	2610
国际合作区		1.6	1730.0	81.3	3480

2.2　与自主开发区效果对比

苏里格气田自主开发区采用低成本开发技术对策，苏 14、桃 2 及 苏 36-11 区块单井含税综合投资（钻采 + 地面）平均为 867 万元，而国际合作区为 1360 万元，国际合作区高出 493 万元。单井 EUR 方面，自主开发区平均为 $2610\times10^4\text{m}^3$，而国际合作区为 $3480\times10^4\text{m}^3$，国际合作区高出 $870\times10^4\text{m}^3$。单井最终产出方面，按当前 1.119 元 /m³ 气价计算，上述自主开发区单井最终产出平均为 2054 万元，而国际合作区为 2534 万元，国际合作区高出 480 万元（表 3）。对比分析表明，国际合作区具有相对高投入、高产量、高产出的特征，而自主开发区具有低投入、中产量、中产出的特征。判断气田开发效果应充分结合采出程度和经济效益，既应当分析采收率，又应当分析内部收益率。国际合作区受合同期限的影响不注重采收率指标，因此在进行自主开发区和国际合作区成效对比时以开发效益为主。综合分析表明，国际合作区中方内部收益率为 13.77%，而自主开发区内部收益率为 11.16%。

表 3 国际合作区与典型自主开发区开发效果对比表

区块	单井含税综合投资/万元	单井EUR/10^4m^3	单井总收入/万元	单井最终产出/万元
自主开发区	867	2610	2921	2054
国际合作区	1360	3480	3894	2534
指标差异	493	870	973	480

3 国际合作区关键开发技术

受开发理念与关键开发技术差异等因素综合影响，国际合作区气井开发指标明显优于自主开发区。经过多年坚持不懈的攻关探索，国际合作区逐步形成了涵盖地质评价、气藏工程、钻完井、采气工艺、地面集输等五大类 30 余项的主体开发技术系列，其中关键核心特色技术对气井开发效果提升有重要支撑作用[5-10, 14-15]。本文以开发理念差异为着力点，重点围绕储层评价、井网部署、钻完井作业、储层改造、气井生产管理及措施增产 6 项关键特色技术为核心开展系统对比。

3.1 开发理念与思路

国际石油公司在全球范围内进行油气投资，全球油气投资面临地缘政治、金融环境、油气价格、法律政策、运营管理及开发技术等多种风险[7, 10]。为有效防范投资风险，在苏南国际合作区开发过程中以经济效益、正现金流策略为目标，以风险控制为核心，上述开发理念深刻影响国际合作区关键开发技术实施与产建节奏。例如，为准确获取地质评价参数、彻底认清储层特征并降低井网部署风险，苏南国际合作区加大开发评价投入、深入推广三维地震，持续深入开展前期地质评价，不刻意追求产量目标与建设节奏，而以彻底认清地质规律为重点，因此其产量目标和产能建设速度一直低于方案设计（图 4）；为有效保证现金流、加快投资回收，国际合作区气井多采用放压、高产的生产制度；为保证单井产能、避免井间产量干扰，国际合作区采用相对稀疏、井距排距较大的开发井网。自主开发区以规模效益与低成本开发为主要理念，以持续增产、服务国家天然气需求为目标，相对注重气田或区块的产量规模、产建节奏快，气井控压生产，更注重气井生产的持续性与稳定性，井型井网更灵活且更注重提高采收率。

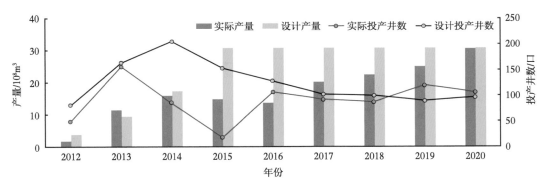

图 4 国际合作区开发方案实施情况与设计对比图

3.2 关键核心特色开发技术

3.2.1 三维地震—地质融合储层评价技术

苏里格气田储层非均质性强、横向变化快[16-26]，为有效落实砂岩富集区分布，国际合作区进行全区三维地震采集、处理与解释，开展三维地震河流相储层识别及预测攻关，先后探索了叠前泊松比反演技术、地震时间厚度分析技术与波形分类技术，上述地震预测方法对厚度小于10m、10~15m、15~20m、大于20m的砂岩预测吻合度具有较大差异，对厚度大于20m的主河道厚砂岩预测吻合度可达66%~77%，15~20m的较厚砂岩预测吻合度达60%~73%，厚度小于10m的薄砂岩区预测吻合度为52%~64%，对厚度10~15m的砂岩预测吻合度较差，仅为25%~45%。为进一步提高储层预测精度，综合上述3种属性分析技术形成多属性融合砂体预测方法，该方法预测砂岩富集区吻合度为73%，预测薄砂岩区吻合度为75%，预测效果明显提升（图5）。以三维地震多属性融合砂体预测结果为约束，通过复杂河流相体系精细描述，形成三维概率体约束的自适应河道随机沉积相建模方法，综合形成三维地震—地质融合储层评价技术。开发实践表明，上述储层评价预测技术可有效提高钻井成功率，2018年完钻井盒8段15m以上储层预测吻合度达83%，为历年最高（图6）。受低成本开发技术政策的影响，自主开发区储层预测以二维地震和钻井为主，有利区预测存在较大风险与不确定性。

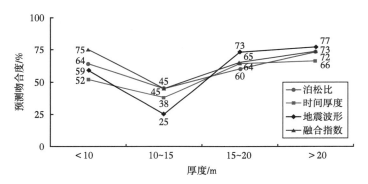

图 5 多种地震属性对不同厚度砂岩预测吻合度图

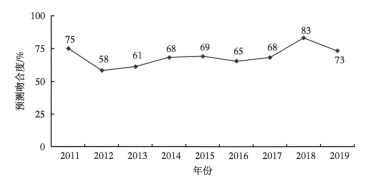

图 6 国际合作区历年储层预测吻合度图

3.2.2 网格分区棋盘丛式标准化井网部署技术

2009年苏南国际合作区完成了ODP（Overall Development Plan，整体开发方案）方案论证，研究确定了1000m×1000m直井/定向井主体开发井网，以九井丛为基本单元进行棋盘式部署[6]。结合方案论证井网和丛式井组单元，基于储层评价预测成果，以3000m×3000m为主体网格对开发区进行整体分区，主体网格内按1000m×1000m大小进一步划分为9个次级网格，结合储层发育实际情况开展井位部署，每个主网格最多可完成9口丛式井的部署。网格化分区的目的是在井网实施前做好顶层设计，使井网具有整体性和规则性，为后续井网优化调整留存空间。国际合作区和自主开发区作业模式不同，国际合作区为契约合同作业，自主开发区为自主主导作业。国际合作区以ODP方案作为开发的重要基础，按方案执行是合同契约的要求，已投产的880余口开发井严格按设计部署，井网的整体性、规则性较好（图7）。自主开发区井位部署重点围绕储层条件发育较好的探井和开发井进行，采用先肥后瘦的部署方式，井网的整体性与规则性兼顾有限，以直井/定向井+水平井混合部署为主，随着开发深入，剩余储量碎片化逐渐突出，井网后续优化调整面临挑战[20, 27-28]。自主开发区先肥后瘦的部署方式开发效果理应不低于国际合作区，但由于苏里格气田储层非均质性强，百米级范围内储层会发生较大变化，且缺少井间预测的有效手段，围绕高产井滚动部署仍有较高的钻遇低产井的风险，择优部署措施难以有效实施。国际合作区则可充分利用三维地震预测成果，有效避开薄储层发育区，从而有效保证部署成功率。

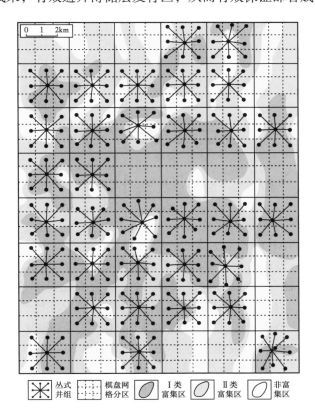

图7 苏南国际合作区开发 I 区网格化分区与棋盘式部署图

3.2.3 批量实施工厂化钻完井作业技术

工厂化作业移植到油气资源开采领域始于 21 世纪初，主要用于钻井、压裂等大型施工方面。工厂化钻完井作业模式相对于传统的分散式钻完井模式，既提高了作业效率、降低了作业成本，也更加便于施工和管理，特别适用于致密油气、页岩油气等低渗透、低品位的非常规油气资源的开发作业[5]。苏南国际合作区通过大胆创新和反复论证，率先提出采用工厂化作业方式，在多年开发实践中形成了以"大井丛布井、多钻机联合、快速化平移、标准化钻井、重复再利用"为核心的工厂化作业模式，提速提效、降低操作成本效果明显。通过创新井身结构及轨迹设计、优选高效钻头和钻具、优化钻井液性能等技术研究与试验，形成了"8½ in 钻头 ×7in 表层套管 + 6in 钻头 ×3½ in 生产套管"二开小井眼优快钻井技术。基于工厂化钻井和小井眼钻井技术，机械钻速最高提升至 22.7m/h，钻井周期最低为 11.1 天（图 8），套管、钻井液等材料消耗和岩屑产出量减少了 35%~45%。丛式井组工厂化压裂施工中，采用钢丝通井、安装井口、射孔、压裂、排液、测试"六个一趟过"组织模式大幅度提高压裂设备的利用率，作业效率较单井模式提高一倍以上。受国际合作区高效钻完井作业模式启发，自主开发区系统借鉴和推广工厂化作业模式，钻完井实施效率逐渐提升，成本费用不断降低。

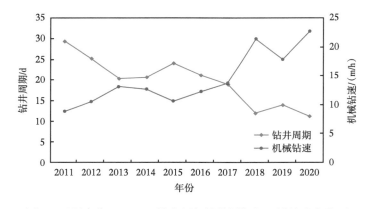

图 8 国际合作区 8½ in 钻头历年钻井周期与机械钻速变化图

3.2.4 TAP Lite 分层压裂储层改造技术

苏南国际合作区以 TAP Lite 为主体的分层压裂具体包括以下技术：3½ in 套管无油管完井、2in 小枪身深穿透集中射孔、高纯度瓜尔胶压裂液体系、69MPa 中密度高强度优质陶粒支撑剂、高前置液比与大液量混合压裂设计、套管滑套投球连续分层压裂、大容量压裂液在线连续混配及大井丛工厂化流水作业等[13-14]。前置液比例为 40%~50%，排量为 3.0~5.0m³/min，砂比为 15%~25%，单层液量为 300~500m³、砂量为 15~50m³（表 4），要求压裂液基液黏度为 57mPa·s，耐温能力为 96℃，支撑剂为 20/40 目中密度高强度陶粒，在 69MPa 压力下破碎率小于 9%，排液方式为不伴液氮—压裂后不控制放喷排液的快速排液技术，若无法喷通或排液过程中出现停喷，则进行连续油管液氮气举排液。截至 2020 年底，累计完成压裂试气直井 / 定向井 796 口，单井分压层数 1~3 层，平均 2.2 层，裂缝半长大于 200m，裂缝高度为 22~100m（表 4）。国际合作区以 TAP Lite 为主体的聚焦主层、深度改造分层压裂技术，在 2012—2020 年规模应用 592 口井，历年平均单井压裂后无阻流量为 $22.8 \times 10^4 m^3/d$，试气动态 Ⅰ 类 + Ⅱ 类气井比例达到 98%，技术提产效果明显（图 9）。自主开发区主体采用复合桥塞分层压裂工艺，储层改造段数较多，施工参数、压裂体系等不同于国际合作区（表 4），裂缝改造强度、长高规模不及国际合作区，很大程度上影响了压裂改造效果，制约了气井产能发挥。近年来，在自主开发区苏东、苏 14 等区块开展高排量混合压裂试验，取得了较好的开发试验效果。

表 4 国际合作区与自主开发区压裂设计参数对比表

	重要参数	国际合作区	自主开发区
压裂	分层压裂层数	1~3	2~5
	前置液比例 /%	40~50	35
	排量 / (m^3/min)	3.0~5.0	2.8
	单层砂量 /m^3	15~50	27~28
	单层液量 /m^3	300~500	150~200
	砂比 /%	15~25	21~22
裂缝	裂缝半长 /m	> 200	140
	裂缝高度 /m	22~100	24

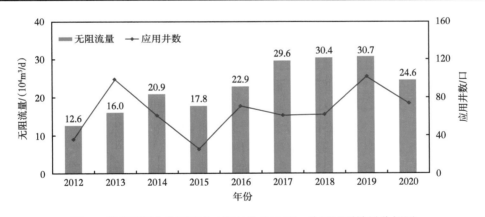

图 9 苏南国际合作区直井 / 定向井 TAP Lite 分层压裂效果分析图

3.2.5 适度放压间歇生产气井管理技术

气井开采存在放压生产和控压生产两种主要技术方式，对苏里格型致密砂岩气藏不同气井开采方式的开发效果存在不同认识[26-28]。苏南国际合作区气井普遍采用适度放压生产制度，放压生产方式有利于初期压裂液彻底返排，可适应 3½ in 无油管生产方式，与地面中 / 低压集气系统相匹配，此外气井放压生产有利于资金快速回收。国际合作区气井生产分为 3 个阶段：第一阶段为自然递减阶段，投产初期（前 1~3 个月）产气量超过 $5 \times 10^4 m^3/d$，生产 1

年左右降至 $2×10^4m^3/d$；第二阶段为产量波动明显的间歇生产阶段，该方式有利于远井地带能量向近井地带补充，道达尔公司根据其北海地区 Ann、Alison、Audrey、Hewett 等低渗透气田开采经验，认为定期关井（间歇生产）有助于延长开采寿命，增加最终单井采出量（压力恢复实现产能补充）；第三阶段为措施生产阶段，通过系列排采措施使气井恢复正常生产（图10）。自主开发区主体采用控压生产方式，气井初期日产量虽低于国际合作区，但气井生产稳定连续、递减更为缓慢，认为控压生产优于放压生产，气井最终采出量高3%以上[27]。不同开采方式对最终开发效果的影响仍需持续深入论证及开发实践的检验。

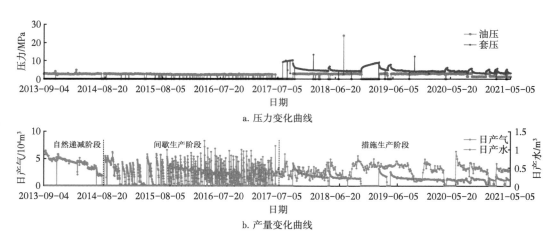

图 10 苏南国际合作区 SN0165-4 井生产曲线图

3.2.6 速度管柱主导的措施增产技术

国际合作区广泛采用速度管柱增持措施，当气井产量低于 $2×10^4m^3/d$ 时起出井下节流器，下入速度管柱生产，气井携液能量增强，生产稳定连续且递减较为缓慢。截至 2020 年底，国际合作区共实施排水采气措施井 710 口，其中速度管柱井 548 口，占措施井的 77%。开发实践表明，速度管柱有利于提高气井生产能力、促进气井稳产生产，可有效适用于Ⅰ类+Ⅱ类气井，且实施越早增产效果越好，364 口Ⅰ类+Ⅱ类气井单井平均增产 $375.3×10^4m^3$（表5）。苏南国际合作区采用"ϕ88.9mm 套管+ϕ38.1mm 速度管柱"完井方式，

表 5 不同投产时间气井实施速度管柱效果对比表

措施开始时气井投产时间 /d	井数 / 口	增产气量 /10^8m^3	平均单井增产气量 /10^4m^3
330	27	1.48	548.1
660	68	3.15	463.2
990	89	3.48	391.0
1320	108	3.71	343.5
1650	72	1.84	255.5
合计 / 平均	364	13.66	375.3

速度管柱临界携液流量为 $0.5×10^4m^3/d$，当气井产量低于携液流量时采用泡沫排水、套管柱塞气举等措施辅助生产。速度管柱单井平均投入成本为 70 万元~80 万元，受低成本开发技术政策制约，自主开发区速度管柱应用比例较低，如苏里格气田中区应用比例为 3.8%，主体以低成本的泡沫排水、套管柱塞气举为主。

3.3 技术对比与可借鉴性分析

在国际合作区关键开发指标评价、开发理念与关键开发技术分析的基础上，开展自主开发区与国际合作区的系统对比（表6）。在我国绿色低碳发展背景下，天然气需求将进一步增加，为降低对外依存度、保证天然气供给安全，国内天然气持续增产是未来天然气发展的必然选择[2-4]。在开发理念与思路方面，未来致密气藏开发仍将以规模效益为主，即以产量规模为核心目标，满足一定的目标收益率即可，国际合作区以高经济收益为核心目标的开发理念不适合我国天然气需求和致密气开发形势。在关键开发技术方面，气井放压生产制度与控压生产制度的效果差异仍需进行深入分析与持续论证，国际合作区放压生产方式不一定完全适合于自主开发区，储层评价、井网部署、钻完井作业、储层改造、措施增产等 5 个方面的关键特色技术值得自主开发区吸收借鉴。上述可借鉴技术中，工厂化钻完井作业技术可提升施工效率、降低开发成本，网格分区棋盘丛式标准化井网部署可实现井网科学部署，有利于后期井网整体调整部署，而三维地震—地质融合储层评价、TAP Lite 分层压裂储层井改造、速度管柱措施增产等 3 项技术直接有助于气井产量提升，是自主开发区尤为值得借鉴的技术。

表 6 国际合作区与自主开发区主体开发技术系统对比及可借鉴性分析表

系统对比	主体技术对比		国际合作区技术优势	自主开发区是否试验或推广	可借鉴性
	国际合作区	自主开发区			
开发理念与思路	以投资收益最优、正现金流为原则，侧重风险控制	以规模效益、低成本开发为原则，侧重国家能源需求	抗风险能力更强	未开展	能源需求迫切，较难借鉴
储层评价技术	三维地震全覆盖，多种地震属性融合预测砂岩富集区	基于二维地震和井资料，采用概率分析法和滚动评价法优选砂岩富集区	精度高、储层预测效果好	局部推广	可借鉴
井网部署技术	棋盘式网格分区，开展大丛式标准化井网部署，直井/定向井为主	优选井位、随钻调整，混合井网部署	井网规则、有利于后期调整	局部应用	可借鉴
钻完井作业技术	大井丛布井、多"钻机联合、快速化平移、标准化钻井、重复再利用"为核心的工厂化作业模式	早期为分散式钻井、完井模式，目前推广应用工厂化作业模式	提速提效、降低操作成本效果明显	推广应用	已借鉴
储层改造技术	大液量、高排量、低砂比、高性能支撑，提高人工裂缝改造深度和导流能力，突出主力层改造	液量、排量、砂比偏低，人工裂缝长度偏小，多段兼顾，根据储层特征进行差异改造，受成本控制	增加单井最终可采储量	试验阶段	可借鉴

续表

系统对比	主体技术对比		国际合作区技术优势	自主开发区是否试验或推广	可借鉴性
	国际合作区	自主开发区			
气井生产管理技术	适当放压生产、早—中期间歇生产，补充地层能量	控制生产压差，以稳定连续生产为主	放压有助于压裂液返排、有利于储层保护，早期高产可快速回收投资	未开展	可借鉴
措施增产技术	以速度管柱为主	以低成本泡沫排水、套管柱塞气举为主	增产效果明显	试验阶段	可借鉴

4 对致密气高效开发的重要启示

作为中国石油对外合作的重要项目，苏南项目从一开始就坚持"高点起步，高标准要求，高效益开发的原则"，坚持"储藏认识一次弄清真面目、开发部署整区块一次设计，地面集输能力一步配套到位"的理念，避免传统开发中井位部署及地面建设可能走的弯路和重复路。深入总结苏南国际合作区开发技术经验，形成了有助于自主开发区致密气高效开发的重要启示。

4.1 持续深化地质研究支撑高质量部署

国际合作区历年产量与钻井工作量始终低于ODP方案设计，按照设计，2012—2014年为建产期，2015年即应达到$30\times10^8m^3$规模，实际到2020年才达到上述规模，2020年底钻井数量比方案设计数量少300余口。实际建产节奏低于方案设计的关键原因之一在于国际合作区注重储层地质深入论证与优化评价研究，为获取可靠的储层地质预测参数、提高井位部署成功率，加大前期地质评价，开展全区三维地震采集与处理解释，不刻意追求方案产量目标而以提高井位部署质量、降低开发风险为核心。开发实践表明，基于三维地震多属性融合储层预测技术，国际合作区厚砂岩预测吻合度达70%以上，Ⅰ类+Ⅱ类气井动态比例达80%以上，单井平均EUR达$3480\times10^8m^3$。受低成本开发政策、资料基础及注重产量规模等因素影响，自主开发区储层地质研究的深度难以与国际合作区相比，井位部署质量和开发效果与国际合作区存在差距。在长庆气区未来致密气开发中，可适当转变开发思路，选择典型区块开展高投入前期地质评价试验以提高部署效果。

4.2 加强顶层优化设计支撑科学有序实施

气田开发方案是在气田特征与开发规律系统科学认识的基础上编制的，是指导气田建设与科学开发的重要顶层设计资料，系统论证确定了系列关键开发指标与采用的技术系列。国际合作区ODP方案确定了$1000m\times1000m$井排距、丛式大井组的部署模式，基于丛式井组特征对开发区进行网格化划分，形成$3000m\times3000m$的基本网格单元，以$9km^2$为基本面积单元将井网部署目标区标准化与统一化，在井网部署实施前完成顶层优化设计，为后续执行奠定了良好指引（图7）。根据储层地质论证与预测结果，确定网格单元内的部署方式，若网格单元内储层发育情况较差则避开此网格不进行部署,若网格单元内储层发育情况良好则严格按照1000m×1000m井网完成9口丛式井的部署。在网格分区部署方式下,采用区块接替与井间接替方式,国际合作区被科学有序开发,形成目前苏里格气田最规则有序的开发井网,为未来整体持续优化调整创造了良好基础(图11)。自主开发区虽有开发方案支撑,但实际井网部署中多采用滚动开发、动态调整的方法,井网部署的有序性、整体性欠佳,后续调整面临挑战。致密气新区的开发应充分吸收国际合作区技术经验,提升部署的科学性与有序性。

4.3 强化全过程管理与质量控制助推开发效果提升

国际合作区气井指标优于自主开发区,并非单因素影响而是系列因素综合影响的结果,在储层评价、井网部署、钻完井作业、储层改造、措施增产等5项技术中,每项技术流程均严格遵守规范准则并保证实施质量,关键技术环节科学有序衔接、配套适合,从而实现全过程优化和质量控制,最终整体达到较好的开发效果。国际合作区采用中方担任作业者的管理模式,钻井、压裂、地面、生产等关键方面工作均由中方担任作业者,道达尔公司进行钻井监督、协助压裂等工作,双方全力合作、相互监督,在很大程度上助推了过程管理、强化了质量控制。受产建节奏快、工作量负荷重、体制制约等多方面因素影响,自主开发区关键开发技术环节的实施和监管难以到位,全过程一体化管理与质量控制仍有较大不足。未来致密气开发中,应进一步加强监管制度建设并落实质量控制责任制,保证关键开发技术环节实施到位,助推开发效果提升。

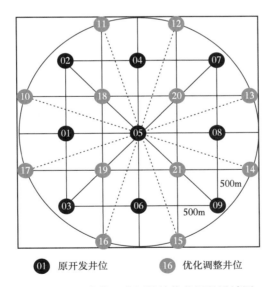

● 01 原开发井位　　　 ● 16 优化调整井位

图11 国际合作区井网持续优化调整设计图

5 结论

(1)通过对苏里格气田国际合作区与自主开发区气井初期产量、Ⅰ类+Ⅱ类气井比例、

EUR 等关键开发指标的对比，明确了同等气藏地质特征条件下前者开发指标水平明显高于后者，重点围绕开发效果产生差异的原因对国际合作区的关键开发技术进行了系统梳理与评价，落实了 6 项核心特色开发技术，并与自主开发区进行了深入对比，确定了 5 项值得借鉴的关键开发技术。

（2）国际合作区以经济效益、风险控制为理念，单井综合投入高、最终产出也较高，而自主开发区以规模效益、产量提升为重点，低成本开发理念贯穿始终，单井综合投入低、最终产出也较低，自主开发区应适当借鉴国际合作区的开发理念，优化确定投入、产出的最佳平衡点，这对鄂尔多斯盆地外围低品位致密气新区的效益开发具有重要指导意义。

（3）致密气藏的开发效果很大程度上取决于储层改造技术，国际合作区以 TAP Lite 分层压裂工艺为主，自主开发区则采用复合桥塞分层压裂工艺，虽然工艺技术、施工参数、压裂体系等明显不同，但过程管理与质量控制也是保证储层改造能够达到真实效果的关键，因此在借鉴国际合作区关键开发技术的同时也应借鉴其高效管理机制与管理模式。

（4）国际合作区与自主开发区不同开发技术的效果差异仍不明确，如气井适当放压、间歇生产与控制压差、连续生产对 EUR 的影响仍不清晰，需要进一步加强机理研究与深入分析；另外不同开发技术适应的条件背景不同，如速度管柱适用于产水致密气藏，对不产水或微量产水致密气藏的适用性有限，因此应该结合具体实际选择性借鉴采用。

参 考 文 献

[1] 孙龙德，邹才能，贾爱林，等.中国致密油气发展特征与方向[J].石油勘探与开发，2019，46（6）：1015-1026.

[2] 何江川，余浩杰，何光怀，等.鄂尔多斯盆地长庆气区天然气开发前景[J].天然气工业，2021，41(8)：23-33.

[3] 贾爱林，位云生，郭智，等.中国致密砂岩气开发现状与前景展望[J].天然气工业，2022，42（1）：83-92.

[4] 贾爱林.中国天然气开发技术进展及展望[J].天然气工业，2018，38（4）：77-86.

[5] 刘社明，张明禄，陈志勇，等.苏里格南合作区工厂化钻完井作业实践[J].天然气工业，2013，33(8)：64-69.

[6] 郝骞，卢涛，李先锋，等.苏里格气田国际合作区河流相储层井位部署关键技术[J].天然气工业，2017，37（9）：39-47.

[7] 何明舫，马旭，张燕明，等.苏里格气田"工厂化"压裂作业方法[J].石油勘探与开发，2014，41（3）：349-353.

[8] 王博，冯宁军，赵景龙，等.鄂尔多斯盆地苏里格南部合作区生产系统分析与优化[J].天然气勘探与开发，2017，40（3）：66-71.

[9] 何涛，史诚.浅谈高质量二次发展过程中合作项目的管理：以苏里格南国际合作项目为例[J].石油工业技术监督，2020，36（3）：45-47.

[10] 苗震，吴俞霏，杜颜，等.苏南公司对外合作项目管理优化及其实践[J].石油工业技术监督，2020，36（3）：63-66.

[11] 贾爱林，王国亭，孟德伟，等.大型低渗—致密气田井网加密提高采收率对策：以鄂尔多斯盆地苏里格气田为例[J].石油学报，2018，39（7）：802-813.

[12] 冀光，贾爱林，孟德伟，等.大型致密砂岩气田有效开发与提高采收率技术对策：以鄂尔多斯盆地苏

里格气田为例[J].石油勘探与开发,2019,46(3):190-200.

[13] 张益,刘帮华,胡均志,等.苏里格气田苏14井区二叠系下石盒子组盒8段多期砂体储层合理开发方式研究[J].中国石油勘探,2021,26(6):165-174.

[14] 陈志勇,王强,胡立波,等.苏里格南储层改造技术及应用[J].石油工业技术监督,2017,33(9):12-15.

[15] 杨圣方,董易凡,董永恒,等.TAP阀压开地层解决方案及其在苏南的应用[J].石油工业技术监督,2020,36(3):5-6,9.

[16] 郭智,贾爱林,冀光,等.致密砂岩气田储量分类及井网加密调整方法:以苏里格气田为例[J].石油学报,2017,38(11):1299-1309.

[17] 刘群明,唐海发,吕志凯,等.辫状河致密砂岩气藏阻流带构型研究:以苏里格气田中二叠统盒8段致密砂岩气藏为例[J].天然气工业,2018,38(7):25-33.

[18] 王国亭,贾爱林,闫海军,等.苏里格致密砂岩气田潜力储层特征及可动用性评价[J].石油与天然气地质,2017,38(5):896-904.

[19] 李柱正,李开建,李波,等.辫状河砂岩储层内部结构解剖方法及其应用:以鄂尔多斯盆地苏里格气田为例[J].天然气工业,2020,40(4):30-39.

[20] 王继平,张城玮,李建阳,等.苏里格气田致密砂岩气藏开发认识与稳产建议[J].天然气工业,2021,41(2):100-110.

[21] 王香增,乔向阳,张磊,等.鄂尔多斯盆地东南部致密砂岩气勘探开发关键技术创新及规模实践[J].天然气工业,2022,42(1):102-113.

[22] 何东博,贾爱林,冀光,等.苏里格大型致密砂岩气田开发井型井网技术[J].石油勘探与开发,2013,40(1):79-89.

[23] 何东博,王丽娟,冀光,等.苏里格致密砂岩气田开发井距优化[J].石油勘探与开发,2012,39(4):458-464.

[24] 李跃刚,徐文,肖峰,等.基于动态特征的开发井网优化:以苏里格致密强非均质砂岩气田为例[J].天然气工业,2014,34(11):56-61.

[25] 孟德伟,贾爱林,冀光,等.大型致密砂岩气田气水分布规律及控制因素:以鄂尔多斯盆地苏里格气田西区为例[J].石油勘探与开发,2016,43(4):607-615.

[26] 程立华,郭智,孟德伟,等.鄂尔多斯盆地低渗透—致密气藏储量分类及开发对策[J].天然气工业,2020,40(3):65-73.

[27] 卢涛,刘艳侠,武力超,等.鄂尔多斯盆地苏里格气田致密砂岩气藏稳产难点与对策[J].天然气工业,2015,35(6):43-52.

[28] 谭中国,卢涛,刘艳侠,等.苏里格气田"十三五"期间提高采收率技术思路[J].天然气工业,2016,36(3):30-40.

摘自:《中国石油勘探》,2023,28(2):44-56

气藏应用篇

多层透镜状致密砂岩气田井网优化技术对策

郭　智[1]　王国亭[1]　夏勇辉[2]　杨　勃[2]　韩江晨[1]

1.中国石油勘探开发研究院；2.中国石油长庆油田分公司气田开发事业部

摘要：苏里格致密砂岩气田储层物性差、垂向上发育多层透镜状有效砂体、规模小、非均质性强，现有井网对储层控制不足，采收率偏低。井网优化调整是致密气提高储量动用程度及采收率的最有效手段之一。根据储层结构及气井生产开发效果，将气田可效益动用储层划分为 3 种类型，分别对应储量丰度为：$> 1.8 \times 10^8 m^3/km^2$、$(1.3 \sim 1.8) \times 10^8 m^3/km^2$、$(1.0 \sim 1.3) \times 10^8 m^3/km^2$。基于不同储层条件下的密井网试验区实际生产数据，结合储层规模分析和气井泄气范围评价，兼顾开发效益和提高采收率，从采收率增幅拐点、区块整体有效、新井能够自保等方面开展适宜井网密度综合分析，明确了 3 类储层的适宜井网密度分别为 3 口 $/km^2$、4 口 $/km^2$、4 口 $/km^2$。苏里格致密砂岩气田剩余可动用储量 $1.23 \times 10^{12} m^3$，新的差异化布井方式相比于 600m×800m 井网，可多钻井 1.2 万口，多建产能 $450 \times 10^8 m^3$，累计多产气 $2000 \times 10^8 m^3$，可将采收率由 32% 提升至 48.5%。

关键词：致密砂岩气；苏里格气田；多层透镜状；储层分类；井网优化

0　引言

苏里格气田是我国致密砂岩气田的典型代表，也是国内储量、产量最大的气田，其规模效益开发引领了国家致密气的产业化进程。截至 2021 年年底，气田上古气藏累计提交探明及基本探明储量 $3.81 \times 10^{12} m^3$，累计投产气井约 1.7 万口，累计产气约为 $2500 \times 10^8 m^3$。气田年产量连续 7 年保持在 $230 \times 10^8 m^3$ 以上，2021 年达到 $283 \times 10^8 m^3$，占全国天然气总产量的 15%。20 年来气田开发经历了早期评价、规模上产、稳产与提高采收率等开发阶段，先后编制了 $50 \times 10^8 m^3/a$、$100 \times 10^8 m^3/a$、$230 \times 10^8 m^3/a$ 等不同生产规模的开发方案。随着产量规模的扩大和开发阶段的深入，对地下地质条件的认识也在不断深化，主体开发井网由早期评价期的 600m×1200m 调整至规模建产期的 600m×800m，采收率由 19% 提升至 32%。但目前来看，该井网依然对储量控制不足，井间存在着规模较大的剩余储量。气田累计动用储量 $1.36 \times 10^{12} m^3$，剩余储量 $2.45 \times 10^{12} m^3$，扣除环境敏感区及低效区储量 $1.22 \times 10^{12} m^3$ 后，剩余可动储量为 $1.23 \times 10^{12} m^3$。剩余可动储量区如果全部按照 600m×800m 井网布井，还能布井约 1.87 万口，可新建产能 $666 \times 10^8 m^3$，仅能再保持气田稳产 11 年。在天然气需求愈发旺盛而优质储量发现难度不断加大的背景下，增加已开发大气田的稳产期、提高采收率是天然气业务高质量发展的必然选择。

北美致密气开发始于 20 世纪 70 年代，经过近 50 年的发展，技术成熟配套，产量迅速攀升，开发经验丰富。在其开发历程中，经历多轮次井网加密，采收率大幅提升。例如

基金项目：中国石油天然气集团公司"十四五"前瞻性基础性技术攻关项目"致密气勘探开发技术研究"下属课题 3"致密气主力开发区稳产技术研究"（编号：2021DJ2103）资助。

Ozona 气田的 Canyon 气藏，井距从 1970 年的 1.3km²/井加密到 2000 年的小于 0.16km²/井，前期 5~9 年加密 1 次，后期 1~2 年加密 1 次，最终采收率提升至 70% 以上。之所以逐次加密，主要基于 3 点：一是在开发的过程中，不同阶段对地质条件的认识在不断提升，逐步逼近地下的真实情况；二是以富集区优选、储层改造、小井眼优快钻井为代表的核心开发技术的升级迭代大幅提高了单井产量，同时，降低了开发成本；三是气价的上升、财税政策的不断倾斜使密井网从原来的无效益、低效益变得有效益。但另一方面，Ozona 气田的采收率并非随井网密度的增加而线性增加，加密后气井平均产量有所下降，反映产生了一定的井间干扰。

北美致密气田多形成于海相[1-2]，储层呈块状或厚层状，有效厚度可达 100~300m，横向连续稳定[3-5]。相比而言，我国致密砂岩气田多形成于陆相河流相，储层表现为多层透镜状，规模小、连续性差、非均质性强。另外，我国的油气企业不是将追求利润视为唯一目标，还承担着保障国家能源安全、维护社会稳定等诸多责任。因此，国外的经验只能借鉴，不能照搬，需要结合我国的地质条件和体制机制，走具有自身特色的开发之路。与国外油企不同，国内油气企业在保障效益下限的同时，尤其要重视提高采收率。因此，在进行井网优化时需要合理划分储层类型，针对不同类型储层提出相应的井网优化技术对策。

1 气田基本特征

1.1 储层物性差、规模小、非均质性强，储量丰度低

苏里格气田位于鄂尔多斯盆地伊陕斜坡的北部，主力产层为二叠系石盒子组 8 段（盒 8 段）和山西组 1 段（山 1 段），累计地层厚度约为 100m，砂层厚度为 30~40m，共分为 7 个小层。根据气田 890 块密闭取心岩样的覆压分析实验可知，孔隙度主要介于 5%~12%，渗透率介于 0.01~0.1mD，为典型的致密砂岩气田，须经过储层压裂改造才能有工业产能[6]。

在鄂尔多斯盆地的河流—浅水三角洲沉积背景下，河道多期切割、叠置，形成上万平方千米的砂岩大规模分布区[7]。储层先致密后成藏，沉积以后遭受了强烈的压实、胶结等破坏性成岩作用，原生孔隙消失殆尽。有效砂体以溶蚀孔等次生孔隙为主，多分布在孔隙度＞5%、渗透率＞0.1mD、含气饱和度＞45% 的相对甜点区，是产量贡献的主体，位于心滩的中下部及河道充填底部等粗砂岩相，与基质砂体呈"砂包砂"二元结构[8]。不同于基质砂体的大规模分布，有效砂体规模小，连续性较差，在空间多呈透镜状孤立分布[9-10]。直井平均钻遇 2~5 层有效砂体，井均钻遇有效厚度约为 7~12m，仅占基质砂体厚度的 1/4~1/3。

致密砂岩气藏虽然具有大规模连续成藏、含气面积大的特征[11]，但受控于孔隙度小、有效厚度薄，气田储量丰度较低，平均为 $1.0 \times 10^8 m^3/km^2$。作为对比，四川盆地各气田储量丰度普遍较大，分布在 $(5~15) \times 10^8 m^3/km^2$ 之间[12]，塔里木盆地各气田平均储量丰度分布在 $(10~20) \times 10^8 m^3/km^2$ 之间。

1.2 气井产量低，递减率高

多层透镜状致密砂岩气田气井泄气范围小，气井平均泄气范围为 $0.20km^2$，气井产量低，初期直井日产气量约为 $1 \times 10^4 m^3/d$，最终累计产气量（EUR）约为 $2000 \times 10^4 m^3$，经济有效开发难度大。作为对比，塔里木盆地、四川盆地各气田气井平均日产气量在 (30~40)

×10^{4}m^3 之间。致密气藏能量衰减快，气井没有严格意义上的稳产期[13]，投产之后产量与压力同步递减，生产表现出一定的阶段性：早期人工裂缝控制区供气，产气量相对较大但递减快，单位压降采气量小于 30×10^{4}m^3/MPa；后期外围基质砂体供气，产气量小却递减慢，单位压降采气量大于 80×10^{4}m^3/MPa。直井前 3 年平均递减率分别为 23.8%、19.9%、16.9%，生产 10 年递减率逐步降低到 10% 以下。受气井生产特征影响，气田只能依靠不断钻新井实现井间接替或区块接替。按不同年度投产气井递减率和产量加权，计算出气田递减率在 21.7%~24.6% 区间上下浮动，均值为 23.5%。

1.3 直井井网加密是提高采收率的最有效手段

气田垂向上发育多套储层，采用水平井开发虽然能增加井筒与主力产层的接触面积，但不可避免地会损失部分非主力层段的储量[14]，剩余储量后期挖潜难度大。水平井初期产量可达到相邻直井的 3 倍以上，但随着生产时间的延长，最终累计产量仅为相邻直井的 2.4~2.6 倍。考虑到水平井的投资和占地面积都约为直井的 3 倍，从长期来看，水平井并不适合作为多层透镜状致密砂岩气田高效开发的主要井型。目前气田开发还是以直/定向井为主，直/定向井占气田投产井数的 90%。

气藏多依靠天然能量衰竭式开发，其采收率是压降波及系数与压力衰竭效率的函数。对于致密砂岩气田来说，储层连续性和连通性差，制约了泄压波及系数。而影响压降效率的因素包括：渗透率低、压降传导能力弱；气水两相共渗区小，存在启动压力梯度；气井产量低、携液能力差，井筒积液造成废弃压力较高。目前，致密砂岩气田提高采收率的主要措施包括井网优化、查层补孔、老井侧钻、二次压裂、排水采气、增压开采等[15]。国内外开发实践表明，通过井网加密优化提高储量平面动用程度，可将采收率提高 15%~20%[16-18]；通过查层补孔、老井侧钻提高储量剖面动用程度，可将采收率提高 3%~5%；通过二次压裂、排水采气、增压开采等工艺优化，提高储层渗透性和携液能力，降低废弃压力，可将采收率提高 5%~7%。综合来看，直井井网优化调整是致密砂岩气田提高采收率最可行、最有效的手段。

2 储层分类

2.1 储层分类标准

储层品质不仅与储量丰度、规模有关，还与储层的结构相关性有关。开发实践表明，对于钻遇累计有效砂体厚度相同的 2 口气井，单层厚度大、有效砂体发育个数少、储量集中度高的气井往往能获得更高的产量和更好的开发效果。根据苏里格气田 6387 口直井和 1056 口水平井实钻剖面，气田储层结构有块状厚层型、多期叠置型、孤立分散型（图 1），分布比例分别为 5%、16%、79%。

评价气井产能有多种方法，包括物质平衡法、压降曲线法、产能不稳定法（RTA）、生产曲线积分法等，它们的适用条件各不相同。物质平衡法需要渗流达到或接近拟稳态，气井产量相对稳定，压降曲线法一般需要具有较准确的测压资料。在开发中后期，动态资料较丰富，利用产量不稳定分析和生产曲线积分方法评价气井动态储量效果较好，继而结合气井开发废弃条件（日产气量小于 1000m^3/d），预测气井最终累计产量（EUR），在评价各井生产情况的基础上评价区块开发效果。

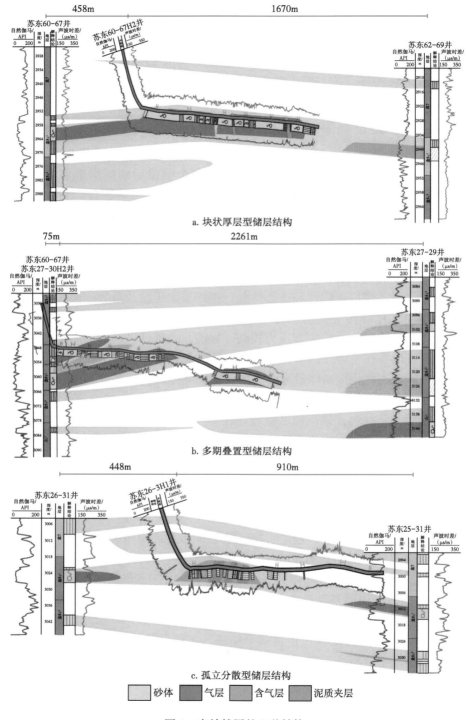

图 1 有效储层的 3 种结构

以单井 EUR 为核心指标，选取气井钻遇累计有效厚度、单层厚度、储量丰度、储量垂向集中程度、储层结构及气井 EUR 等多个动态、静态参数，建立地质与开发动态参数的关系，将气田可效益动用储层划分为Ⅰ类、Ⅱ类、Ⅲ类（表1）。Ⅰ类储层储量丰度>$1.8×10^8 m^3/km^2$，气井预测 EUR>$3500×10^4 m^3$；Ⅱ类储层储量丰度为（1.3~1.8）×$10^8 m^3/km^2$，气井预测 EUR 为（2500~3500）×$10^4 m^3$；Ⅲ类储层储量丰度为（1.0~1.3）×$10^8 m^3/km^2$，气井预测 EUR 为（1400~2500）×$10^4 m^3$。Ⅰ类—Ⅱ类—Ⅲ类储层，气井的累计有效厚度与单层有效厚度不断减薄，储量丰度逐步减小，储层品质趋于变差。

表1 有效储层综合分类标准及分布比例

储层类型	有效厚度/m	储量丰度/($10^8 m^3/km^2$)	单层厚度/m	储量集中度/%	气井 EUR/$10^4 m^3$	储层结构	占气田面积比例/%	占气田储量比例/%
Ⅰ类储层	>15	>1.8	>3.5	>70	>3500	块状厚层、多期叠置	6.3	10.8
Ⅱ类储层	11~15	1.3~1.8	2.7~3.5	50~70	2500~3500	多期叠置、孤立分散	24.6	31.2
Ⅲ类储层	8~11	1.0~1.3	<2.7	<50	1400~2500	孤立分散、多期叠置	27.5	28.3

2.2 各类储层分布特征

Ⅰ类储层主要位于气田中区叠置河道带（图2），是气田最优质的一类储层，储层厚度大、储量丰度高，分布面积为 $0.21×10^4 km^2$，占气田面积的 6.3%，研究区内储量为

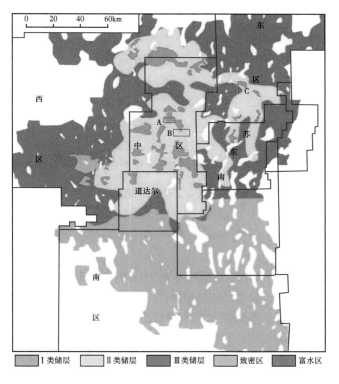

图2 苏里格气田各类储层分布

$0.41×10^{12}m^3$，占气田储量的 10.8%。Ⅱ类储层主要分布在气田中区及部分东区内的河道带，面积为 $0.83×10^4km^2$，占气田面积的 24.6%，研究区内储量为 $1.19×10^{12}m^3$，占气田储量的 31.2%。Ⅲ类储层主要分布在气田东区的河道边部，面积为 $0.93×10^4km^2$，占气田面积的 27.5%，研究区内储量为 $1.08×10^{12}m^3$，占气田储量的 28.3%。3 类储层总计占气田面积的 58.4%，占气田储量的 70.3%。此外，气田南区大部分区域由于储层致密、西区大部分区域及东区北部由于出水严重，气井产量较低，在目前条件下经济有效动用难度大。它们合计占气田面积的 41.6%，占气田储量的 29.7%，暂不在本文的讨论范围内。

3 密井网区地质条件及开发效果评价

2008 年以来，苏里格气田设立了多个密井网先导试验区进行开发试验，它们地质条件不等，井网密度不同，开发效果各异。针对各类储层，优选典型密井网区进行地质及开发效果精细评价，有助于分析不同地质条件不同井距下的储层连通关系、落实气井开发指标及区块开发效果，为提出科学可行的井网优化技术对策提供依据。苏 36-11 试验区、苏 6 试验区、苏东 27-36 试验区分别代表Ⅰ类、Ⅱ类、Ⅲ类储层。

3.1 苏 36-11 试验区

苏 36-11 试验区位于苏 36-11 区块东北部（图 2 中 A 区），面积为 $2.6km^2$，储层品质好，为Ⅰ类储层，整体处在砂地比大于 0.6 的叠置河道带（高能河道带）（图 3）。井均钻遇有效砂体 4.5 个，单层厚为 3.6m，累计有效砂体厚度为 16m，储量丰度达 $2.08×10^8m^3/km^2$，储层连通规模可达 500m 以上。

研究区内有骨架井 5 口，2007 年投产，预测井均 EUR 为 $4957×10^4m^3$。2013—2014 年部署 8 口加密井，井均 EUR 为 $1249×10^4m^3$，基本没有开发效益。苏 36-11 干扰试验及压力测试表明，加密井和老井间普遍连通。研究区内 8 口加密井，除苏 36-J7 井外均泄压，反映在 400m×500m 井网下，井间产生了较严重的干扰，说明该井网对于Ⅰ类储层而言过密，适应性较差。

加密后，苏 36-11 试验区井数由 5 口升至 13 口，井网密度由 2.0 口 $/km^2$ 升至约 5 口 $/km^2$，井均 EUR 由 $4957×10^4m^3$ 降至 $2520×10^4m^3$，降幅达 49.2%，采收率由 45.5% 升至 60.6%。

3.2 苏 6 试验区

苏 6 试验区位于苏 6 区块西南部（图 2 中 B 区），面积为 $6.3km^2$，井均有效厚度为 11.53m，平均储量丰度为 $1.43×10^8m^3/km^2$，储层垂向上多层叠置，局部通过侧向搭接具有一定的连续性（图 3），为Ⅱ类储层。

研究区内有骨架井 5 口，2002—2006 年投产，井均 EUR 为 $2875×10^4m^3$。2008—2009 年部署 19 口加密井，井均 EUR 为 $1475×10^4m^3$。在试验区内进行了干扰试验 12 组，其中见干扰 9 组：井距 350~500m 见干扰 6 组，排距 500~600m 见干扰 3 组，井距 500m、排距 600m 以上未见干扰，反映出复合砂体规模小于 500m×600m。

加密后，苏 6 试验区井数由 5 口升至 24 口，井网密度由 1.0 口 $/km^2$ 升至 3.8 口 $/km^2$，井均 EUR 由 $2875×10^4m^3$ 降至 $1796×10^4m^3$，降幅达 37.5%，采收率由 21.3% 升至 46.5%。

气藏应用篇

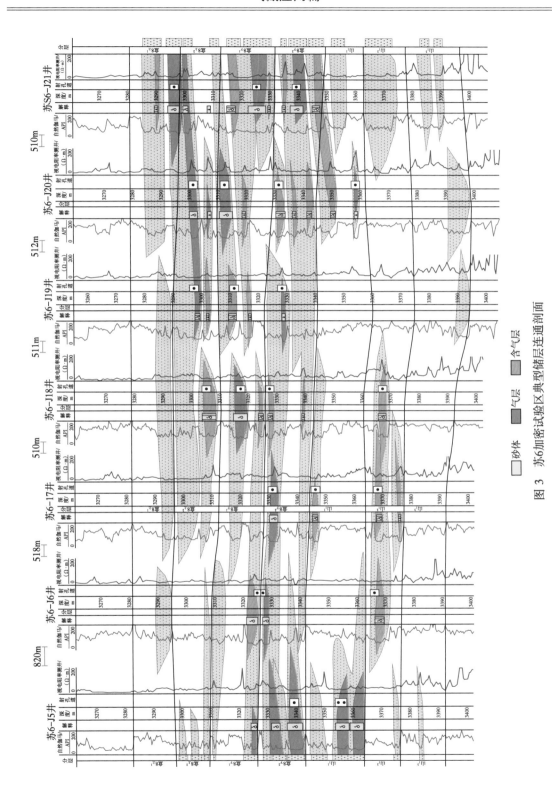

图 3 苏6加密试验区典型储层连通剖面

3.3 苏东 27-36 试验区

苏东 27-36 试验区位于苏里格气田东区（图 2 中 C 区），面积为 41km²，与苏里格中区相比，河道变窄，分流间湾分布区域扩大，有效砂体趋于分散。井均有效厚度为 11.14m，储量丰度为 $1.26 \times 10^8 m^3/km^2$，为Ⅲ类储层，代表了气田的平均储层条件。

研究区内 34 口骨架井于 2008—2013 年投产，井均 EUR 为 $1783 \times 10^4 m^3$。86 口加密井于 2017—2018 年投产，初始套压约为 20MPa，不存在泄压；研究区内进行干扰试井 22 井组，其中见干扰 4 井组，干扰率 18%，也反映储层连通性较差。加密井井均 EUR 仅为 $1424 \times 10^4 m^3$，造成加密井与骨架井 EUR 相差较大的原因为，大部分加密井布在了砂带边部，地质条件较差，井均有效厚度为 9.6m，产量递减快。

加密后，研究区内井数由 34 口增加至 120 口，井网密度由 1.0 口/km² 升至 3.0 口/km²，井排距为 500m×650m，井均 EUR 由 $1783 \times 10^4 m^3$ 降至 $1592 \times 10^4 m^3$，降幅为 11%，采收率由 14.2% 升至 36.6%。

3.4 不同密井网试验区开发效果对比

根据不同储层条件下的密井网区实际开发特征分析，明确了采收率随井网密度变化的分布区间，为井网优化技术对策的提出奠定了基础（图 4）。Ⅰ类储层（$> 1.8 \times 10^8 m^3/km^2$）在 3 口/km² 下采收率大于 50%，4 口/km² 下采收率大于 55%，5 口/km² 下采收率大于 60%；Ⅱ类储层 [$(1.3 \sim 1.8) \times 10^8 m^3/km^2$] 在 3 口/km² 下采收率大于 40%，4 口/km² 下采收率约为 50%；Ⅲ类储层 [$(1.0 \sim 1.3) \times 10^8 m^3/km^2$] 在 3 口/km² 下采收率大于 35%，4 口/km² 下采收率大于 45%。

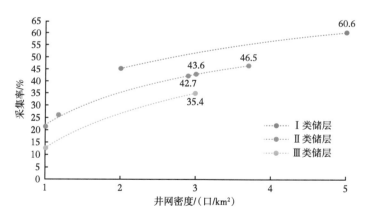

图 4　不同储层条件下密井网试验区采收率随井网密度变化关系

按照气井钻完井固定成本 800 万元、银行贷款比例 45%、利率 6%，操作成本 120 万元、折旧期 10 年、天然气商品率 92%、气价 1150 元/$10^3 m^3$ 计算，并综合考虑销售税金、城市建设、教育附加、资源税等各种税费，计算得到气井满足 8%、6% 及 0% 内部收益率所对应的经济极限产量分别为 $1504 \times 10^4 m^3$、$1364 \times 10^4 m^3$ 及 $1075 \times 10^4 m^3$。

评价各密井网区老井、新井及区块的开发效益。苏 36-11、苏 6、苏东 27-36 等密井网试验区在各自的井密度下,各老井的内部收益率皆在 8% 以上,区块整体的内部收益率也在 8% 以上,仅苏 36-11 试验区的新井达不到 6% 的收益率标准(图 5)。

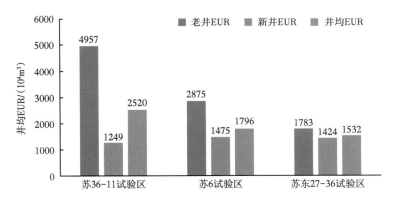

图 5　密井网试验区老井、新井及所有井井均 EUR 柱状图

新井产量一般低于老井,主要有 2 个原因:一是产量干扰。储层连通性越好、井网密度越大、加密时间越晚,受井间干扰影响,新井产量越低,例如苏 36-11 试验区储层品质好、连续性强,加密后井网密度达到 5 口 /km^2,加密井投产时间与骨架井相隔 6~7 年以上,加密井与骨架井连通层内的储量几乎已被老井采完,导致加密井井均 EUR 仅为 1249×10^{4}m^3,对应内部收益率 < 6%;二是储层条件变差。按照先动用富集区、再动用次富集区的开发部署原则,老井钻在相对富集区、新井钻在边部,例如苏东 27-36 试验区,也会造成新井产量低,开发效益差。

总的来看,苏 36-11 试验区的 5 口 /km^2 的井网密度过密,导致加密井开发效益较低;苏 6 试验区在约 4 口 /km^2 下、苏东 27-36 试验区在 3 口 /km^2 下,井网对储量控制较充分,井网较适宜。

4　不同类型储层井网优化技术对策

在开发的早期阶段,由于对储层认识不准确,造成了井网对储量控制不足,采收率偏低。这里的井网优化研究,是在气田进入稳产及提高采收率阶段,掌握了大量的地质及开发数据后,针对整体未动用储量区,重新考虑一次井网成型的适宜密度。井网优化研究通常需要利用建模、数模手段,对不同井密度下的开发指标分别进行模拟,去逐步逼近那个最适宜的井网密度的点。这里将新井定义为"每平方千米多钻的一口井",实际上为井网优化数模过程中虚拟的一口井,与传统的加密的内涵不同。

4.1　井网优化调整原则

多层透镜状致密砂岩储层井网优化提高采收率,必然要承受一定程度的井间干扰。加密时,新井与老井在某一层产生干扰时,新井可以钻到若干新的有效单砂体,从而提高储量动用程度和采收率。

在气田逐步上产和长期稳产的迫切需求下,需要将井网优化调整理念由原先的"保证单井产量和高产井比例,避免任何程度的干扰"转变为"在坚守效益下限的基础上,尽可能提高采收率"。分析认为,"产量干扰率"较"井数干扰率"更有现实意义。产量干扰率为在同样的地质条件下,加密后单井累计产量减小值与加密前单井累计产量的比例。干扰试验表明,在储量丰度为 $1.5 \times 10^8 m^3/km^2$、井网密度为 4 口 $/km^2$ 条件下,50%~60% 的气井产生干扰,而产量干扰率仅为 10%~20%,在可接受的范围内。

综合提高采收率、气井产量和开发效益,明确了井网优化调整的 3 条原则:

(1)较大程度地提高采收率,同时避免严重的产量干扰。

(2)区块整体经济有效(内部收益率大于 6%,即所有井井均 EUR 大于 $1364 \times 10^4 m^3$)。

(3)新井增产气能够覆盖新井完全成本(加密井增产气大于 $975 \times 10^4 m^3$)。

需要指出的是,新井为数值模拟过程中每平方千米新钻的模拟井。"新井增产气"不同于"新井最终累产气(EUR)",而只是"新井 EUR"的一部分,是指新井新钻遇的储层内采出的天然气,避免了井间干扰的影响,对于提高采收率更有意义。而新井 EUR 包括的另一部分为采出的与老井连通储层内的气,本质上是在抢老井的气,只能提高采气速度,不能提高采收率。

4.2 井网优化方法

首先通过精细气藏描述,落实储层规模及分布;继而根据泄气范围评价,推算极限井网。结合以上分析,在分别建立各类储层地质模型的基础上,基于密井网区实际的生产数据,利用数值模拟方法模拟了不同类型储层采收率、井间干扰程度、井均 EUR、新井增产气等关键开发指标随井网密度的变化关系,结合经济效益评价,评价了各类储层的适宜井网密度。

4.2.1 根据精细气藏描述确定储层规模

根据密井网精细解剖,气井平均钻遇 3~5 个有效单砂体,单层厚度为 1~5m,宽度为 200~500m,长度为 400~700m,每平方千米发育 25~35 个有效单砂体,80% 的有效砂体在空间分布孤立,仅约 20% 的有效砂体通过侧向搭接形成较大规模。盒 8 段、山 1 段各小层的有效砂体钻遇率在 15%~50% 之间不等,平均为 38%,多层叠合后有效砂体钻遇率高达 98%,在生产上表现为"井井难高产,井井不落空"。精细气藏描述表明现有主体井网 600m×800m 对储层控制不足,存在加密空间。

4.2.2 根据泄气范围推算极限井网

气藏多层含气,同时气井控压生产,井下安装节流器,不便分层计量产液量,气井泄气范围为垂向上动用多套储层的叠合范围。鉴于各层的非均质性,叠合后的真实的泄气范围是一个形状、边界不规则的多边形,难以准确地用数学公式表达。通常做一些近似,将动用的储层假设成为均质的圆柱体或椭圆柱体。因此,泄气范围的计算值介于真实的单层最大动用范围和最小动用范围间。在实际应用中,可根据泄气范围计算值近似推算极限井网。选取生产时间超过 500 天、基本达到拟稳态、只射孔 1~2 层的气井,利用压力和产量数据,根据气藏工程方法,计算得到 I 类、II 类、III 类储层气井平均泄气范围分别为 $0.273km^2$、$0.210km^2$、$0.165km^2$,对应极限井网为 3.7 口 $/km^2$、4.8 口 $/km^2$、6.1 口 $/km^2$。

4.2.3 采收率增幅拐点

采收率随井网密度增加而不断增大，前期井间产量干扰程度小，采收率增幅大，后期井间产量干扰严重，采收率增幅小。采收率增幅拐点意味着井间干扰开始变严重。随着储量丰度降低、储层连续性变差，采收率增幅的拐点不断向井网密度变大的方向偏移，Ⅰ类、Ⅱ类、Ⅲ类储层的采收率增幅拐点对应井网密度分别为 2.8 口 /km²、3.5 口 /km²、4.2 口 /km²（图 6a）。

4.2.4 区块整体有效

在当前的技术、经济条件下，内部收益率 6% 对应气井 EUR 下限为 1364×10⁴m³。以此为标准，对比各类储层整体有效的极限井网，这一井网密度与气价、单井综合成本及储层改造提产工艺关系较大。在现有经济及技术条件下，储层品质越好，区块的开发效果越好，则对应的经济极限井网密度越大。据计算，Ⅰ类、Ⅱ类、Ⅲ类储层经济极限井网分别为 8.5 口 /km²、6.9 口 /km²、4.8 口 /km²（图 6b）。

4.2.5 新增井有效

储层连通性越好，产量干扰率越大，在井网密度处于 3~4 口 /km² 区间时，气井平均产量干扰率为 10%~30%（图 6c）。从新井增产气能够覆盖自身综合成本的角度，以收益率 0%（975×10⁴m³）为下限，对比不同储量区新增井有效的极限井网，则Ⅰ类、Ⅱ类、Ⅲ类储量新井有效对应极限井网为 4.3 口 /km²、4.2 口 /km²、4.1 口 /km²（图 6d）。

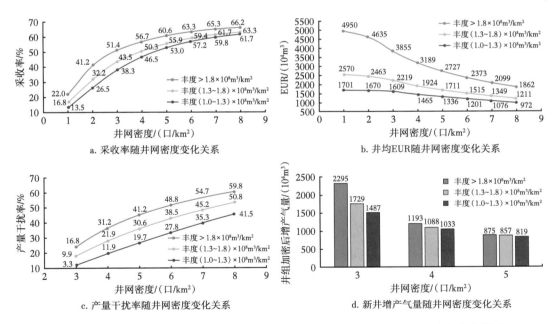

图 6　各类储层采收率、井均 EUR、产量干扰率、加密后增产气随井网密度变化关系

根据泄气范围评价，结合大幅提高采收率、区块整体有效、新井自保 3 条原则，提出Ⅰ类、Ⅱ类、Ⅲ类储量适宜井密度分别为 3 口 /km²、4 口 /km²、4 口 /km²（表 2）。3 类储

层在相应井网下，井均 EUR 分别为 $3855×10^4m^3$、$1924×10^4m^3$、$1465×10^4m^3$，采收率分别为 51.4%、50.3%、46.5%。

表 2　各类储层适宜井网密度综合评价

储层类型	适宜井密度分析 /（口 /km²）					加密后井均 EUR/（10^4m^3）	井组采收率 /%
	泄气范围评价	大幅提高采收率	区块整体有效	加密井有效	综合判断		
I	<3.7	2.8±0.5	≤8.5	≤4.3	3	3855	51.4
II	<4.8	3.5±0.5	≤6.9	≤4.2	4	1924	50.3
III	<6.1	4.2±0.5	≤4.8	≤4.1	4	1465	46.5

储层品质好，连续性强，井密度无须太大就能有效控制储层，进一步加密，采收率增幅小，开发效益降低。储层品质差，非均质性强，一次部署井密度过大，易造成实际情况与地质预判差异大的问题，开发风险大。因此，一个值得注意的现象是，气田中等储层品质的 II 类储层适宜井网密度可达 4 口 /km²，而储层品质更好的 I 类储层适宜井网密度为 3 口 /km²。

井网优化调整是开发效益与采收率指标互相平衡、不断优化的结果。井网稀，单井效益高，但储量得不到有效动用，采收率低；井网密，采收率高，但开发效益低。在明确采收率、井间干扰、井均 EUR、加密井增产气随井密度变化关系的基础上，将井网加密划分为 4 个阶段。阶段 I：井网密度小于 1.5 口 /km²，井间未产生干扰，采收率随密度增加线性提高；阶段 II：井网密度在 1.5~4.5 口 /km² 之间，井间出现一定的干扰，采收率随井密度增大而大幅提高；阶段 III：井网密度在 4.5~8.5 口 /km² 之间，井间产量干扰率 >30%，干扰较严重，加密井增产气减小，采收率增幅减小；阶段 IV：井网密度大于 8.5 口 /km²，加密井基本钻不到新的储层，采收率不再上升。在现有的经济及技术条件下，1.5~8.5 口 /km² 为技术井网调整区间，2~5 口 /km² 为经济井网调整区间。

5　开发建议及展望

5.1　整体井网优化和局部井网加密

需要明确的是，本研究的井网优化是针对井密度小于 1 口 /km² 的井网不完善区整体成型一次布井。对于井密度为 1~2 口 /km²、开发有一段时间的储量部分动用区，则应该在单独评价加密井效益的基础上，在局部区域打加密井。对于目前井网密度大于 3 口 /km²、开发时间较长的储量基本全部动用区，井网加密已没有空间[19]，后期可通过查层补孔、改变生产制度、排水采气等措施在一定程度上提高采收率。

5.2　局部加密时机

对于井网密度为 1~2 口 /km² 的已动用储量区，存在一定的加密空间。考虑加密井经济效益，加密井应在骨架井投产 3~5 年内投产为宜。这是因为气井泄气范围在不同开发时期增速不同，0~5 年内增长快，5 年后增长慢。根据富集区气井泄气半径随投产时间变化典型图版(图7),投产3年末,Ⅰ类+Ⅱ类储层内井平均泄气半径可达190m,即380~400m井距内不再需要布新井;投产5年末,Ⅰ类+Ⅱ类储层内气井平均泄气半径可达230m,即460~500m井距内不建议布新井。另一方面,若储层品质好,连通性强,加密井相比于骨架井投产时间较晚,产量往往较低,EUR为(1000~1200)×10^4m^3,对应内部收益率<6%,开发效益较差。加密时间过晚会造成加密井没有效益。这里与一次成型布井没有矛盾,例如,在Ⅰ类储层内一次布3口/km^2,每口井都有效益;但是先部署2口/km^2,5年后再部署1口/km^2,新部署的那1口/km^2就没有效益,若不部署那1口井,则会造成优质储量的遗留,后期挖潜难度大。这就提醒我们,在地质认识较清楚的情况下,尽可能地一次井网成型布井。

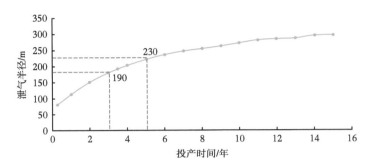

图7　Ⅰ类+Ⅱ类储层气井泄气半径随投产时间变化典型图版

5.3　水平井及大斜度井布井

气田不是所有区域都适合布水平井。水平井区要求垂向储量集中程度超过60%[20],该区域面积仅占气田面积的10%~15%。尤其对于多层透镜状储层来说,水平井只能提高采气速度,不能提高采收率,建议在未来开发部署中适当控制水平井开发节奏,在有效砂体更加分散的Ⅲ类储层区域,适当部署大斜度井组,提高储量动用程度。

5.4　气田开发潜力

气田剩余经济可动储量为$1.23×10^{12}m^3$,面积为9325km^2,其中Ⅰ类、Ⅱ类、Ⅲ类储层内的储量分别为$0.16×10^{12}m^3$、$0.45×10^{12}m^3$、$0.62×10^{12}m^3$,可分别钻新井为$0.25×10^4$口、$1.26×10^4$口、$1.60×10^4$口,累计为$3.11×10^4$口,可新建产能$1116×10^8m^3$,支撑气田以现有生产规模$280×10^8m^3/a$稳产18年,最终累计产气可达$0.60×10^{12}m^3$,采收率为48.50%(表3)。相比于600m×800m井网,可多新建产能$450×10^8m^3$,支撑气田多稳产7年,累计多产气$2000×10^8m^3$,提高采收率16.5%。

表3　不同井网开发指标对比

井网	可钻井数/ (10^4口)	新建产能/ (10^8m^3)	稳产期/a	累计产气/ ($10^{12}m^3$)	采收率/ %
600m×800m	1.87	666	11.1	0.4	32.0
本文研究方案	3.71	1116	18.2	0.6	48.5

6 结论

（1）多层透镜状致密砂岩储层非均质性强，地质条件差异大。根据井均累计有效厚度、单层厚度、储层连续性、储量垂向集中程度及气井生产开发效果，苏里格气田可效益动用的储层可划分为3种类型，分别对应储量丰度为大于$1.8\times10^8 m^3/km^2$、$(1.3\sim1.8)\times10^8 m^3/km^2$、$(1.0\sim1.3)\times10^8 m^3/km^2$。

（2）针对多层透镜状致密砂岩气藏，井网优化调整理念应由"追求单井产量和Ⅰ类+Ⅱ类井比例"转变为"接受一定程度的井间干扰，兼顾效益开发和提高采收率"。以不同储层条件下的密井网试验区实际生产数据为依据，通过地质建模和数值模拟手段，从采收率增幅拐点、区块整体有效、新井能够自保等方面综合判断Ⅰ类、Ⅱ类、Ⅲ类储层适宜井网密度分别为3口/km^2、4口/km^2、4口/km^2，对应的采收率分别为51.4%、50.3%、46.5%。

参考文献

[1] ZHANG H L, FU Q L, JANSON X, et al. Lithofacies, Diagenesis, and Reservoir Quality Evaluation of Wolfcamp Unconventional Succession in the Midland Basin, West Texas [C]. Houston, Texas: AAPG Annual Convention and Exhibition, 2017.

[2] OLMSTEAD R, KUGLER I. Halftime in the Permian: An IHS energy discussion[EB/OL].（2017-06-01）[2018-01-01]. https://cdn.ihs.com/www/pdf/Halftime-in-the-Permian.pdf.

[3] DYNI R J. Geology and Resources of Some World Oil-shale Deposits: Scientific Investigations Report 2005-5294[R/OL].（2006-06-01）[2017-12-01]. https://pubs.usgs.gov/sir/2005/5294/pdf/sir5294_508.pdf.

[4] US Geological Survey（USGS）. Assessment of Undiscovered Oil Resources in the Bakken and Three Forks Formations, Williston Basin Province, Montana, North Dakota, and South Dakota, Fact Sheet 2013-3013[R/OL].（2013-04-01）[2017-12-01].https://pubs.usgs.gov/fs/2013/3013/fs2013-3013.pdf.

[5] 李耀华,宋岩,姜振学,等.全球致密砂岩气盆地参数统计分析[J].天然气地球科学,2017,28（6）:952-964.

[6] 马新华,贾爱林,谭健,等.中国致密砂岩气开发工程技术与实践[J].石油勘探与开发,2012,39（5）:572-579.

[7] 刘晓鹏,赵会涛,闫小雄,等.克拉通盆地致密气成藏地质特征与勘探目标优选——以鄂尔多斯盆地上古生界为例[J].天然气地球科学,2019,30（3）:331-343.

[8] 郭智,孙龙德,贾爱林,等.辫状河相致密砂岩气藏三维地质建模[J].石油勘探与开发,2015,42（1）:76-83.

[9] 贾爱林.中国储层地质模型20年[J].石油学报,2011,32（1）:181-188.

[10] 贾爱林,程立华.数字化精细油藏描述程序方法[J].石油勘探与开发,2010,37（6）:623-627.

[11] 杨华,付金华,刘新社,等.鄂尔多斯盆地上古生界致密气成藏条件与勘探开发[J].石油勘探与开发,2012,39（3）:295-303.

[12] 李鹭光.四川盆地天然气勘探开发技术进展与发展方向[J].天然气工业,2011,31（1）:1-6.

[13] 郭建林,郭智,崔永平,等.大型致密砂岩气田采收率计算方法[J].石油学报,2018,39（12）:1389-1396.

[14] 刘乃震,张兆鹏,邹雨时,等.致密砂岩水平井多段压裂裂缝扩展规律[J].石油勘探与开发,2018,45（6）:1059-1068.

[15] 谭中国,卢涛,刘艳侠,等.苏里格气田"十三五"期间提高采收率技术思路[J].天然气工业,2016,36

（3）：30-40.

[16] 何东博,王丽娟,冀光,等.苏里格致密砂岩气田开发井距优化[J].石油勘探与开发,2012,39（4）：458-464.

[17] 贾爱林,王国亭,孟德伟,等.大型低渗—致密气田井网加密提高采收率对策：以鄂尔多斯盆地苏里格气田为例[J].石油学报,2018,39（7）：802-813.

[18] 李奇,高树生,刘华勋,等.致密砂岩气藏井网加密与采收率评价[J].天然气地球科学,2020,31（6）：865-876.

[19] 付斌,李进步,张晨,等.强非均质致密砂岩气藏已开发区井网完善方法[J].天然气地球科学,2020,31（1）：143-149.

[20] 位云生,贾爱林,郭智,等.致密砂岩气藏多段压裂水平井优化部署[J].天然气地球科学,2019,30（6）：919-924.

摘自：《天然气地球科学》,2022,33（11）：1883-1894

河流相致密砂岩气藏剩余气精细表征及挖潜对策
——以苏里格气田中区 SSF 井区为例

马志欣[1,2]　吴　正[3]　李进步[1,2]　徐　文[1,2]
李浮萍[1,2]　刘莉莉[1,2]　张普刚[4]

1. 中国石油长庆油田公司勘探开发研究院；2. 低渗透油气田勘探开发国家工程实验室；
3. 中国石油长庆油田公司；4. 北京瑞马能源科技有限公司

摘要：苏里格河流相致密砂岩气藏自投入开发以来，由于不同层位、不同位置地层压力的不均匀下降造了储量动用不均衡，井间及层间存在大量剩余气资源。为提高气藏储量动用程度和天然气采收率，开展精细储层构型表征、高精度三维地质建模和气藏数值模拟一体化研究，剖析了河流相致密砂岩储层剩余气形成机制及控制因素，建立了剩余气赋存模式，提出了针对性的挖潜对策。研究结果表明：（1）在单一辫流带/曲流带识别基础上，利用直井、定向井资料，定量刻画单砂体内部构型特征，研究区心滩平均宽度450m，平均长度1040m；点坝平均跨度950m，平均宽度1100m；落淤层平均宽度340m，平均长度620m，厚度0.2~0.8m，倾角0.07°~0.37°；侧积层厚度0.2~0.8m，倾角3°~7°。（2）分析了河流相致密砂岩储层中3类阻流单元及其对天然气渗流的阻流作用，并将研究区剩余气富集模式划分为：阻流型、井网未控制型、射孔未采出型、未射孔型4种。（3）针对阻流型剩余气采用重复压裂、钻加密井挖潜，针对井网未控制型采用老井侧钻、钻加密井挖潜，针对射孔未采出型采用气井精细化管理、排水采气挖潜，针对未射孔型采用查层补孔挖潜。（4）基于剩余气精细综合表征结果优化部署直井2口、水平井8口，完钻2口水平井测试地层压力平均为28.2MPa，验证了井网未控制型剩余气的存在。结论认为，所提出的河流相致密砂岩气藏剩余气精细表征方法和挖潜对策，有助于提升气田天然气储量动用程度和采收率，为气藏的经济高效开发提供了技术支撑。

关键词：储层构型表征；剩余气；地质建模；砂体规模；构型特征；数值模拟；阻流单元；挖潜对策

0　引言

提高采收率是油气田开发的重要主题和核心任务，对于非常规油气藏来说，更是其实现可持续发展的战略性工程[1]。致密气藏具有低孔隙度、低渗透率、单井气量低、泄流范围小等特点[1-5]，相对于高渗透气藏，其开发难度大，开采成本高，经济效益差[6-7]。此外，受储层非均质性影响，致密气藏储量动用不充分，采收率和内部收益率较低，因此剩余气精细表征及提高采收率技术研究有助于提升其储量动用程度，提高经济效益，实现气藏经济高效开发。

基金项目：中国石油天然气股份有限公司科学研究与技术开发项目"已开发气田提高采收率方法研究与先导试验"（编号：2022KT0901）、中国石油天然气股份有限公司攻关性应用性科技专项"致密砂岩气藏提高采收率关键技术研究"（编号：2023ZZ25）。

苏里格气田是我国典型的致密气田，苏 36-11 区块是其开发最早的区块之一[2-3]，自 2006 年开始投入开发以来，已完钻井 980 余口，开发井型以直井/定向井、水平井为主，井距以 500m×650m 为主，部分区域井距为 600m×800m。自 2012 年建成 $8×10^8 m^3/a$ 的天然气生产能力以来，已稳产 10 年，区块年均弥补递减产能建设 $1.7×10^8 m^3/a$。按照方案设计，区块将于 2028 年进入递减期，稳产压力逐年增大；同时随着区块产能建设持续进行，开发中逐步暴露出了诸多问题，主要体现在不同层位、不同位置地层压力的不均匀下降造成储量动用不均衡，井间及层间存在大量剩余气[8]。尤其是区块中部，井网井型复杂，储层致密且结构复杂，虽然是区块建产时间最早的井区，但经过 16 年的开发，采出程度仅 28.2%。国内外同类型气藏（气田）的研究成果表明，虽然天然气渗流能力远远强于石油，但由于储层非均质性及渗透能力的影响，在井间及层间仍然存在井网未控制、未动用的剩余气[8-11]，其分布状态和控制因素复杂多样[9]，降低了整个气藏的采收率。

近年来，国内外众多学者在剩余气研究方法、形成机理、控制因素等方面做了大量深入研究，研究方法主要有精细构造研究、沉积微相分析、储量评价、动态监测、数值模拟等[8-12]，但多数针对高渗透储层，往往以区块或井区为对象，一般通过沉积微相、砂体分布、隔夹层刻画等开展，研究层次近似分析复合河道或复合单砂体对剩余气的影响。目前剩余气表征多采用数值模拟方法，其应用前提是建立高精度的三维地质模型。对于苏里格致密砂岩气藏来说，储层内部构型特征尤其是河道内部的单砂体及单砂体内部构型特征，和所采用的井网井型两者往往对剩余气分布起到主要作用[11]，笔者以 SSF 井区为例，通过开展精细储层构型表征、高精度三维地质建模、气藏数值模拟一体化研究，剖析河流相致密砂岩储层剩余气形成机制及控制因素，建立剩余气赋存模式，提出针对性的挖潜措施，为提升气藏开发效果、提高气藏采收率提供有力的技术保障。

1 研究区概况

SSF 井区位于苏里格气田苏 36-11 区块中部（图 1），井区面积约 35 km²，目前完钻直井 60 口、水平井 31 口。开发目的层位为上古生界二叠系石盒子组盒 8 段（H_8）和山西组山 1 段（S_1），气藏埋深 3200~3500m，构造属于伊陕斜坡带，北东高，西南低，在平缓背景下发育多排鼻隆构造[2, 4]。沉积类型为辫状河三角洲平原沉积，盒 8 上亚段和山 1 段以曲流河沉积为主，盒 8 下亚段以

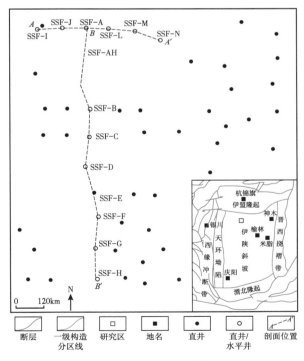

图 1 研究区位置图

辫状河沉积为主[4-6]。储层岩性以中—粗粒岩屑石英砂岩和细—中粒岩屑砂岩为主，孔隙类型主要为次生溶孔、残余粒间孔。盒 8 下亚段储层孔隙度主要介于 2.3%~11.8%，平均 7.4%。渗透率主要介于 0.04~0.50mD，平均 0.18mD。盒 8 上亚段和山 1 段储层孔隙度主要介于 1.7%~9.4%，平均 4.9%。渗透率主要介于 0.01~0.50mD，平均渗透率 0.12mD。气藏整体压力系数介于 0.771~0.914，平均值 0.87，储量丰度 $1.72×10^8m^3/km^2$。

2 储层构型表征

2.1 储层构型解剖

结合气田开发的实际需要和使用习惯，将研究区储层构型单元总体上划分为 3 个层次[13-20]：第一个层次为单一辫流带和曲流带，相当于 Maill 的 5 级构型单元；第二个层次是单砂体规模，相当于 Maill 的 4 级构型单元，即将单一辫流带细分为心滩、辫状河道，单一曲流带细分为点坝、曲流河道；第三个层次为心滩及点坝内部结构，相当于 Maill 的 3 级构型单元，点坝主要包括侧积体和侧积层，心滩主要包括增生体和落淤层。

2.1.1 单一辫流带/曲流带构型表征

单一辫流带/曲流带构型表征主要是在复合河道砂体内部将单一辫流带/曲流带逐一识别出来，即垂向分期、侧向划界[17]，垂向识别单一辫流带/曲流带顶底界面，侧向识别单一辫流带/曲流带边界。

垂向分期是在单层精细划分与识别过程中，利用测井等资料进行沉积界面识别。单一辫流带/曲流带属于自旋回单元，两期旋回之间往往发育细粒沉积，因此可以利用稳定隔层来进行垂向分期[14, 17]。但由于河流相迁移和下切，河道沉积自旋回对异旋回具有较强的改造作用，不同期次砂体之间发育沉积界面往往被冲蚀而无法保存。因此要综合岩心侵蚀面识别、测井曲线差异、砂体厚度差异等方法识别单井沉积界面。

侧向划界主要识别标志有：(1) 沉积特征差异，同一河道不同位置测井曲线形态、夹层发育特征及砂体厚度等均具有类似特征 (图 2a)；(2) 河间沉积，同一单层内，两期河道充填复合体由于快速迁移或者分叉，在平面上形成局部的沉积间断，沉积泛滥平原泥岩或者薄层的溢岸砂体 (图 2b)。因此沿河道走向不连续分布的河间砂体 (河间泥或溢岸沉积) 可作为不同河道砂体分界的标志[14-15, 17]。

利用上述识别标志，在剖面上实现单一河道边界识别。平面上，在沉积模式指导下，以砂体平面厚度图为约束，结合剖面成果，"厚度约束，立体组合"，开展河道构型平面解剖。研究区盒 8 段、山 1 段储层复合砂体识别出 13 个单一辫流带、23 个单一曲流带：单一辫流带宽度为 1000~3000m，河道宽度变化范围较大，无明显中值；单一曲流带宽度主要分布在 1000~1400m，范围较集中。

2.1.2 单砂体构型表征

单砂体构型研究的主要内容是辫流带/曲流带内部识别刻画 4 级构型单元。由于差异压实作用，心滩及点坝砂体的泥质含量远小于辫状河道和曲流河道，在差异压实及成岩作用下，心滩砂体厚度往往大于辫状河道砂体厚度[14-16]，点坝砂体厚度往往大于曲流河道厚度，因此通过编制单层砂体厚度图可在平面上判断4级构型单元的大致位置。在此基础上，综合考虑单井构型解释，结合前人建立的经验公式[20-26]、原型模型（几何形态＋空间接触）[18-19]、水平井资料（图3），综合开展4级构型单元分析。

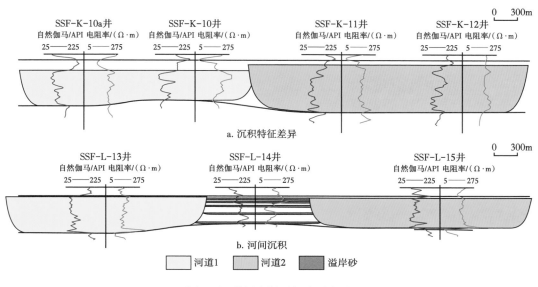

图2 河道侧向划界标志示意图

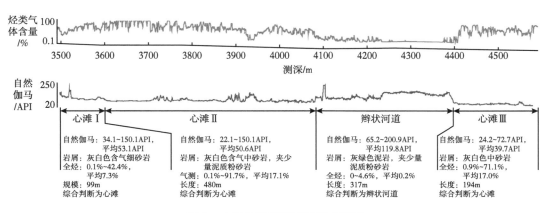

图3 水平井构型单元解释成果图

4级构型单元解剖结果表明：心滩剖面呈覆盆状，底平顶凸，辫状河道则顶平底凸。平面上，心滩呈纺锤状，辫状河道环绕心滩四周。心滩砂体平均宽度450m，平均长度1040m，长宽比约2.3∶1；辫状河道平均宽度120m，心滩砂体与辫状河道平均宽度比约为3.8∶1。点坝剖面呈楔状，平面呈串珠状，相邻的点坝被曲流河道分割开来。点坝砂体平均宽度1100m，平均跨度950m，宽度与跨度比约1.2∶1。曲流河道平均宽度90m，点坝砂体与曲流河道平均宽度比约为12∶1（表1、图4）。

表1 4级构型单元规模统计表

单位：m

规模参数	辫流带				曲流带			
	心滩		辫状河道		点坝		曲流河道	
	范围	均值	范围	均值	范围	均值	范围	均值
宽度	350~550	450	66~198	120	600~1200	1100	52~160	90
长度	800~1300	1040	—	—	—	—	—	—
厚度	3.2~10.8	5.3	3.0~9.2	4.5	4.1~13.1	7.7	3.0~7.8	4.2
跨度	—	—	—	—	800~1140	950	—	—
宽厚比	85.1:1		28.3:1		154:1		27.3:1	
长宽比	2.3:1		—		—		—	
宽度/跨度	—		—		1.2:1		—	

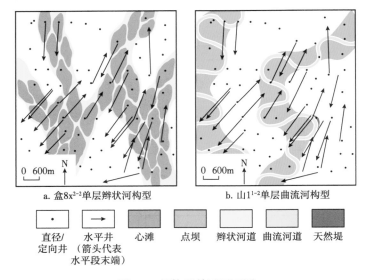

图4 4级构型单元平面图

2.1.3 单砂体内部构型表征

单砂体内部构型单元的刻画主要是在心滩砂体内部刻画落淤层、点坝砂体内部刻画侧积层。以单井构型单元解释为依据，在前人建立的各种构型模式指导下，进行落淤层和侧积层识别与刻画。

以盒$8x^{2-2}$单层SSF-1井所在的心滩坝为例来说明心滩坝内部夹层的拟合方法。如图5所示，通过4级构型单元分析可知SSF-1井与SSF-2井钻遇同一个心滩砂体。SSF-2井在心滩砂体中部偏上位置钻遇一个落淤层，按照心滩增生体"平缓前积"模式综合判断SSF-1井中部偏下位置与之对应，为同一落淤层。平面上，落淤层分布受到心滩砂体的严格控制。

对于心滩只钻遇1口井的情况，通过单井解释和心滩范围共同约束实现落淤层的刻画。

统计表明，研究区落淤层呈薄片状，宽度主要介于300~400m，平均340m；长度主要介于400~700m，平均620m；厚度主要介于0.2~0.8m，倾角0.07°~0.37°，单个心滩内部通常发育落淤层1~5个。侧积层呈叠瓦状（图6），厚度主要介于0.2~0.8m，倾角3°~7°。侧积层平面间隔约100m，单个点坝内部通常发育落淤层10个左右。

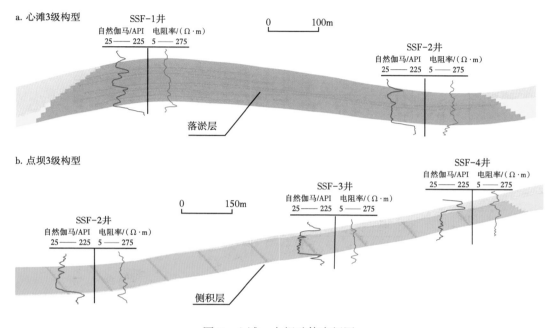

图5 心滩、点坝砂体表征图

2.2 阻流单元分析

对致密砂岩气渗流造成影响的，除了储层本身物性、孔喉结构等微观因素外，还有各级储层构型单元空间组合形成的阻流单元。储层构型的分级性特征导致阻流单元也具有分级性[27-28]。不同级次阻流单元的规模、物性、空间形态、分布规律等方面存在较大差异，对天然气渗流的影响程度也是不同的[27]。研究区致密河流相储层阻流单元按规模由大到小划分为3类：Ⅰ类为辫流带/曲流带级次阻流单元、Ⅱ类为单砂体级次阻流单元、Ⅲ类为单砂体内部级次阻流单元。

2.2.1 Ⅰ类阻流单元

辫流带/曲流带级次阻流单元主要为泛滥平原沉积[28]。泛滥平原沉积物性差，分布范围广，规模大，是最主要的天然气阻流单元。根据分布位置可分为两种类型（图6），一是河间泛滥平原，宽度可达数百至上千米，将同一期不同河道分隔开来，阻碍天然气在两支河道之间的横向流动。二是河道顶部泛滥平原，受后期沉积河道冲蚀影响，该类型（研究区）厚度通常小于0.5m，其将两期河道分隔开来，阻碍天然气的垂向流动，阻流效果取决于泛滥平原厚度。整体上看，泛滥平原的存在可以使未开发（未射孔）的辫流带/曲流带砂

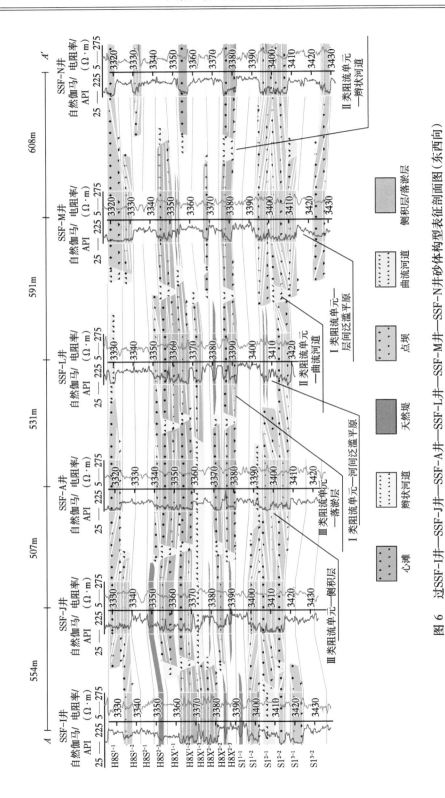

图 6 过 SSF-I 井—SSF-J 井—SSF-A 井—SSF-L 井—SSF-M 井—SSF-N 井砂体构型表征剖面图（东西向）

体剩余气富集。值得注意的是，虽然泛滥平原沉积对天然气具有明显阻流作用，但在开发过程中，其存在可以将天然气压降限制在已开发（射孔）的单一辫流带／曲流带砂体内部，对提高已开发（射孔）的单一辫流带／曲流带砂体的采收率具有积极意义。

2.2.2 Ⅱ类阻流单元

单砂体级次阻流单元主要包括辫状河道和曲流河道[26-29]。辫状河储层中，辫状河道呈网状结构环绕心滩四周，河道自身孔隙度、渗透率远低于心滩，阻碍了天然气在相邻心滩间的横向流动，仅局限在心滩砂体内部。前人研究将辫状河道分为泥质充填、半泥质充填、砂质充填3种类型，砂质含量越多，阻流效果越差，但研究区辫状河道平均含水饱和度高达87%（表2），会严重降低致密储层气相渗透率，同时辫状河道规模大（宽度约100m），因此即使是砂质辫状河道仍有较强的阻流作用（图6）。对于曲流河来说，曲流河道呈"S"形条带状分隔相邻两个点坝，其阻流机理与辫状河道类似。

表2 4级构型单元物性、含气性数据表

构型单元		孔隙度		渗透率/mD		含气饱和度	
		范围/%	均值/%	范围/%	均值/%	范围/%	均值/%
辫流带	心滩	2.3~12.6	7.8	0.08~0.81	0.27	32.2~69.5	43.9
	辫状河道	0.8~1.5	1.4	0.01~0.21	0.08	3.7~21.2	13.1
曲流带	点坝	2.3~9.9	5.3	0.01~0.69	0.18	30.1~62.8	39.6
	曲流河道	0.2~4.7	2.4	0.01~0.11	0.05	7.1~17.6	13.2

2.2.3 Ⅲ类阻流单元

单砂体内部级次阻流单元主要包括落淤层和侧积层[30-37]。落淤层的产状决定了其对天然气的垂向流动起到阻流作用，阻流效果则取决于落淤层的数量、厚度及平面连续性，研究区落淤层呈薄片状分布在心滩内部（图6），倾角较小（多数小于0.3°），背水面落淤层数量较多（通常3~5个），厚度相对较大（0.5~0.8m），连续性好，迎水面落淤层数量少（通常1~3个），厚度薄（0.2~0.3m），因此心滩迎水面垂向连通性好，尾部垂向连通性差。

侧积层呈叠瓦状分布在点坝内部，向远离曲流河道一侧倾斜（图6），影响天然气横向流动，阻流效果则取决于其数量、厚度及垂向延伸情况。研究区侧积层厚度0.2~0.8m，平面密度约1条/100m，前人研究认为侧积层一般发育在点坝砂体2/3以上部位，对本区进行研究发现点坝砂体底部仍有大量的侧积层发育，可形成天然气侧向流动遮挡层。

3 三维地质建模及数值模拟

在构型表征基础上，利用Direct软件平台，以平面构型单元分布模式为指导，采用确定性多级嵌入的方法，将构型表征结果逐一嵌入到三维网格中，建立研究区三维储层构型模型（图7），模型纵向分为16个单层，井数91口。为较好地刻画最低级别（Ⅲ类）阻流单位的三维形态，网格采用20m×20m×0.2m，网格总数达25627680个。基于精细的构型模型，采用相控模拟建立属性模型,为剩余气主控因素分析及表征提供基础模型。

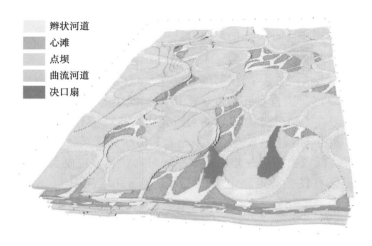

图 7　研究区三维构型模型图

研究区自 2006 年 8 月起正式投入生产,经过 16 年开发,累计投产 82 口井(水平井 29 口),目前平均日产气量 $30.4×10^4m^3$,平均套压 6.9MPa,累计产气量 $21.8×10^8m^3$。采用 Petrel RE 软件平台,基于三维精细地质模型,结合相渗曲线、岩石物性参数、射孔及生产历史数据,进行数值模拟研究:研究区甲烷含量高于 92.5%,为干气气藏,因此采用黑油模型;气藏驱动类型为定容弹性驱动,采取衰竭式降压开采;根据研究区高压物性、气水物性资料,进行参数设定(原始气藏压力为 29.8MPa,天然气密度约 $0.6037g/cm^3$,原始气体偏差系数为 0.998,气层段温度 378K;岩石压缩系数 $0.00005MPa^{-1}$,地层水密度 $1.019g/cm^3$,地层水压缩系数 $4.51×10^{-4}L/MPa$,地层水黏度 $0.4mPa·s$,地层水体积系数为 1;同时考虑人工水力压裂影响,裂缝半长取 100m)。

在数值模拟过程中紧密结合地质动态,通过调整沉积相模型和参数模型两种方式,不断修正完善地质模型,以达到历史拟合。研究区地质储量 $74.28×10^8m^3$,数值模拟地质储量 $76.66×10^8m^3$,误差 3%。气井采气量、压力等指标拟合率达到 83.1%,满足精度要求。在此基础上,可进一步开展剩余气表征研究。

4　剩余气精细表征

剩余气表征是致密砂岩气藏后期开发调整部署、措施挖潜的重要依据,也是提高采收率的关键所在。通过研究区储层构型表征、三维地质建模、气藏数值模拟一体化分析,以不同级次构型要素的阻流单元分析为重点,对致密砂岩剩余气进行综合表征。

4.1　剩余气富集模式

研究发现致密砂岩气藏剩余气形成主要受控于地质、开发两大类因素[38-44],地质因素主要包括储层构型特征、阻流单元分布、储层非均质性等,开发因素主要包括井网、井距、井型、射孔、压裂等。同时将剩余气富集模式分为 4 种:阻流型、井网未控制型、射孔未采出型、未射孔型。

4.1.1 阻流型剩余气

阻流型剩余气是致密砂岩气藏中最主要也是分布最广泛的剩余气富集类型。研究区泛滥平原沉积发育，泛滥平原阻断相邻河道（包括横向上和垂向上）天然气渗流是显而易见的（图8），在此重点讨论Ⅱ类、Ⅲ类阻流单元对天然气渗流的影响。

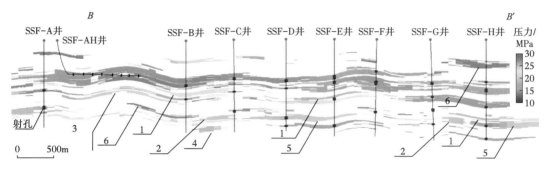

图8　剩余气富集类型图

1. Ⅰ-1阻流单元（河道顶部泛滥平原）形成的剩余气；2. Ⅱ-2阻流单元（曲流河道）形成的剩余气；3. 水平井单层开发引起的井网未控制型剩余气；4. 直井井网未控制型剩余气；5. 射孔未采出型剩余气；6. 未射孔型剩余气

4级构型单元中，曲流河道、辫状河道自身物性差，含水饱和度高，加之两者与点坝、心滩的空间接触关系决定了两者是天然气平面渗流的主要阻流单元。如图8所示，SSF-D井在山$_1^{2-1}$小层射孔，但SSF-C井在同层钻遇了一个曲流河道，阻碍了天然气向SSF-D井渗流，在SSF-C井与SSF-B井间形成阻流型剩余气。Ⅱ类阻流单元所形成的剩余气主要分布在未波及的单砂体中，此类剩余气宜采用重复压裂或者钻加密井的方式进行挖潜。

3级阻流单元同样对渗流起到阻流作用，如图9所示，SSF-I井、SSF-J井、SSF-K井钻遇同一个点坝，由于侧积体间侧向阻流作用，SSF-I井投产后压力不能迅速向SSF-J、SSF-K井传播，压力未波及的侧积体基本保持了原始地层压力，形成剩余气富集，表明侧积层对天然气横向运移具有较好的遮挡作用。3级构型单元所形成的剩余气主要分布在已射孔单砂体未被波及的侧积体（增生体）中，此类剩余气宜采用重复压裂方式进行挖潜。

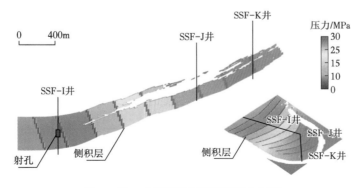

图9　Ⅲ-2（侧积层）阻流型剩余气图

4.1.2 井网未控制型剩余气

井网未控制型剩余气的形成受到河道砂体规模和井网井型的共同控制，通常分为两种情况：一是直井井网未控制型剩余气。通常是砂体规模较小造成直井井网未能控制砂体形成剩余气（图8）。研究区河道砂体宽度多数在1000m以上，直井井距大多为500m×650m，直井井网可以控制大多数河道砂体，因此此类剩余气分布较少，主要采用侧钻方式挖潜，但受现有井网井距制约。二是水平井井网未控制型剩余气。苏里格致密砂岩储层纵向多层含气，水平井仅实现了某一部分层段天然气储量动用，未部署水平井层位形成层间剩余气（图8），苏里格气田早期水平井多数部署在盒8段，水平井井网未控制型剩余气主要分布在山1段，此类剩余气主要通过在山1段部署水平井实现挖潜。

4.1.3 射孔未采出型剩余气

苏里格气田普遍采用多层合采工艺进行生产，但由于层间干扰、气井产水或气井投产时间短等原因，在某些射孔层位仍然有大量剩余气。如图8所示，SSF-D井同时在盒8段、山1段射孔，但是采出的天然气主要来自盒8段，山1段地层压力仍旧维持在20MPa以上，剩余气富集。此类剩余气主要采用气井精细化管理、排水采气等措施释放地层压力较高层段产能来实现挖潜。

4.1.4 未射孔型剩余气

绝大多数测井解释主要为干层或者含气（水）层的层段均未进行射孔，从而形成未射孔型剩余气，如图8所示，此类剩余气主要分布在盒8上亚段，开发调整期间主要采用查层补孔方式进行挖潜。

4.2 剩余气挖潜措施及应用效果

综合开展"构型—建模—数模"一体化研究，明确了不同级次构型特征及阻流单元对剩余气的控制，分析了剩余气富集类型和主控因素，并结合现有井网、井型，制订了针对性挖潜措施（表3），指导致密砂岩气藏井位优化部署、查层补孔等方面，并对类似致密砂岩气藏老区剩余气挖潜等具有一定的指导和借鉴意义。

表3 苏里格致密砂岩气藏剩余气挖潜措施表

主控因素	剩余气富集模式	控制因素	挖潜措施
地质因素	阻流型	构型单元阻断渗流	重复压裂、钻加密井
	射孔未采出型	层间干扰、气井产水	气井精细化管理、排水采气
开发因素	井网未控制型	直井井网未控制多层系含气，水平井单层动用	老井侧钻 钻加密井
	未射孔型	钻遇储层未打开	查层补孔

2022年针对目的层山1段，基于剩余气精细表征结果优化部署直井2口，水平井8口。目前完钻水平井2口，平均水平段长993m，有效储层钻遇率59.3%。测试地层压力平均为28.2MPa，与原始地层压力相比下降幅度仅5.3%，表明水平井实施目的层山1段存在大量剩

余气，印证了水平井井网未控制型剩余气的存在。

5 结论与认识

（1）通过"储层构型表征—高精度建模—气藏数值模拟"一体化研究，实现致密砂岩气藏剩余气精细表征，明确剩余气富集类型和主控因素，为挖潜措施制订奠定了基础。

（2）利用直井、水平井资料开展了储层构型解剖，定量刻画了单一辫流带和曲流带、单砂体、单砂体内部结构3个层次不同类型砂体规模、形态及空间接触关系。单一辫流带宽度为1000~3000m，单一曲流带宽度主要分布在1000~1400m；心滩砂体平均宽度450m，平均长度1040m，长宽比约2.3∶1；落淤层平均宽度340m，平均长度620m，厚度0.2~0.8m，倾角0.07°~0.37°；侧积层厚度0.2~0.8m，倾角3°~7°。

（3）分析了影响天然气渗流的主要阻流单元及其对天然气渗流方向的影响。辫流带/曲流带级次阻流单元主要为泛滥平原沉积，根据分布位置，可阻碍天然气的横向和垂向流动；单砂体级次阻流单元主要包括辫状河道和曲流河道，阻碍天然气的横向流动；单砂体内部级次阻流单元主要包括落淤层和侧积层，落淤层阻碍天然气的垂向流动，侧积层阻碍天然气的横向流动。

（4）建立了高精度三维地质模型，刻画了各级储气单元和阻流单元的空间展布。开展了气藏数值模拟，基于模拟结果建立了苏里格致密砂岩气藏剩余气富集模式（阻流型、井网未控制型、射孔未采出型、未射孔型）并制订了与之相应的挖潜措施，通过实钻效果印证了水平井井网未控制型剩余气的存在。

参 考 文 献

[1] 冀光，贾爱林，孟德伟，等.大型致密砂岩气田有效开发与提高采收率技术对策——以鄂尔多斯盆地苏里格气田为例[J].石油勘探与开发，2019，46（3）：602-612.

[2] 何自新，付金华，席胜利，等.苏里格大气田成藏地质特征[J].石油学报，2003，24（2）：6-12.

[3] 文华国，郑荣才，高红灿，等.苏里格气田苏6井区下石盒子组盒8段沉积相特征[J].沉积学报，2007，25（1）：90-98.

[4] 李义军，樊爱萍，李浮萍，等.苏里格气田二叠系砂体储集性能及其控制因素[J].特种油气藏，2009，16（6）：12-14.

[5] 杨奕华，包洪平，贾亚妮，等.鄂尔多斯盆地上古生界砂岩储集层控制因素分析[J].古地理学报，2008，10（1）：25-32.

[6] 尹志军，余兴云，鲁国永.苏里格气田苏6井区块盒8段沉积相研究[J].天然气工业，2006，26（3）：26-27.

[7] 徐中波，申春生，陈玉琨，等.砂质辫状河储层构型表征及其对剩余油的控制——以渤海海域P油田为例[J].沉积学报，2016，34（2）：375-385.

[8] 郭奇.松南盆地孤家子气田气藏精细描述及剩余气分布规律研究[D].北京：中国地质大学（北京），2017.

[9] 祝金利.强非均质致密砂岩气藏剩余气分布定量描述与挖潜对策——以苏里格气田苏11区块北部老区为例[J].天然气工业，2020，40（11）：89-95.

[10] 曾焱，曹廷宽，高伟.致密砂岩气藏剩余气开发潜力定量评价[J].西南石油大学学报（自然科学版），

2022, 44（3）: 93-101.
[11] 王昔彬，刘传喜，郑祥克，等 . 低渗特低渗气藏剩余气分布的描述［J］. 石油与天然气地质，2003, 24（4）: 401-403.
[12] 郭平，景莎莎，彭彩珍 . 气藏提高采收率技术及其对策［J］. 天然气工业，2014, 34（2）: 48-55.
[13] MIALL A D. Architectural-element analysis: A new method of facies analysis applied to fluvial deposits[J]. Earth-Science Reviews, 1985, 22（4）: 261-308.
[14] 吴胜和 . 储层表征与建模［M］. 北京：石油工业出版社，2010.
[15] 吴胜和，岳大力，刘建民，等 . 地下古河道储层构型的层次建模研究［J］. 中国科学 D 辑：地球科学，2008, 38（S1）: 111-121.
[16] 吴胜和，翟瑞，李宇鹏 . 地下储层构型表征：现状与展望［J］. 地学前缘，2012, 19（2）: 15-23.
[17] 林煜，吴胜和，岳大力，等 . 扇三角洲前缘储层构型精细解剖——以辽河油田曙 2-6-6 区块杜家台油层为例［J］. 天然气地球科学，2013, 24（2）: 335-344.
[18] 马志欣，张吉，薛雯，等 . 一种辫状河心滩砂体构型解剖新方法［J］. 天然气工业，2018, 38（7）: 16-24.
[19] 廖保方，张为民，李列，等 . 辫状河现代沉积研究与相模式——中国永定河剖析［J］. 沉积学报，1998, 16（1）: 34-39.
[20] 马凤荣，张树林，王连武，等 . 现代嫩江大马岗段河流沉积微相划分及其特征［J］. 大庆石油学院学报，2001, 25（2）: 8-11.
[21] LUNT I A, BRIDGE J S, TYE R S. A quantitative, three-dimensional depositional model of gravelly braided rivers[J].Sedimentology, 2004, 51（3）: 377-414.
[22] PEAKALL J, ASHWORTH P J, BEST J L. Meander-bend evolution, alluvial architecture, and the role of cohesion in sinuous river channels: A flume study[J]. Journal of Sedimentary Research, 2007, 77（3）: 197-212.
[23] SKELLY R L, BRISTOW C S, ETHRIDGE F G. Architecture of channel-belt deposits in an aggrading shallow sandbed braided river: The Lower Niobrara River, Northeast Nebraska[J].Sedimentary Geology, 2003, 158（3/4）: 249-270.
[24] GHAZI S, MOUNTNEY N P. Facies and architectural element analysis of ameandering fluvial succession: The Permian Warchha Sandstone, Salt Range, Pakistan[J]. Sedimentary Geology, 2009, 221（1/4）: 99-126.
[25] CORBEANU R M, SOEGAARD K, SZERBIAK R B. Detailed internal architecture of a fluvial channel sandstone determined from outcrop, cores, and 3-D ground-penetrating radar: Example from the Middle Cretaceous Ferron Sandstone, East-Central Utah[J]. AAPG Bulletin, 2001, 85（9）: 1583-1608.
[26] LEEDER M R. Fluviatile fining-upwards cycles and the magnitude of palaeochannels[J]. Geological Magazine, 1973, 110（3）: 265-276.
[27] 万琼华，吴胜和，陈亮，等 . 基于深水浊积水道构型的流动单元分布规律［J］. 石油与天然气地质，2015, 36（2）: 306-313.
[28] 霍进，钱根葆，杨智，等 . 风城油田侏罗系齐古组辫状河储层构型研究及开发应用［M］. 北京：石油工业出版社，2017.
[29] 刘群明，唐海发，吕志凯，等 . 辫状河致密砂岩气藏阻流带构型研究——以苏里格气田中二叠统盒 8 段致密砂岩气藏为例［J］. 天然气工业，2018, 38（7）: 25-33.
[30] 马世忠，杨清彦 . 曲流点坝沉积模式、三维构形及其非均质模型［J］. 沉积学报，2000, 18（2）: 241-247.
[31] 马世忠，孙雨，范广娟，等 . 地下曲流河道单砂体内部薄夹层建筑结构研究方法［J］. 沉积学报，2008,

26（4）：632-639.

[32] 周银邦, 吴胜和, 岳大力, 等. 地下密井网识别废弃河道方法在萨北油田的应用［J］. 石油天然气学报, 2008, 30（4）：33-36.

[33] 刘钰铭, 侯加根, 宋保全, 等. 辫状河厚砂层内部夹层表征——以大庆喇嘛甸油田为例［J］. 石油学报, 2011, 32（5）：836-841.

[34] 张昌民, 尹太举, 喻辰, 等. 基于过程的分流平原高弯河道砂体储层内部建筑结构分析——以大庆油田萨北地区为例［J］. 沉积学报, 2013, 31（4）：653-662.

[35] 孙天建, 穆龙新, 赵国良. 砂质辫状河储集层隔夹层类型及其表征方法——以苏丹穆格莱特盆地 Hegli 油田为例［J］. 石油勘探与开发, 2014, 41（1）：112-120.

[36] 吴泽民, 柯先启, 张攀, 等. 鄂尔多斯盆地姬塬地区长 9 段砂体构型［J］. 新疆石油地质, 2022, 43（3）：294-309.

[37] 李威, 居字龙, 朱义东, 等. 辫状河三角洲砂体叠置演化规律及其在调整井实施中的应用——以珠江口盆地陆丰凹陷 A 油田恩平组为例［J］. 中国海上油气, 2021, 33（4）：94-102.

[38] 熊光勤, 刘丽. 基于储层构型的流动单元划分及对开发的影响［J］. 西南石油大学学报（自然科学版）, 2014, 36（3）：107-114.

[39] 白振强, 王清华, 杜庆龙, 等. 曲流河砂体三维构型地质建模及数值模拟研究［J］. 石油学报, 2009, 30（6）：898-902.

[40] 李顺明, 宋新民, 蒋有伟, 等. 高尚堡油田砂质辫状河储集层构型与剩余油分布［J］. 石油勘探与开发, 2011, 38（4）：474-482.

[41] 马志欣, 吴正, 张吉, 等. 基于动静态信息融合的辫状河储层构型表征及地质建模技术［J］. 天然气工业, 2022, 42（1）：146-158.

[42] 杜庆军, 陈月明, 侯键, 等. 胜坨油田厚油层内夹层分布对剩余油的控制作用［J］. 石油天然气学报, 2006, 28（4）：111-114.

[43] 杨少春, 王燕, 钟思瑛, 等. 海安南地区泰一段储层构型对剩余油分布的影响［J］. 中南大学学报（自然科学版）, 2013, 44（10）：4161-4166.

[44] 黎虹玮, 袁剑, 赵志川, 等. 泥岩隔层发育背景下的河道砂岩气藏剩余气挖潜实践——以新场气田 JS22 气层为例［J］. 油气藏评价与开发, 2022, 12（2）：365-372.

摘自：《天然气工业》, 2023, 43（8）：55-65

基于嵌入黏聚单元法的页岩储层压裂缝网扩展规律

位云生[1] 林铁军[2] 于 浩[2] 齐亚东[1]
王军磊[1] 金亦秋[3] 朱汉卿[1]

1. 中国石油勘探开发研究院；2. 油气藏地质及开发工程国家重点实验室·西南石油大学；3. 中国石油勘探与生产分公司

摘要：页岩储层压裂后形成的裂缝网络是页岩气有效开发的基础和关键。体积压裂过程中，对天然裂缝的发育形态的认识与人工裂缝的控制是压裂改造的关键和难点问题。本文以四川盆地南部地区奥陶系五峰组—志留系龙马溪组页岩储层为研究对象，基于批量嵌入黏聚单元法（BCZM）和牵引—分离损伤理论（Traction—Separation Law，TSL）对天然裂缝空间展布及性质进行表征，并建立了富集天然裂缝网群的页岩储层有限元模型，分析了人工裂缝与水平层理、天然裂缝交汇的裂缝网演化规律。研究结果表明：（1）压裂过程中，压裂液会优先沿水平层理与人工主裂缝方向流动，驱使主裂缝不断与天然裂缝进行沟通，最终形成类似星形包络线的压裂改造区域；（2）星形改造区域由于井眼呈现对称分布，随着压裂作业的进行，当有效改造半径达到一定值后，改造区域几何面积趋于稳定；（3）井口压裂液注入排量对压裂缝网形态影响较大，实际施工时应选择合适的注入排量，过小的压裂排量会使地层中液体压力难以打开天然裂缝，而过大的排量又会导致人工水力主裂缝直接穿越天然裂缝而被层理捕获，最终不能形成复杂有效的网状裂缝。结论认为，开展页岩储层压裂缝网的演化模拟对认识、预测及控制页岩储层压裂缝网的形态具有重要的理论指导意义，将有助于我国深层页岩气开发。

关键词：页岩气；储层改造；压裂；黏聚单元；缝网演化；注入排量；层间应力差；星形包络线；扩展规律

0 引言

体积压裂技术已经成为有效开发页岩气的主要手段[1]，在相同有效改造体积范围的储层中形成的裂缝数量越多、缝网越复杂，改造效果就越好，产能也就越高[2-5]。缝网形态及其复杂程度与岩石力学性质、天然裂缝空间展布、压裂施工参数等都有着密切的关系。因此，体积压裂过程中，对天然裂缝发育形态的认识与人工裂缝的控制是压裂改造的关键和难点。

目前国内外学者对不同储层条件或不同工况条件下水力裂缝的扩展开展了大量研究。室内试验方法可以直观地获取压裂裂缝的宏观和微观扩展规律[6-10]，然而当岩石离开地下原位环境，其结构及力学属性可能发生变化[11-14]，导致试验结果偏离真实情况[15-17]。且由于较大尺度的试验成本高昂，运用数值方法对压裂过程中裂缝扩展机理及规律进行模拟成为了主要手段。目前国内外学者针对水力压裂中裂缝扩展的数值模拟研究方法主要包括线弹性断裂力学法（LEFM）、边界元法（BEM）、离散元法（DEM）、扩展有限元法（XFEM）及

基金项目：国家自然科学基金项目"深层页岩多级压裂地应力场时空演化及套管失效机理研究"（编号：52104008）。

黏聚单元法（CZM）。Yue 等[18] 和 Marco 等[19] 使用 LEFM 法对脆性岩石水力裂缝扩展中的断裂力学行为进行表征。然而，LEFM 法忽略了裂缝尖端的奇异性，不适用于准脆性或非均质性较强地层的裂缝扩展过程模拟。Zou 等[20]、周彤等[21]、李玉梅等[22]、Gordeliy 等[23] 利用离散元的方法（DEM）将裂缝的扩展简化成线性弹簧的断裂失效行为，从而分析了不同层理弱面发育密度、强度、裂缝间距、力学参数及压裂施工参数对水力裂缝展布规律的影响。但是基于 DEM 法的裂缝扩展只能沿着刚性块体的边界而不能很好地处理连续体扩展问题，同时计算量极大。Olson[24] 和胥云等[25-27] 认为 BEM 法可以通过在定义域边界和裂尖划分、加密单元并对边界进行插值离散来避免尖端奇异性，在裂缝扩展模拟上具有独特优势，但是 BEM 法不能充分考虑裂缝内流体流动而只能假设裂缝内为均匀孔压[26-27]。Dahi-Taleghani 等[28]、盛广龙等[29] 提出了基于 XFEM 法的复杂水力裂缝模式扩展模型作为设计工具，可用于在复杂扩展条件下优化处理参数。XFEM 法的优点是裂缝扩展不需要重置网格和预置路径，可以有效模拟水力裂缝沿任意路径的扩展，但是无法构建原始地层中的天然裂缝。方修君等[30-32] 证明了 CZM 法模拟沿任意路径的裂纹扩展问题的可行性。Guo 等[33] 采用流动—应力—渗流耦合的 CZM 方法，考虑了盖层—储层的多层结构，对页岩气压裂过程中的水力裂缝扩展进行了模拟研究。DAHI-TALEGHANI 和 YU 等[34-37] 提出不同性质的黏聚单元对不同方位的天然裂缝进行表征。但是，CZM 法必须预置裂缝的扩展路径，难以模拟人工水力裂缝在基岩中沿任意方向起裂扩展的过程。目前多数成果主要针对的是单条水力裂缝的起裂与扩展，或者两条裂缝的交汇形式的研究，缺少了对缝网模拟及其复杂程度的探索与研究。因此需要一种既可以准确表征天然裂缝展布，而且允许水力裂缝沿任意方向扩展的方法，以实现模拟体积压裂缝网扩展演化的目的。

本文以四川盆地南部奥陶系五峰组—志留系龙马溪组某页岩气井为研究对象，提出了"批量嵌入黏聚单元"的建模方法，利用 Python 编程实现每个基岩单元的外边界批量插入零厚度的黏聚单元，用于表征人工水力裂缝的潜在扩展路径及天然裂缝展布。因此，该方法既利用了黏聚单元描述天然裂缝准确性的优势，又保持了人工水力裂缝在基岩中任意路径扩展的随机性。鉴于此，建立了考虑水力裂缝与天然裂缝交汇的水力压裂储层—裂缝有限元模型，模拟了大型水力压裂人工水力裂缝与天然裂缝竞争起裂、交错扩展而形成缝网扩展的演化过程，获取了水力裂缝缝网形态为"星形"，并根据缝网形态拟合了压裂体积的计算公式，模拟分析了压裂施工排量对缝网扩展演化的影响，还通过对压裂后实际产量对比，验证了压裂体积计算的可靠性，为准确认识页岩压后缝网形态提供了重要的理论依据。

1 黏聚单元法模拟裂缝扩展原理

裂缝的起裂和扩展可以视为黏聚材料的渐近脱胶过程。在水力压裂过程中，压裂液流体进入胶结面中抵消原地应力后并超过了岩石材料的胶结强度时，对于水力裂缝起裂、扩展及与天然裂缝交汇行为也可以采用黏聚方法进行表征，水力裂缝扩展的潜在路径和天然胶结裂缝等特征也可以视为胶结在一起的两个面，其中胶结厚度很小，接近于零厚度，胶结面就开始按照牵引—分离损伤理论进行损伤演化直至完全打开。胶结界面的打开和分离对应着水力裂缝的起裂和扩展及与天然裂缝的交汇作用[1]。

为了解决模拟人工水力裂缝在基岩中沿任意方向起裂扩展的过程这一难题，实现对人工水力裂缝随机起裂扩展行为的模拟，提出了一种基于 Abaqus 有限元软件，利用 Python 二次开发技术的批量嵌入黏聚单元方法（BCZM，Batched Cohesive Zone Method）。该方法可以根据基础网格坐标，利用 Python 编程在每个基岩单元的外边界都批量嵌入黏聚单元，用于表征水力主裂缝的潜在扩展路径，如图 1a 所示。其中蓝色与紫色线条分别表示储层中天然存在的不同方向和性质的天然裂缝，而所指出的红色黏聚单元即为储层中人工水力裂缝可能扩展的路径，其余绿色单元均为其潜在的扩展路径，能有效表征大型水力压裂人工水力裂缝扩展的随机性。红色和绿色单元，均为相同单元，并赋予了相同的参数设置，红色部分仅为裂缝可能的扩展路径的一个示意，所有绿色单元都可以是潜在的扩展路径，裂缝实际的扩展情况还与注入泵压、原始地应力场等多种因素有关。因此，该方法既利用了黏聚单元的描述天然裂缝准确性的优势，又保持了人工水力裂缝在基岩中扩展的任意随机性。

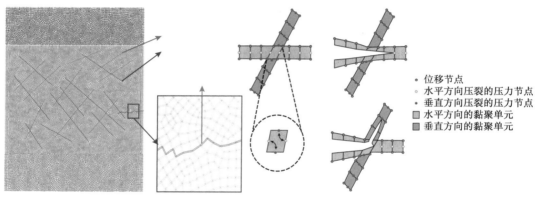

a. 水力主裂缝的潜在扩展路径　　　　b. 不同黏聚单元交汇扩展方法

图 1　批量嵌入黏聚单元模拟人工水力裂缝起裂扩展方法示意图

图 1b 展示了基于黏聚单元方法的不同黏聚单元交汇扩展方法。黏聚单元具有位移节点和孔隙压力节点，红色填充圆为位移节点，黄色填充圆为水平方向压裂的压力节点，灰褐色填充圆为垂直方向压裂的压力节点，黄色方块为水平方向的黏聚单元，绿色方块为垂直方向的黏聚单元。在水力压裂过程中，压裂液的孔隙压力通过孔隙压力节点进行传递，当压力节点值超过岩石基岩强度或天然裂缝胶结强度时，位移节点就会逐渐张开，以此来表征裂缝起裂过程。在压力节点传递过程中，黏聚单元逐渐被打开，就形成了裂缝扩展的过程，并且可以通过对不同的黏聚单元赋值不同强度参数分别表征岩石基岩及不同性质的天然裂缝，进而对页岩的各向异性特征进行表征。

牵引—分离损伤理论（Traction-Separation Law，TSL）是用于描述物体损伤及其断裂行为的方法[38-39]，如图 2 所示。可以采用 TSL 对基岩和不同天然裂缝的黏聚强度进行力学表征。当黏聚单元没有损伤时，其可以被视为一个双面胶结的整体，随着黏聚单元内部压力逐渐升高直至达到黏聚单元的初始损伤强度，黏聚单元就开始逐渐地出现损伤，其损伤系数与分离距离呈线性关系，当黏聚单元的开启位移超过其失效位移时，黏聚单元完全失效并自动删除，两个胶结的面被完全分离开，变成两个孤立的壁面，几何上表现为裂缝的起裂。

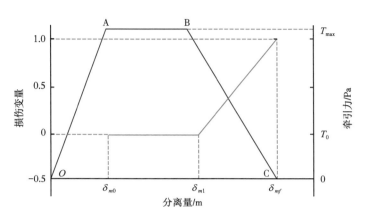

图 2 牵引—分离损伤理论示意图

牵引—分离模型首先假设了线弹性行为，然后是损伤的起始和发展。弹性行为以弹性本构矩阵的形式表示，该弹性本构矩阵将界面上的名义应力与名义应变联系起来。名义应力是在每个积分点上的力分量除以原始面积。名义应变是在每个积分点上变化量除以原始厚度的分离值，并对横向剪切分量施加一些平均值。名义牵引应力矢量 t 由三个分量组成（二维问题中有两个分量）。牵引—分离损伤准则定义了在裂缝尖端黏结层的黏结界面之间的本构关系。可以通过胡克定律简单描述沿内聚区的弹性行为：

$$t = \begin{Bmatrix} t_n \\ t_s \\ t_t \end{Bmatrix} = \begin{pmatrix} E_{nn} & E_{ns} & E_{nt} \\ E_{ns} & E_{ss} & E_{st} \\ E_{nt} & E_{st} & E_{tt} \end{pmatrix} \begin{Bmatrix} \delta_n \\ \delta_s \\ \delta_t \end{Bmatrix} \quad (1)$$

式中，E_{ij}（$i, j = n, s, t$）表示材料在对应三个方向的黏聚刚度，Pa/m；t_n、t_s 和 t_t 分别表示法向和两个切向的牵引，Pa；δ_n、δ_s 和 δ_t 分别表示对应的分离量，m。

当黏聚单元损伤后，弹性参数开始退化，退化程度用损伤参数（D）表示（0~1）。标量损伤参数表示在损伤开始后进一步加载时，岩石的整体损伤从 0 单调演变为 1。黏聚单元牵引—分离损伤的应力分量受以下因素的影响：

$$\begin{cases} t_n = (1-D)\overline{t_n} \\ t_s = (1-D)\overline{t_s} \\ t_t = (1-D)\overline{t_t} \end{cases} \quad (2)$$

式中，$\overline{t_n}$，$\overline{t_s}$ 和 $\overline{t_t}$ 和表示无损伤应变的弹性牵引分离行为预测的应力分量，Pa；如果抗压刚度没有被损坏，则 t_n 等于 $\overline{t_n}$。损伤表现出在沿断裂尖端附近的损伤区域上降低材料刚度的作用。

随着孔隙压力增加到一定程度，多孔岩石中的破坏开始并发展，从而导致液压驱动的裂缝扩散。在裂缝内部，假定流动状态遵循泊松流动（层流）。裂缝内流体流包括两个分量：裂缝内的切向流和垂直于裂缝表面往地层的法向滤失。

对于牛顿流体，在其进入黏聚单元时的切向流动方程为：

$$qd = -k_t \nabla p \tag{3}$$

其中

$$k_t = \frac{d^3}{12\mu}$$

式中，q 表示沿裂缝的质量流量，N/（m³·s）；d 表示裂缝开度，m；k_t 表示切向渗流系数，m/s；∇p 表示压力梯度，Pa/m；μ 表示流体黏度，Pa·s。

法向流动方程为：

$$\begin{cases} q_t = c_t(p_i - p_t) \\ q_b = c_b(p_i - p_b) \end{cases} \tag{4}$$

式中，q_t、q_b 分别表示裂缝上壁面和下壁面的法向流速，m/s；c_t、c_b 分别表示从裂缝中流体通过裂缝上壁面和下壁面的滤失系数，Pa·s；p_t、p_b 分别表示裂缝上壁和下壁单元表面的孔隙压力，Pa；p_i 表示裂缝中的流体压力，Pa。

岩石基体的控制方程包括流体流动和岩石变形的耦合，表示为：

$$\sigma_{ij} - \sigma_{ij}^0 = \frac{E}{1+v}\left(\varepsilon_{ij} + \frac{v}{1-2v}\varepsilon_{kk}\delta_{ij}\right) - \alpha(p_w - p_w^0)\delta_{ij} \tag{5}$$

式中，σ_{ij}、σ_{ij}^0 分别表示总应力和初始应力的分量，Pa；E 表示弹性模量，Pa；v 表示泊松比；ε_{ij} 表示应变张量的分量；δ_{ij} 表示 Kronecker's delta 函数；α 表示 Biot 系数；p_w、p_w^0 分别表示孔隙压力与初始孔隙压力，Pa。

在运用黏聚单元法模拟水力压裂原理进行理论计算或建模时，黏聚单元损伤前的流动方式即是在地层中的渗流，且黏聚单元损伤后的流动方式分为切向上的平板流动和法向上往地层中的滤失。

2 水力压裂缝网演化模型建立

在对页岩储层进行压裂改造的过程中，人工裂缝扩展不仅受到页岩层理、天然裂缝等先天地质条件的影响，而且还受到井口压裂注入排量等作业工况的影响。解析方法无法耦合多种因素定量刻画水力压裂缝网演化过程与形态，故需采用基于黏聚单元的有限元方法，对薄层状海相页岩储层人工裂缝的动态扩展进行模拟分析。

2.1 储层基本情况

这里以四川盆地南部五峰组—龙马溪组某区块页岩气井为研究对象，该区块目的层埋深 2500~3000m，从下至上有效储层包括五峰组、龙1_1^1、龙1_1^2、龙1_1^3、龙1_1^4 小层，层理和天然微裂缝发育，尤其是龙1_1^1 小层，如图 3 所示。水平井靶体和轨迹位于龙1_1^1 小层中部，各小层储层参数见表1。

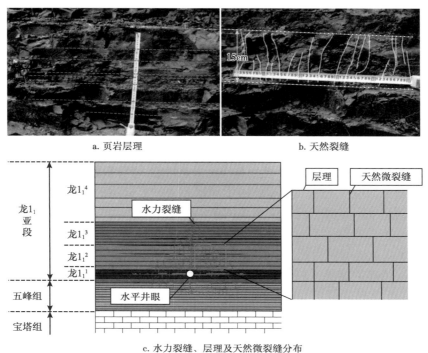

a. 页岩层理　　　　　　　b. 天然裂缝

c. 水力裂缝、层理及天然微裂缝分布

图3　川南龙1_1^1小层页岩层理与天然微裂缝分布图

表1　五峰组—龙马溪组各小层储层参数表

层位	厚度/m	发育密度/(条·m^{-1})	孔隙度/%	渗透率/mD	岩石密度/(g·cm^{-3})	横向杨氏模量/GPa	纵向杨氏模量/GPa	横向泊松比	纵向泊松比	地层孔隙压力/MPa	最大水平主应力/MPa	最小水平主应力/MPa
五峰组	8	3.5	5.64	490	2.57	22.95	19.85	0.21	0.19	49.74	64.91	55.78
龙1_1^1	2	69	6.61	660	2.55	28.86	24.65	0.18	0.17	50.39	68.33	56.62
龙1_1^2	9	68	5.88	580	2.54	27.63	23.89	0.17	0.16	50.84	67.23	55.88
龙1_1^3	6	73	6.15	620	2.53	26.84	24.22	0.18	0.17	51.26	68.39	54.32
龙1_1^4	15	70	6.27	638	2.58	27.98	24.78	0.16	0.16	52.11	69.21	57.21

水平井体积压裂作业参数见表2。室内压裂大型物理模拟实验表明，页理导致水力裂缝垂向穿透受限，平面上离射孔点越近，页理缝越长；现场微地震监测数据表明，纵向水力裂缝高度介于35~40m，裂缝向上沟通了龙1_1^4小层；但非放射性示踪剂测井解释结果表明，支撑裂缝仅9~12m，且由于滑溜水黏度低、携砂能力弱，支撑剂集中在水力裂缝下部；现有主流软件采用矩形裂缝形态，拟合生产动态数据，动用高度介于10~20m，向上仅沟通了龙1_1^3小层的底部。

表 2 压裂施工参数表

参数	数值
施工排量 / (m³·min⁻¹)	6.0~24.0
施工压力 /MPa	63~85
滑溜水黏度 / (mPa·s)	3~5
滑溜水密度 / (g·cm⁻³)	1.0

2.2 黏聚单元有限元模型建立

基于实际储层中层理、天然裂缝分布情况及各小层储层参数数据，采用黏聚单元法，建立储层—裂缝平面应变有限元模型。由中深层致密砂岩储层的压裂实践可知，天然裂缝不发育的块状储层中水平井分段压裂形成的是沿着水平最大主应力方向延伸的多条近似平行的主裂缝。海相页岩储层不同的是，发育层理和天然微裂缝多种弱面，在动态裂缝延伸的过程中，当泵入液体的压力超过弱面破裂压力时，弱面会打开，并沿弱面延伸一段距离，不断减弱压裂液传递的能量，故远离射孔点的水力裂缝长度和高度会快速减小。模型中水力裂缝、层理、天然微裂缝的分布如图 3 所示。图 3c 展示了水力裂缝与层理、天然微裂缝的交汇关系及天然微裂缝与层理的接触关系。综合考虑以上因素，所建立的模型横向范围为 300m，纵向范围为 40m，如图 4 所示。

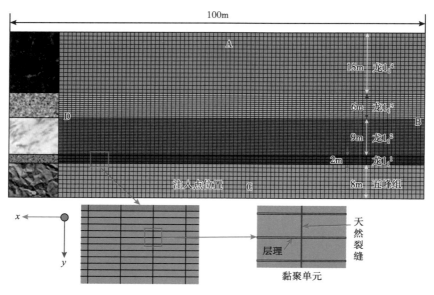

图 4 页岩储层黏聚单元地层—压裂缝网模型示意图

对图 4 中模型的 A、B、C、D 四个边界进行约束，作为模型中地层的远场边界条件。然后再在模型中添加应力场，以还原地层中原始地应力情况。最后再在图中注入点位置进行压裂液注入模拟。

3 水力压裂缝网演化模拟研究

为了准确描述页岩储层水力压裂缝网的演化过程及形态,分析井口压裂液注入排量对压裂缝网形态的影响,运用已建立的黏聚单元有限元模型进行数值模拟计算,并对计算结果进行分析。

3.1 水力压裂缝网演化过程及形态分析

水力压裂过程中,从井口不断向地层中高压注入压裂液,使地层人工裂缝中流体压力增大,裂缝得以在地层中扩展延伸,形成如图5a所示的孔隙压力云图。通过图5a可以看出,井眼周围孔压区域随着注入压裂液时间而不断增长,最大孔压覆盖区域形状也在不断演变。

从图5a可得,层理和天然裂缝开启对压裂液能量起到分流作用,由于水平层理薄弱面起裂压力低,沿层理面的裂缝横向扩展速度最快,对纵向缝高方向上分流作用明显,故压裂液能量衰竭迅速,水力裂缝高度受限,且远离射孔点,缝高急剧降低。随着井周缝网形态逐渐演化,最终形成一个主体区域为星形的缝网区,缝网区域外的边界线为星形包络线。

水平井靶体位置和轨迹在龙马溪组最底部的龙1_1^1小层,上部地层为龙马溪组地层,下部地层为间隔较薄的五峰组页岩,与宝塔组石灰岩接触。由于五峰组地层破裂压力比页岩高得多,人工裂缝无法或难以开启与扩展,故裂缝形态呈现出上半部分面积大于下半部分面积的特点。

通过对缝网纵横向长度测量,当注入排量为 $12m^3/min$ 时,缝网的最大纵向高度逐渐从零增加到 24.1m,缝网的最大横向长度逐渐增加。这表明,压裂过程中水力主裂缝不断扩展,同时层理也在不断开启和扩展。压裂液进入地层后,首先沿着层理与人工主裂缝方向快速扩展,即在横向和纵向两个方向快速延伸。

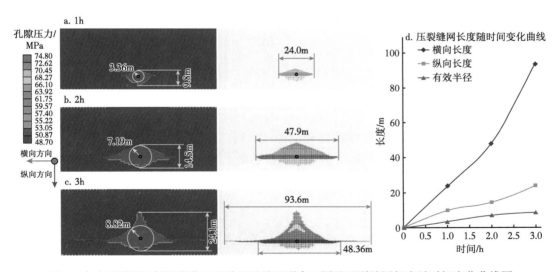

图 5 水力压裂缝网扩展演化过程孔压及缝网形态云图及压裂缝网长度随时间变化曲线图

另外,以水平井眼位置为圆心,做内切于星形区域上半部分边缘的内切圆,令其半径为压裂缝网区域的有效半径。由图5a可知,缝网的有效半径达到8.82m。

从模拟压裂作业过程时间来看，不同时刻形成的压裂缝网横向长度、纵向高度及压裂缝网区域有效半径随时间变化存在较大差异，沿层理方向的横向长度随着时间的增长，速度远大于纵向，有效半径在一定压裂作用时间后趋于稳定，如图5b所示。

水力主裂缝与水平层理交汇扩展演化缝网在水力主裂缝扩展延伸过程中，与人工主裂缝交汇的天然裂缝被开启并延伸，裂缝之间不断沟通和交错，地层逐渐形成压裂缝网。

由图5中压裂缝网结构演化过程可以看出，由于靶体层位龙1_1^1小层的水平层理发育密度最大，故形成的水力裂缝密度最大，其他小层的水力裂缝密度沿着远离水平井筒的方向逐渐减小。同时由于龙1_1^1小层的岩石强度相较于其他层位更低，故横向上水力裂缝扩展长度也是最长的。当水力主裂缝的横向长度达到93.6m时，其缝内流体压力不足以打开其他层理或沟通更多的天然裂缝，呈现单缝扩展。由于在水力压裂后期裂缝呈现单缝扩展，所形成的裂缝对于页岩地层改造增产效果不大，故在缝网面积计算时不考虑，缝网区域的有效横向长度忽略该段区域。通过测量计算，有效改造缝网区域长轴长度为48.36m，并且关于井眼所在位置的垂线呈现出横向两侧对称关系，两侧横向长度基本相等。

模拟所得该工况下水力压裂最终形成的缝网改造区域横截面如图6所示，其中有效长轴（横向）长度48.36m，有效短轴（纵向）长度24.1m，星形横截面面积421.85m^2。

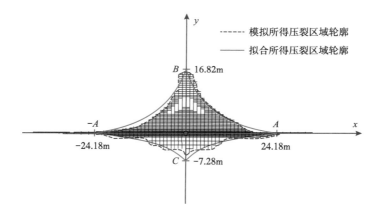

图6 缝网横截面示意图

通过拟合水力压裂最终缝网横截面轮廓曲线，可以定量计算星形形状缝网面积，围成区域最右端位置为A，最左端位置为$-A$，有效短轴最上端位置为B，最下端位置为C。

根据图6缝网区域轮廓拟合曲线，可以得出缝网上、下区域星形包络线轮廓边线拟合曲线表达式：

$$\begin{cases} y = m_1 e^{-k_1 x} + n_1, & y \geq 0 \\ y = m_2 e^{-k_2 x} + n_2, & y < 0 \end{cases} \tag{6}$$

式中，m_i，k_i，n_i表示与实际地层情况及施工工况有关的参数。m_i，n_i与A，B，C有以下关系：

$$\frac{\ln m_1 - \ln(-n_1)}{k_1} = \frac{\ln(-m_2) - \ln n_2}{k_2} = A \tag{7}$$

$$m_1 + n_1 = B \tag{8}$$

$$m_2 + n_2 = C \tag{9}$$

根据拟合曲线公式可以进一步推导出星形轮廓面积计算公式：

$$S = 2\left[\int_0^A \left(m_1 e^{-k_1 x} + n_1\right) dx - \int_0^A \left(m_2 e^{-k_2 x} + n_2\right) dx\right] \tag{10}$$

例如：根据图6缝网轮廓线，可得该模型注入排量为 12m³/min 的星形缝网拟合轮廓边线表达参数为 m_1=17.02，k_1=0.087，n_1=-2.80，m_2=-7.52，k_2=0.086，n_2=1.56，计算拟合星形轮廓面积为 426.93m²，与模拟所得压裂改造缝网区域面积 421.85m² 基本相符。

3.2 注入排量对缝网演化的影响分析

为研究井口压裂液注入排量对页岩储层水力压裂缝网演化的影响，进一步分别模拟了注入排量为 6m³/min、18m³/min、24m³/min 三种工况下裂缝扩展演化的情况。

在设置井口压裂液注入排量为 6m³/min 时，人工水力压裂缝形成改造缝网区域如图7a所示。从图中可以看出，最终形成的星形压裂缝网区域最大横向长度为 65.49m。压裂缝网区域有效横向长度为 41.8m，有效纵向长度为 15.18m，模拟所得星形裂缝网区域面积为 339.26m²。相比较 12m³/min 排量工况，水力压裂缝网面积减少，缝网区域有效横向长度和有效纵向长度都减少，说明注入排量对缝网最终形态影响很大。

当压裂液注入排量提高到 18m³/min 时，人工水力压裂缝形成改造缝网区域面积如图7b所示。从图中可以看出，最终形成的星形压裂缝网区域最大横向长度为 97.2m，已经贯通模型边界并逃逸。而井眼周围压裂缝网区域有效横向长度为 54.55m，有效纵向长度为 32.81m，模拟所得星形裂缝网区域面积为 493.43m²，持续注入压裂液不会继续增大缝网有效纵横向长度。较之于 12m³/min，压裂缝网面积进一步增大，缝网密度与复杂程度进一步增高，说明压裂增产效果更好。

当井口压裂液注入排量为 24m³/min 时，人工水力压裂缝形成改造缝网区域面积如图7c所示。从图中可以看出，最终形成的星形压裂缝网区域最大横向长度为 98.6m，压裂液更早贯通模型边界而被天然层理所捕获。压裂缝网区域有效横向长度为 50.64m，有效纵向长度为 30.79m，模拟所得星形裂缝网区域面积为 478.64m²。较之于 12m³/min，压裂缝网面积增加，但较之于 18m³/min 有一定的下降趋势。

井口压裂液注入排量设置为 24m³/min，已经大于正常压裂作业时使用的压裂液注入排量大小，所以在此工况下，较大量的压裂液进入地层，较大的压力使压裂液快速地沿人工水力主裂缝穿过地层而被天然层理捕获，如图7b所示。故此时压裂液不能有效地沟通与开启天然裂缝，从而使此工况下的压裂缝网面积及压裂效果不及 18m³/min 排量工况。

综合各个排量工况的模拟结果，可以得到压裂缝网星形面积及拟合轮廓曲线所围成面积随井口注入排量变化关系曲线如图7所示。可以看出，在井口压裂液注入排量较小时，实际压裂星形面积即压裂改造区域面积也较小；随着注入排量的增加，星形面积不断增加，压裂改造效果不断提高；当注入排量为 18m³/min 时，模拟压裂星形面积达到最大值

493.43m², 拟合星形面积达到最大值 499.37m²，之后随排量的增加实际压裂星形面积呈现出下降的趋势。

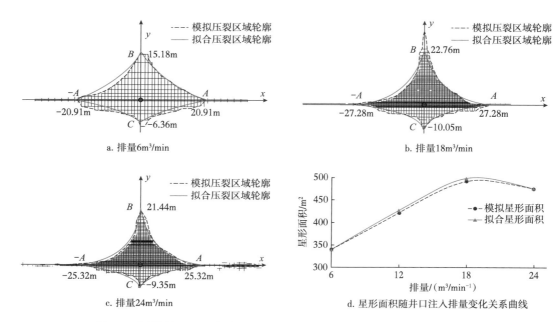

图 7 不同排量下人工水力压裂缝形成改造缝网区域及压裂缝网星形面积随井口注入排量变化关系曲线图

对于提出的运用拟合轮廓曲线以计算压裂缝网区域面积的方法，在不同井口压裂液注入排量工况下，对应的压裂区域顶点位置 A、B、C 的数值见表3，对应的拟合曲线参数见表4。

表 3 不同工况下拟合轮廓顶点位置数值统计表

排量/($m^3 \cdot min^{-1}$)	A/m	B/m	C/m	模拟计算面积/m^2
6	20.91	15.18	−6.36	339.26
12	24.18	16.82	−7.28	421.85
18	27.28	22.76	−10.05	493.43
24	25.32	21.44	−9.35	474.52

表 4 不同工况下拟合轮廓曲线参数及拟合面积统计表

排量/($m^3 \cdot min^{-1}$)	m_1	n_1	k_1	m_2	n_2	k_2	拟合计算面积/m^2
6	17.02	−2.80	0.087	−7.52	1.56	0.086	340.45
12	17.23	−0.41	0.111	−7.63	−0.35	0.098	426.93
18	23.68	−0.92	0.122	−9.49	−0.56	0.109	499.37
24	21.57	−0.13	0.156	−9.81	0.46	0.115	478.64

根据对页岩压裂缝网演化过程与形态的模拟研究，进而得出图 7 所呈现的井口压裂液注入排量与实际压裂改造缝网面积之间的关系。随着压裂液注入排量的提高，更多的天然裂缝在压裂液压力的作用下与人工水力裂缝相互沟通，开启起裂并得以扩展延伸，水力压裂改造区域面积随之增大，缝网密度也更为密集。但当压裂液注入排量超过某一临界值时，压裂液会快速形成井周缝网，并沿强度最低的层理面形成人工主裂缝且不断延伸，由此便不能有效开启天然裂缝，使压裂缝网区域面积减小，压裂改造效果变差。

表 4 是压裂缝网区域拟合轮廓公式在不同工况下的参数值，其中实际地层中压裂缝网有效横向长度与有效纵向能够延伸的长度决定了 m_i、n_i 取值，k_i 和实际地层情况与压裂作业参数有关，可以看出，压裂作业时井口压裂液注入排量越大，压裂缝网轮廓拟合曲线中 k_i 的值越大，对应的曲线曲率半径越小。在实际压裂作业时，需要根据地层情况，合理调整压裂施工参数，使压裂缝网轮廓达到预期缝网演化形态及有效缝网面积。

4 结论

（1）压裂液进入地层后会沿人工主裂缝方向进行延伸，由于地层对裂缝扩展的阻力及压裂液压力的共同作用，与人工主裂缝交汇的天然裂缝被开启起裂并延伸，地层逐渐形成压裂缝网，最终井眼横截面压裂缝网区域形状呈星形，并在到达一定的有效半径后趋于稳定。

（2）根据模拟所得压裂缝网结构图，可以测量计算得到星形缝网区域的面积和轮廓边线，提出拟合轮廓曲线表达式，可作为评价水力压裂改造效果的一个新方法，为更准确估算压裂后产量提供理论依据。

（3）压裂液注入排量对压裂缝网的演化形态具有重要影响。随着注入排量增加，缝网面积先增加后降低，故在实际压裂施工中，可根据地层情况获得合理压裂液注入排量。

参 考 文 献

[1] 王世谦. 页岩气资源开采现状、问题与前景[J]. 天然气工业，2017，37（6）：115-130.

[2] CHIPPERFIELD S T, WONG J R, WARNER D S, et al. Shear dilation diagnostics: A new approach for evaluating tight gas stimulation treatments[C]//SPE Hydraulic Fracturing Technology Conference. College Station: SPE-106289-MS, 2007.

[3] SOLIMAN M Y, EAST L, AUGUSTINE J. Fracturing design aimed at enhancing fracture complexity[C]//SPE EUROPEC/EAGE Annual Conference and Exhibition. Barcelona: SPE-130043-MS, 2010.

[4] ROUSSEL N P, SHARMA M M. Strategies tominimize frac spacing and stimulate natural fractures in horizontal completions[C]//SPE Annual Technical Conference and Exhibition. Denver: SPE-146104-MS, 2011.

[5] DANESHY A. Analysis of front and tail stress shadowing in horizontal well fracturing: Their consequences with case history[C]//SPE Hydraulic Fracturing Technology Conference and Exhibition, The Woodlands: SPE-184818-MS, 2017.

[6] 孙帅，侯贵廷. 岩石力学参数影响断背斜内张裂缝发育带的概念模型[J]. 石油与天然气地质，2020，41（3）：455-462.

[7] ZHANG Xi, JEFFREY R. Development of fracture networks through hydraulic fracture growth in naturally fractured reservoirs[C]//ISRM International Conference for Effective and Sustainable Hydraulic Fracturing.

Brisbane: ISRMICHF-2013-052, 2013.

[8] 陈静静. 基于粘聚型裂纹岩体水力压裂过程模拟研究[D]. 焦作: 河南理工大学, 2015.

[9] 张子麟, 席一凡, 李明, 等. 裂缝性储层中复杂压裂缝网形成过程的数值模拟[J]. 油气地质与采收率, 2018, 25 (2): 109-114.

[10] LIU Jia, LIANG Xin, XUE Yi, et al. Investigation on crack initiation and propagation in hydraulic fracturing of bedded shale by hybrid phase-fieldmodeling[J]. Theoretical and Applied Fracture Mechanics, 2020, 108: 102651.

[11] 宋子怡, 王昊, 李静, 等. 渗流—应力耦合作用对储层裂缝发育的影响研究[J]. 地质力学学报, 2019, 25 (4): 483-491.

[12] 王迪, 陈勉, 金衍, 等. 考虑毛细管力的页岩储层压裂缝网扩展研究[J]. 中国科学: 物理学 力学 天文学, 2017, 47 (11): 114607.

[13] 何建华, 丁文龙, 王哲, 等. 页岩储层体积压裂缝网形成的主控因素及评价方法[J]. 地质科技情报, 2015, 34 (4): 108-118.

[14] 岳喜伟, 戴俊生, 王珂. 岩石力学参数对裂缝发育程度的影响[J]. 地质力学学报, 2014, 20 (4): 372-378.

[15] 张矿生, 樊凤玲, 王波, 等. 裂缝性储层水平井裂缝起裂和延伸规律研究[J]. 石油天然气学报, 2014, 36 (10): 105-109.

[16] BAO J Q, FATHI E, AMERI S. A coupled finite element method for the numerical simulation of hydraulic fracturing with a condensation technique[J]. Engineering Fracture Mechanics, 2014, 131: 269-281.

[17] 赵金洲, 任岚, 胡永全. 页岩储层压裂缝成网延伸的受控因素分析[J]. 西南石油大学学报(自然科学版), 2013, 35 (1): 1-9.

[18] YUE Kaimin, LEE H P, OLSON J E, et al. Apparent fracture toughness for LEFM applications in hydraulic fracture modeling[J]. Engineering Fracture Mechanics, 2020, 230: 106984.

[19] MARCOM, INFANTE-GARCÍAD, BELDA R, et al. A comparison between some fracture modelling approaches in 2D LEFM using finite elements[J]. International Journal of Fracture, 2020, 223 (1): 151-171.

[20] ZOU Yushi, ZHANG Shicheng, MA Xinfang, et al. Numerical investigation of hydraulic fracture network propagation in naturally fractured shale formations[J]. Journal of Structural Geology, 2016, 84: 1-13.

[21] 周彤, 王海波, 李凤霞, 等. 层理发育的页岩气储集层压裂裂缝扩展模拟[J]. 石油勘探与开发, 2020, 47 (5): 1039-1051.

[22] 李玉梅, 思娜, 吕炜, 等. 基于离散元数值法的页岩压裂复杂网络裂缝研究[J]. 钻采工艺, 2019, 42 (1): 46-49.

[23] GORDELIY E, PEIRCE A. Implicit level set schemes for modeling hydraulic fractures using the XFEM[J]. Computer Methods in Applied Mechanics and Engineering, 2013, 266: 125-143.

[24] OLSON J E. Multi-fracture propagation modeling: Applications to hydraulic fracturing in shales and tight gas sands[C]//The 42nd U.S. Rock Mechanics Symposium (USRMS). San Francisco: ARMA-08-327. 2008.

[25] 胥云, 陈铭, 吴奇, 等. 水平井体积改造应力干扰计算模型及其应用[J]. 石油勘探与开发, 2016, 43 (5): 780-786.

[26] 周彤, 陈铭, 张士诚, 等. 非均匀应力场影响下的裂缝扩展模拟及投球暂堵优化[J]. 天然气工业, 2020, 40 (3): 82-91.

[27] 陈铭, 张士诚, 胥云, 等. 水平井分段压裂平面三维多裂缝扩展模型求解算法[J]. 石油勘探与开发, 2020, 47 (1): 163-174.

[28] DAHI-TALEGHANI A, OLSON J E. Numerical modeling of multistranded-hydraulic-fracture propagation: Accounting for the interaction between induced and natural fractures[J]. SPE Journal, 2011, 16 (3): 575-581.

[29] 盛广龙, 黄罗义, 赵辉, 等. 页岩气藏压裂缝网扩展流动一体化模拟技术[J]. 西南石油大学学报（自然科学版）, 2021, 43 (5): 84-96.

[30] 方修君, 金峰, 王进廷. 基于扩展有限元法的粘聚裂纹模型[J]. 清华大学学报（自然科学版）, 2007, 47 (3): 344-347.

[31] 凌道盛, 韩超, 陈云敏. 数学网格和物理网格分离的有限单元法（Ⅱ）: 粘聚裂纹扩展问题中的应用[J]. 计算力学学报, 2009, 26 (3): 408-414.

[32] GONZALEZ M, DAHI TALEGHANI A, OLSON J E. Acohesive model for modeling hydraulic fractures in naturally fractured formations[C]//SPE Hydraulic Fracturing Technology Conference. The Woodlands: SPE-173384-MS, 2015.

[33] GUO Jianchun, LU Qianli, ZHU Haiyan, et al. Perforating cluster space optimization method of horizontal well multi-stage fracturing in extremely thick unconventional gas reservoir[J]. Journal of Natural Gas Science and Engineering, 2015, 26: 1648-1662.

[34] DAHI TALEGHANI A, GONZALEZ-CHAVEZM, YU Hao, et al. Numerical simulation of hydraulic fracture propagation in naturally fractured formations using the cohesive zone model[J]. Journal of Petroleum Science and Engineering, 2018, 165: 42-57.

[35] YU Hao, DAHI TALEGHANI A, LIAN Zhanghua. On how pumping hesitations may improve complexity of hydraulic fractures, a simulation study[J]. Fuel, 2019, 249: 294-308.

[36] 乐宏, 杨兆中, 范宇. 宁209井区裂缝控藏体积压裂技术研究与应用[J]. 西南石油大学学报（自然科学版）, 2020, 42 (5): 86-98.

[37] 盛广龙, 黄罗义, 赵辉, 等. 页岩气藏压裂缝网扩展流动一体化模拟技术[J]. 西南石油大学学报（自然科学版）, 2021, 43 (5): 84-96.

[38] ZHANG G M, LIU H, ZHANG J, et al. Three-dimensional finite element simulation and parametric study for horizontal well hydraulic fracture[J]. Journal of Petroleum Science and Engineering, 2010, 72 (3/4): 310-317.

[39] BENZEGGAGH M L, KENANE M.Measurement of mixed-mode delamination fracture toughness of unidirectional glass/epoxy composites with mixed-mode bending apparatus[J]. Composites Science and Technology, 1996, 56 (4): 439-449.

摘自：《天然气工业》, 2022, 42 (10): 74-83

苏里格气田致密气开发井网效果评价与调整对策

王国亭 贾爱林 郭智 孟德伟 冀光

中国石油勘探开发研究院

摘要：鄂尔多斯盆地致密气资源丰富，其天然气资源量占全国致密气总资源量的60%以上，目前已发现苏里格、神木、大牛地、延安、米脂等多个致密气田。其中苏里格气田引领中国致密气开发已有20年，由于气田开发井网复杂多样，其结构特征与开发效果缺乏系统评价，因此未来天然气井网优化调整对策尚不明确。为此，充分利用区内 $1.8×10^4$ 余口气井的动、静态生产资料，系统梳理了开发进程中井网的持续优化过程，将其划分为直井规则、混合、水平井整体、加密试验与欠完善等5种类型，并采用加密井增产气量评价方法，评价了不同井网的特征和开发效果，提出了高效调整对策。研究结果表明：（1）500m×650m、600m×600m 井网下，天然气的采收率较高，但优化调整面临较大风险；（2）600m×800m 井网较优，既可达到较高的天然气采收率，又具备优化调整空间；（3）混合开发井网占比高，但储量碎片化严重，优化调整潜力有限；（4）水平井整体井网的优化调整可能性较低。结论认为，针对成熟天然气开发区需加强剩余气精细挖潜与井网精准调整技术攻关，针对未开发区应强化储层结构精准描述与可视化部署、差异化井网实施与储量极致动用技术研究，从而为气田长期稳产及提高天然气采收率提供支撑，也为我国致密气藏高效开发提供技术参考。

关键词：苏里格气田；致密气藏；井网特征；混合井网；开发效果；提高采收率；剩余气挖潜；差异化部署

0 引言

致密气藏是我国重要的非常规气藏类型，主要分布于鄂尔多斯、四川、松辽、塔里木等沉积盆地，有利勘探面积达 $32.46×10^4 km^2$，地质资源量为 $21.85×10^{12}m^3$，技术可采储量为 $10.92×10^{12}m^{3[1-4]}$。鄂尔多斯盆地致密气资源丰富，其资源量占全国致密气总资源量的60%以上，已发现苏里格、神木、大牛地、延安、米脂等多个气田[5-6]。苏里格气田勘探面积约 $5×10^4 km^2$，截至2022年年底探明（含基本探明）储量超 $4.0×10^{12}m^3$，累计产气已接近 $3000×10^8m^3$，2022年产气量超过 $300×10^8m^3$。气田发现之初，效益开发面临技术、资金及管理等多方面挑战，为实现开发突破，创建了风险合作开发模式；为吸收国外先进的开发技术，与道达尔公司开展合作，进一步形成了国际合作开发模式[7-8]。在上述开发模式的推动下，气田开发进程快速推进，形成了完善的配套关键开发技术体系。

开发指标科学合理是实现致密气藏高效开发的保障，其中气井合理配产、递减规律、开发井网、动态控制储量与 EUR、采收率等关键指标中，开发井网尤为重要[9-13]。国外致密气藏开发井网一般都会经历初期论证、优化部署、后期调整等重要阶段，例如美国 Ozona 气田，1970年开发初期时井网为 1.3 口 $/km^2$，之后在30余年的开发过程中进行了6~7次优

基金项目：中国石油"十四五"前瞻性、基础性科技专项"致密气勘探开发技术研究"（编号：2021DJ2106）、"复杂天然气田开发关键技术研究"（编号：2021DJ1704）。

化调整，最终调整至 0.16 口 /km²，井网持续优化助推了气田长期稳产与采收率提高[14-16]。笔者系统梳理了苏里格气田历次重要开发方案中井网的论证历程，分析了开发井网现状并评价了井网效果，提出高效开发调整对策，从而为苏里格气田长期稳产及提高采收率提供支撑，同时也为国内同类气藏的开发提供借鉴。

1 气藏地质特征与再认识

1.1 气藏地质特征

苏里格气田位于内蒙古自治区和陕西省境内，构造位置处于鄂尔多斯盆地伊陕斜坡北部，构造相对平缓、地层倾角小于 1°，断裂系统不发育，主产层为上古生界二叠系下石盒子组八段（H8）和山西组一段（S1），主体为辫状河沉积体系，砂体大面积分布，连续性较好（图 1）。储层岩性以岩屑石英砂岩、石英砂岩及岩屑砂岩为主；孔隙度介于 4%~12%，平

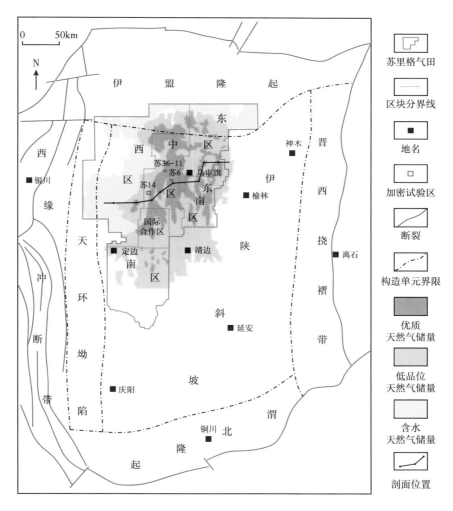

图 1 鄂尔多斯盆地苏里格气田位置图

均为 8.4%；渗透率介于 0.01~1.0mD，平均为 0.7mD；主要发育粒间孔、溶蚀孔、晶间孔等孔隙类型，并以溶蚀孔为主。有效储层主要为心滩和辫状河道底部物性相对较好的粗岩相部分，厚度、规模普遍较小且连通性差，多层叠合表现为大面积连片分布特征。气藏压力系数介于 0.77~0.98，无明显边、底水，总体属于致密、低压、定容弹性驱动气藏。

1.2 开发地质再认识

随着气田开发的深入，气井数量快速攀升，目前已累计完钻气井 $1.8×10^4$ 余口，其中水平井 2000 余口。气田动静态资料的不断丰富和对地质认识的不断深入[17-22]主要表现在 4 个方面：(1) 各区块储层岩性和储集空间类型存在差异，由西至东石英含量逐渐降低、岩屑含量明显增加；储集空间由以溶孔、晶间孔、粒间孔组合为主转变为以溶孔、晶间孔为主。(2) 各区块储层物性存在差异，中区、苏东南区较好，西区次之，东区、南区略差。(3) 各区块含气性差异明显，西区及东区北部产水严重，含气饱和度偏低，中区及苏东南含气性好。(4) 各区块有效储层发育程度差异明显。中区、苏东南区有效单砂体规模相对较大，主体长度 700~800m、宽度 500~600m，多期叠置，垂侧向发育较为连续；东区有效单砂体规模相对略小，主体长度 600~700m、宽度 450~550m，叠置程度低，以孤立分布为主；西区受地层水影响严重，有效储层仅在局部微构造隆起集中发育；南区有效单砂体规模相对最小，主体长度 550~650m、宽度 400~500m，叠置程度最低，以零散分布为主（图 2）。

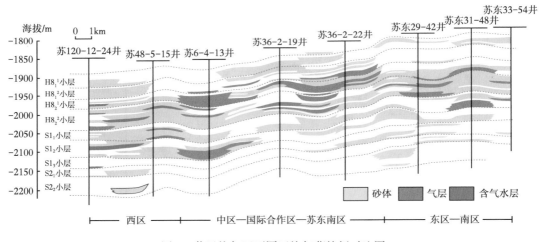

图 2 苏里格气田不同区块气藏特征对比图

2 开发井网论证

2.1 自营区开发井网论证

自营区是指由中国石油长庆油田公司（以下简称长庆油田）自主开发的区块，自气田发现至今开展了多期开发方案研究，并进行了持续的井网优化论证（表 1）。

(1) 2002—2003 年。开展了苏里格气田早期评价与开发方案研究，此时气田开发主要围绕中部苏 6 区块，基于苏 38-16、苏 39-14 井组两排 12 口加密井的地质解剖，分析认为井距为800m时部分气层仍不在控制范围内,因此初步确定了750m×1200m井网,并初步论证单井动态控制储量为 $3329×10^4m^3$。

(2)2005—2006年。进行了苏里格气田 $10×10^8m^3/a$、$30×10^8m^3/a$ 及 $50×10^8m^3/a$ 开发方案、规划方案论证,此时气田开发主要集中于中区。在系统调研北美 Cherokee、Bradford、Ozona 等致密气田井网加密调整历程的基础上,基于储层地质建模和数值模拟方法,研究认为随着开发井距、排距的逐渐增加,单井平均累计产气量呈现先快速增加、后缓慢增加的趋势,在井距600m、排距1200m时单井累计产气量的变化出现明显拐点,因此 600m×1200m 为合理开发井网。该井网具有灵活的加密方式和良好的后期调整余地。此阶段进一步论证单井动态控制储量为 $2947×10^4m^3$。

表1 苏里格气田开发井网论证表

时间	资料基础	评价方法	井型井网	井网形态	对有效砂体控制程度	单井动态控制储量/10^4m^3
2002—2003年	苏6区块苏38-16、苏39-14两排12口加密井	地质解剖	直井 750m×1200m	矩形	控制程度偏低,井间大量遗留	3329
2005—2006年	苏6区块苏38-16、苏39-14两排12口加密井;有限生产动态资料	地质解剖、动态评价、数值模拟	直井 600m×1200m	矩形	控制程度较低,井间大量遗留	2947
2008—2009年	苏6、苏10、苏14区块井网完善区;苏6区块20口新加密井;井底测压、少量干扰试验;生产动态资料	地质解剖、动态评价、数值模拟	直井 600m×800m;原600m×1200m部署区按600m×800m加密	平行四边形;矩形	控制程度较高,井间部分遗留	2564
2011—2012年	井网完善区、苏6、苏10、苏14、苏36-11加密试验区;井底测压、干扰试验资料;大量生产动态资料	地质解剖、泄气半径、干扰试验、数值模拟	直井 600m×800m;水平井 600m×1800m	平行四边形(直井)	控制程度较高,井间部分遗留	2571
2020—2021年	井网完善区、苏6、苏10、苏14、苏36-11、苏东27-36加密试验区;井底测压、大量干扰试验资料;丰富的生产动态资料	地质解剖、泄气半径、干扰试验、数值模拟、经济效益评价等	直井 500m×650m;局部部署水平井	矩形	可有效控制,井间遗留较少	2188

(3)2008—2009年。进行了苏里格气田 $100×10^8m^3/a$、$230×10^8m^3/a$ 开发规划方案研究,此时气田开发由中区向东区、西区扩展,中区苏6、苏10、苏14等区块已存在部署相对完善的井排,尤其苏6区块加密井排的二次加密为井网论证提供了更多资料。研究认为 600m×1200m 井网为抗风险能力较强的过渡型井网,更密的开发井网完全可行,论证确定了 600m×800m 为合理开发井网。该井网对有效砂体的控制程度较高,持续论证确定全区单井平均动态控制储量为 $2564×10^4m^3$。

(4)2011—2012年。进行了苏里格气田 $230×10^8m^3/a$ 开发规划调整方案研究,确定继续采用 600m×800m 井网为主体开发井网,此时水平井开发技术已成熟,论证增加了 600m×1800m 水平井开发井网;600m×800m 主体井网对有效砂体的控制程度、单井动态控制储量与2008—2009年开发规划方案的认识基本一致。

（5）2020—2021年。进行了苏里格气田300×10⁸m³/a开发规划调整方案论证，此时中区苏6、苏14、苏36-11及东区的苏东27-36等多个区块已经进行了加密试验，近80个井组开展了井间干扰试验，动静态资料进一步得到丰富，为开发井网论证创造了更有利的条件。结合地质解剖、泄气范围计算、干扰试井、数值模拟、经济效益评价等多种方法确定500m×650m井网为主体开发井网。该井网可实现对有效砂体的充分控制，井间会产生一定程度的干扰。受储量品质总体变差、井间干扰等因素影响，平均单井动态控制储量为$2188×10^4m^3$，比前述方案有所降低。

2.2 合作区开发井网论证

合作区是指由风险合作单位和外国公司主导开发的区块，目前风险合作单位包括中国石油川庆钻探工程有限公司、中国石油长城钻探工程有限公司、中国石油西部钻探工程有限公司、中国石油渤海钻探工程公司和中国石油华北油田公司（以下简称川庆钻探、长城钻探、西部钻探、渤海钻探和华北油田），国际合作单位主要为法国道达尔公司。长城钻探开发的中区苏10、苏11区块储层多层分散、主力层不明显，为降低开发风险早期采用600m×1200m井网，后期调整为600m×600m井网；西区苏53区块主力层突出，采用600m×1200m水平井整体开发井网。渤海钻探开发的中区苏20区块储层规模小、平面连续性差、长条状展布，因此采用600m×800m、500m×650m井网，具体结合储层类型而定。华北油田开发的西区苏75区块储层特征与苏10、苏11区块相近，主体采用600m×600m井网，具体根据储层发育情况进行差异化设计。西部钻探开发的东区苏77、召51区块储层更薄、规模更小，为充分动用储量主体采用500m×650m井网。川庆钻探开发的中区桃7区块储层非均质性强、横向变化快，采用非等井间距的布井方式，具体的井网井距视砂体展布情况决定，主体采用不规则井网。

2009年国际合作区研究确定采用1000m×1000m九井丛式井网，后期采用500m×1000m井网加密调整。经2020年进一步论证，结合地质解剖、干扰试验、邻区类比等方法，确定主体开发区仍采用1000m×1000m九井丛式井网，后期采用500m×1000m井网加密调整；南部未开发区采用920m×920m井网，后期按对角线中心井网加密调整。

3 井网实施与结构特征

3.1 井网实施

苏里格地区有效储层非均质性强，百米级范围内储层地质条件会产生明显变化，若完全按方案设计进行部署会面临较高的开发风险。自营区在井网实际部署过程中持续开展井位优选，选择高产可能性较大的区域进行滚动部署，水平井以局部式、穿插式部署为主，仅苏东南、苏53等区块进行整体开发。道达尔公司的开发理念影响着苏南合作区的井网部署，基本按方案设计进行九井丛式井网部署。

3.2 井网结构特征

综合考虑井网规则性、井网结构、井型特征及完善程度等因素，将苏里格气田开发井网划分为直井规则井网、混合井网、水平井整体井网、加密试验井网、欠完善井网等5种类型。其中，混合井网井数占比最高，欠完善井网、直井规则井网次之，水平井整体开发井网较低，加密试验井网占比最低。

3.2.1 直井规则井网

受滚动式井网部署的影响，直井规则井网并非主体开发井网，统计分析表明其井数占比仅为24.5%。规则井网数量较为有限，以600m×600m、500m×650m、1000m×1000m井网为主，其次为600m×1200m、600m×800m井网（图3a）。600m×600m井网主要分布在中区苏10、苏11区块和西区苏75区块，呈近菱形或正方形，连片式分布，井数占整个气田总井数的比例为7%；500m×650m井网主要分布在东区苏东、苏东41-33、召51、苏77区块及中区局部，呈近矩形或矩形，连片式分布，井数占比为12%；1000m×1000m井网分布在苏南国际合作区块，呈正方形，连片式分布，井数占比为4%；600m×800m与600m×1200m井网仅在局部区块以井组分布为主，不连片，二者井数占比约为1.5%。

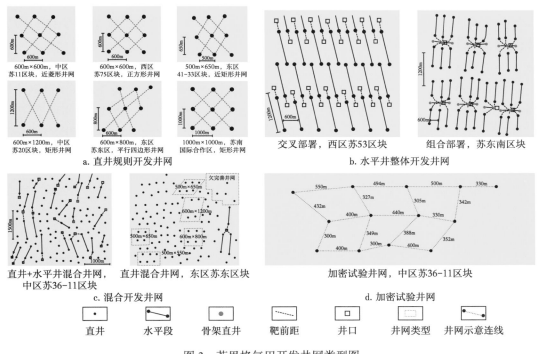

图3 苏里格气田开发井网类型图

3.2.2 水平井整体开发井网

2011年后水平井成为苏里格气田重要的开发井型[23-27]，已累计投产2000余口，主要采用整体式、穿插式两种部署方式。整体式井网以规则部署、面积分布为特征，此类井网井数约占气田总井数的6.5%，分布于苏东南区块和苏53区块，两区块的部署方式存在一定差异（图3b）。苏53水平井整体开发区完全采用水平井，井排间井点交叉分布，井距以600m为主，长度以1000m~1200m为主，方位为167°或347°，整体性、成网性相对较好。苏东南采用骨架直井+水平井的组合部署模式，一般为3口直井+6口水平井，通过直井落实主力层发育情况，水平井实现主力层开发动用，主体为 600m×（1200~1800m）井网，水平段均长 1500m，沿主河道带呈南北向排列，整体性、成网性也相对较好。

3.2.3 混合开发井网

混合开发井网是指不同井型或不同井网组合在一起形成的复杂交错、非规则的开发井网，可分为直井+水平井混合开发井网、直井混合开发井网（图 3c）。前者是由直井和水平井混合部署形成，水平井采用局部穿插式部署，成网成片性差，水平段长短不一、展布方向差异明显，直井则以非规则分布为主。后者的大部分直井分布规律性差、欠协调，近似规则，少量井组为 500m×650m、600m×1200m、600m×800m 等相对较为规则的井网。总体而言，混合井网的整体性、规则性相对较差。混合井网的形成受多种因素的影响：滚动开发部署过程中以提高气层钻遇率、部署高产气井为目标，弱化了对井网规则性的考虑；其次，水平井开发的持续探索、逐步推广和规模应用的过程也会使井网结构变得复杂；此外，合理直井开发井网的论证和实施不断调整和优化，也在一定程度上增加了井网的复杂性。混合开发井网分布于苏里格气田的大部分区块，其井数约占气田总开发井数的 42%，是目前井数占比最高的井网类型。

3.2.4 加密试验井网

为确定有效储层规模及分布、落实气井产能及井间干扰状况，支持合理开发井网论证，在苏里格气田多个区块开展了井网加密试验，形成了苏 6、苏 36-11、苏 14 及苏东 27-36 等多个加密试验区块，包括 400m×500m、500m×650m、450m×600m、500m×700m 等多种类型，井网密度为 2.4~5.0 口 $/km^2$。加密试验井网是为获取评价参数而试验性部署的非主体实施井网，井数约占气田总开发井数的 1.5%。（图 3d）。

3.2.5 欠完善井网

欠完善井网尚未成网，气井稀疏分布、密度低于方案设计要求。此类井网主要分布于各开发区储量动用程度较低的区域，这些区域尚处于开发评价阶段，开发井相对稀少，井距普遍较大（图 3c）。随着地质认识程度的提高和产能建设的推进，欠完善井网将会逐渐转变成完善开发井网。评价结果表明，苏里格气田欠完善井网的开发井数约占气田总开发井数的 25.5%。

4 开发效果与潜力分析

4.1 关键指标确定与评价方法

国外致密气藏井网优化一般会尽量避免井间干扰，因为干扰会影响气井产量，制约开发效益[20-22]。我国致密气藏储层非均质性强、有效储层规模总体较小且差异大。如果气井同时钻遇到了规模较大的、连通的有效砂体，就容易发生井间干扰，若井间还有大量小规模、未动用的气层，就需要对井网进行优化。目前合理井网评价指标以单井动态控制储量、EUR、井数干扰、采收率为主，不能充分量化对井间产量的干扰[18-19]。为了更科学规划合理井网，在考虑存在井间干扰的条件下优化井网，提出了加密井增产气量指标。该指标是指调整加密井从新钻遇的非连通有效砂体中采出的天然气量(图4),去除了连通气层对调整加密井产量的影响,可真实反映调整加密气井产能,比EUR指标更合理。通过精细地质建模与数值模拟相结合的方法实现加密井增产气量的有效预测,将每口新增加密井从地层中多采出的天然气量确定为加密井增产气量。计算方法如下:

$$\Delta w = (q_2 - q_1) / [(n_2 - n_1) \times s] \quad (1)$$

式中,Δw 表示加密后每口加密气井的增产气量,$10^4 m^3$;q_1、q_2 分别表示加密前、后区块内所有气井的最终累计产气量之和,$10^4 m^3$;n_1、n_2 分别表示加密前、后区块的井网密度,口/km^2;s 表示区块开发面积,km^2。当加密井增产气量大于经济极限产量且采收率可达到较高水平50%及以上,则井网调整优化合理可行;反之不具备调整优化潜力。该方法更符合苏里格致密砂岩气藏的实际开发情况。

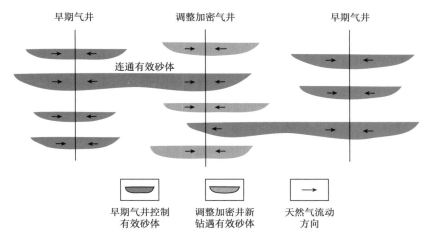

图4 加密调整气井新钻遇有效砂体地质模式图

4.2 效果分析与潜力评价

4.2.1 直井规则井网

4.2.1.1 600m×600m 井网

选取中区苏11、苏10及西区苏75等区块对600m×600m规则井网开展评价,分析表明上述井网目前采收率为41%。井网为菱形或正方形,剩余储量分布于井间,整体调整时需采用对角线中心加密方式,井网由600m×600m调整为600m×300m,井网密度由2.8口/km^2 成倍调整为5.6口/km^2(图5,表2)。评价表明,调整后采收率可提高至58%,但井间会产生严重干扰,调整加密井增产气量低于$1000 \times 10^4 m^3$,产量过低难以达到目标收益率(6%的内部收益率要求效益产量为$1320 \times 10^4 m^3$)。在目前技术经济条件下,井网从600m×600m整体加密调整至300m×600m可大幅提高采收率,但加密井产量过低、抗风险能力弱,整体加密调整的可实施性不强。该井网可在剩余气精细描述的基础上,采用侧钻水平井、定向加密井及调层补孔的方式进行挖潜。

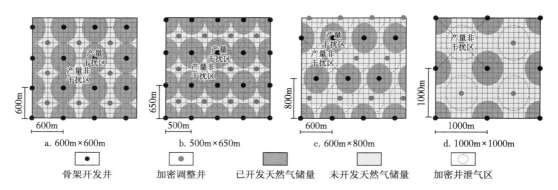

图 5　苏里格气田直井规则井网整体加密及井间干扰示意图

表 2　苏里格气田直井规则井网开发效果及其提升潜力评价表

井网	骨架井 EUR/ 10^8m^3	骨架井网采收率/%	调整后井网	加密井增产气量/ 10^4m^3	调整后采收率/%	储量丰度/ ($10^8m^3·km^{-2}$)	典型区块
600m×600m	2358	41	600m×300m	893	58	1.60	苏10、苏11、苏75等
500m×650m	1750	42	500m×325m	835	61	1.30	苏东
600m×800m	2200	30	600m×400m	1425	50	1.45	苏6、苏36-11、桃2等
1000m×1000m	3480	23	1000m×500m	2360	40	1.46	苏南国际合作区

4.2.1.2　500m×650m 井网

500m×650m 井网规模部署于苏里格气田苏东区块，是 2021 年最新调整方案确定的井网类型，井网密度为 3.1 口 /km²。对东区加密试验区和多个实际开发井组的评价表明，该井网下平均采收率为 42%。该井网为矩形井网，剩余储量分布于井间，整体调整时采用对角线中心加密方式，井网由 500m×650m 调整为 500m×325m，井网密度由 3.1 口 /km² 成倍调整为 6.2 口 /km²。评价表明，调整后采收率可提高至 61%，但井间干扰严重，调整加密井增产气量低于 $1000×10^4m^3$，产量过低难以达到目标收益率（图 5，表 2）。在目前技术经济条件下，若井网 500m×650m 由整体加密调整至 500m×325m 可大幅提高采收率，但加密井产量过低、抗风险能力弱，整体加密调整的可实施性不强。该井网未来开发效果的提升方式与 600m×600m 井网相同。

4.2.1.3　600m×800m 井网

选取苏6、苏36-11 及桃2等区块对 600m×800m 规则井网进行开发效果评价，分析表明上述井网目前采收率约为 30%。井网为平行四边形井网，剩余储量分布于井间，整体调整时井网由 600m×800m 调整为 600m×400m，井网密度由 2.1 口 /km² 成倍调整为 4.2 口 /km²（图 5，表 2）。评价结果表明，调整后采收率可提高至 50% 左右，井间会产生一定程度的干扰，调整加密井增产气量超过 $1400×10^4m^3$，加密井产量可满足目标收益率。在目前经济技术条件下，该调整方式不仅可明显提高采收率，而且抗风险能力强，可实施性强，可在井网后期提升整体开发效果。

4.2.1.4 1000m×1000m 井网

选取苏南国际合作区对 1000m×1000m 规则井网开展评价，分析表明井网目前采收率约为 23%。该井网为正方形井网，剩余储量分布于井间，整体调整时井网将由 1000m×1000m 调整为 1000m×500m，井网密度由 1 口 /km^2 成倍调整为 2 口 /km^2。评价表明，调整后采收率可提高至 40% 左右，调整加密井增产气量达 2360×10^{4}m^3，可获得良好的投资收益（图5，表2）。需要指出的是，同样 2 口 /km^2 的开发井网密度下，苏里格气田自营区块采收率为 30% 左右，而国际合作区可达到 45% 左右，存在较大差异。受储层预测准确性、储层改造质控与监管质量、气井生产管理水平等多种因素影响，国际合作区气井平均 EUR 远高于自营区，因此同样井网密度条件下前者采收率更高。若 1000m×500m 再次加密调整至 500m×500m，井网密度由 2 口 /km^2 成倍调整为 4 口 /km^2，评价表明，再次调整后采收率可提高至 56% 左右，而调整加密井增产气量低于 1000×10^{4}m^3，难以满足目标收益率。在当前技术经济件下，井网从 1000m×1000m 加密调整至 1000m×500m 是可行的，采收率可提高至 40%，但进一步调整至 500m×500m 则面临较大风险、可实施性较差。

4.2.2 水平井整体井网

苏 53 区块南部水平井主体开发区盒 8 下亚段与山 1 段有效储层发育规模大、侧向连通性好，储量丰度达 1.85×10^{8}m^3/km^2，储层地质条件优于苏里格气田绝大部分区块。采用近菱形面积井网、井排间井点交叉分布且全部为水平井的部署方式，储量动用相对充分。苏5-37-22 井组解剖分析表明，水平井整体开发方式下的采收率可达 43%（表3）。苏东南区块有效储层规模较小、侧向连续性较好，储量丰度为 1.35×10^{8}m^3/km^2，储层地质条件不及苏 53 区块，采用骨架直井 + 水平井的组合部署模式。靖 94-25 井组解剖分析表明，该水平井整体开发方式下的采收率为 45%（表3）。

表3 苏里格气田水平井整体开发井网开发效果评价表

水平井网	气井 EUR/ 10^{8}m^3	井网采收率 /%	储量丰度 / (10^{8}m^3·km^{-2})	区块及典型井组	调整措施
水平井交叉部署	7955	43	1.85	苏 53，苏 5-37-22 井组	侧钻水平井或多层水平井，难度大
直井 + 水平井组合部署	6075（水平井） 2025（直井）	45	1.35	苏东南，靖 94-25 井组	侧钻水平井或多层水平井，难度大

水平井部署地质标准要求主力层储量集中度需大于 60%[23-26]。水平井虽可实现主力层动用，但无法动用非主力层近 40% 的储量（图6）。对水平井整体开发井网而言，目前最大的挑战是缺乏实现层间剩余储量充分动用的有效手段，开发井网一旦部署成型就无法再进行整体调整，仅可在剩余储量较为集中的层段或区域局部式部署侧钻水平井或加密定向井。水平井整体开发区采收率的整体提升是未来技术攻关的重要方向之一。

4.2.3 混合井

选取苏 36-11、苏 14 区块典型混合井网开展效果评价，分析表明目前混合井网采收率约 34%~37%。混合井网的剩余储量主要包括层间和井间两种类型[17-19]，层间剩余储量主要分布于水平井的非主力层，井间剩余储量则主要分布于直井之间或直井与水平井之间（图 7）。与水平井整体开发井网相似，混合井网中水平井开发非主力层的层间剩余储量缺乏有效动用手段，仅能开展提高采收率技术探索，目前经济技术条件下难以充分动用。混合井网中井间剩余储量是目前提高采收率的主要目标。

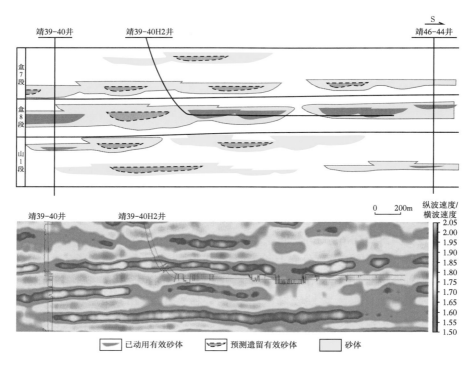

图 6　苏里格气田水平井开发纵向剩余储量分布图

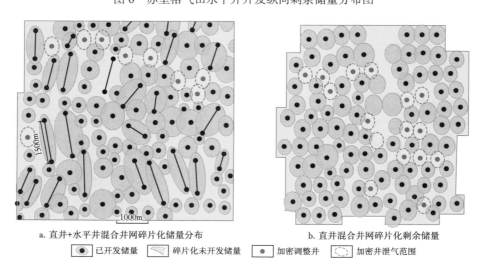

a. 直井+水平井混合井网碎片化储量分布　　b. 直井混合井网碎片化剩余储量

图 7　苏里格气田混合开发井网井间剩余储量分布图

与直井规则井网不同，混合井网中直井排列不规则，水平井的存在使井网结构更加复杂，难以进行整体式加密部署。混合开发模式下层间剩余储量呈碎片化[26]，需要结合井位的实际分布，在井网密度相对稀疏、剩余储量较为集中的地区进行"点式""局部式"调整加密部署。苏36-11、苏14、苏东等区块实际部署结果表明，采用上述加密调整方式井网密度可达3.5口/km²左右，加密调整后混合井网采收率可提高至44.5%~46.0%，调整加密井增产气量高于1320×10⁴m³，满足目标收益率要求（表4）。总体而言，混合井网加密调整的难度和复杂性要高于直井规则井网，在一定程度上影响了采收率的提升幅度。

4.2.4 加密试验区井网

苏里格气田加密试验井网具有多种类型，以400m×500m、500m×650m最具代表性，前者井网密度最高，后者已规模部署，其他井网试验面积有限、井网不成型或井网密度不够，因此其代表性有限。400m×500m井网是目前气田井网密度最高的类型，达5口/km²，评价表明该井网采收率可达60.6%。需要指出的是，该试验区储量品质高，储量丰度为2.08×10⁸m³/km²，虽然试验面积（仅2.6km²）有限，开发指标难具代表性，但该加密井网的存在表明苏里格型致密气采收率提升至60%在目前技术条件下是可实现的。

表4 苏里格气田混合开发井网开发效果预测表

井网类型	骨架井 EUR/10⁴m³	骨架井网采收率/%	调整加密井增产气量/10⁴m³	加密调整后采收率/%	丰度/(10⁸m³·km⁻²)	典型区块	调整措施
直井井网混合	1741（2.5口/km²）	34	1344（3.5口/km²）	44.5	1.28	苏东等	局部加密
直井+水平井混合	直井2309+水平井6926（2.5口/km²）	37	1404（3.5口/km²）	46.0	1.56	苏36-11、苏14等	局部加密

注：括号中数据为井网密度。

4.3 不同开发井网对比评价

500m×650m、600m×600m及水平井整体井网的最终采收率在40%以上，开发效果最好，混合井网为34%~37%，600m×800m井网为30%，而1000m×1000m为24%（图8）。采收率高低与井网密度密切相关，井网密度越高，对有效砂体的控制程度越大，采收率则越高。但仅依据目前的采收率水平来评价开发效果是不全面的，还需进一步考虑未来井网调整的可实施性及经济性，即可调整潜力（通过井网的调整优化在确保目标收益率条件下采收率的提升幅度）。

直井规则开发井网中，500m×650m、600m×600m井网整体加密至5.6~6.2口/km²在技术上是可行的，采收率可提升至60%。由于上述井网已对有效砂体实现了有效控制、井间遗留气层较少，整体调整虽然技术上可行但具有很高的低产风险和经济风险。600m×800m井网可控制大部分有效储层，但井间仍有部分遗留，当整体调整至4口/km²可钻遇部分新气层，在目前气价与成本条件下动用井间遗留有效储层可获取较好经济收益，且采收率可提高至50%左右的较高水平，技术、经济方面皆可行。国际合作区1000m×1000m井网调整至2口/km²采收率可提升至40%，技术、经济方面皆可行，但进一步加密存在经济风险。水平井整体开发井网的调整存在相当大的难度，次产层有效动用配套技术仍需进一步攻关。

混合井网开发方式下因井间未动用储量碎片化严重、分布过于零散仅可采用局部加密的井网调整方式，技术上实施难度大、存在较大的不确定性，综合评价认为此类井网加密调整至 3.5 口 /km² 具有可实施潜力，采收率可提升至 44.5%~46%（图 8，表 5）。综合分析认为，直井规则井网比水平井整体井网、混合井网更具备实施调整的空间，后两者存在较高的技术难度和经济风险。在目前经济技术和气价条件下，600m×800m 为最佳开发井网类型，作为一种过渡井网可通过优化调整实现对有效储层的充分控制（表 5）。

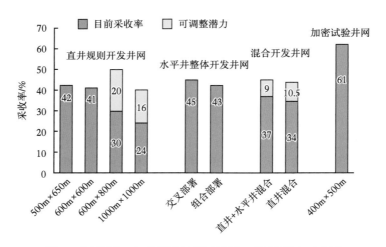

图 8 苏里格气田不同井网开发效果与可调整潜力对比图

表 5 苏里格气田开发井网特征、效果及调整潜力评价表

井网类型	直井规则井网					水平井整体开发井网		混合井网		加密试验井网		稀疏欠完善井网
	500m×600m	600m×600m	600m×800m	600m×1200m	1000m×1000m	交叉部署	组合部署	直井混合	直井+水平井混合	400m×500m	其他	
数量占比/%	12	7	1	0.5	4	1.5	3	21.5	22.5	1.5		25.5
分布区块	苏东、苏77、召51等	苏11、苏10、苏75等	苏东、苏14、苏6等	苏东、苏14等	国际合作区	苏53	苏东南	苏东、苏41-33等	苏36-11、苏14等	苏36-11	苏6、苏14及苏东	全区
井网特点	矩形，面积分布	菱形或矩形，面积分布	平行四边形，面积分布	矩形，局部分布	矩形，面积分布	矩形，交叉分布	3+6式组合分布	非等间距，不规则分布	不同井型混杂分布	井网密度最高	试验面积小，代表性不强	不成型，井网尚不完善
目前采收率/%	42	41	30	21	24	45	43	34	37	61	33~46	<15
剩余储量分布	井间	井间	井间	井间	井间	井间	层间+井间	井间	井间+层间	井间为主	井间为主	井间

续表

井网类型	直井规则井网					水平井整体开发井网		混合井网		加密试验井网		稀疏欠完善井网
	500m×600m	600m×600m	600m×800m	600m×1200m	1000m×1000m	交叉部署	组合部署	直井混合	直井+水平井混合	400m×500m	其他	
井网调整方式	整体加密	整体加密	整体加密	整体加密	整体加密	不可调	不可调	局部点式	局部点式	—		整体部署
技术—经济可实施性	技术可行，经济风险高	技术可行，经济风险高	可行	可行	可行	技术难度大	技术难度大	技术基本可行，经济上存在不确定性		—		可行
采收率提升潜力	较小（小于5%）	较小（小于5%）	提升20%，至50%	提升21%，至42%	提升16%，至40%	较小（小于3%）	较小（小于3%）	提升10.5%，至44.5%	提升9%，至46%	—		提升30%以上，至50%

5 高效调整技术对策

气田开发的不同阶段追求的目标不完全相同，早期阶段以实现效益开发为目标，中后期阶段则是在确保目标收益率的基础上尽量提高采收率。根据开发程度将苏里格气田的开发目标区块划分为已开发区和未开发区，前者重心是剩余气精细挖潜与井网精准调整，后者聚焦储层精细刻画与差异化动用。

5.1 剩余气精细挖潜与井网精准调整

随着苏里格气田开发的深入，储量动用区的范围逐渐扩大，对已开发区进行剩余气分布规律研究并提高采收率是气田未来开发的重点。受储层地质情况、井型井网、工艺改造等因素的综合影响，气田剩余气分布极为复杂，精准预测缺乏有效手段。应综合多种技术手段，在确保目标收益的条件下尽量提高采收率水平：结合储层改造的实际状况，通过建立高精度三维地质模型准确模拟剩余气三维空间分布状态，落实局部富气部位，攻关已开发区剩余气分布规律（图9）；提出精准的开发调整手段，确定合理的开发调整井型、部署区域、动用层位和部署轨迹。

5.2 储层结构精细刻画与可视化部署

经过多年持续研究，苏里格气田在有效储层精细描述方面进步较大，并取得了一系列重要认识。但这些成果皆是对动、静态资料丰度的成熟开发区开展的精细剖析，在未开发区井网部署中很难有效应用，严重制约着气田未来的开发部署。因此，应加强三维地震、储层地质、精细建模等多学科一体化研究，综合多种方法实现未开发区有效储层精准描述，将有效储层三维空间分布态势以可视化方式精准呈现出来，实现井网可视化部署和针对性实施（图10）。

5.3 差异化井网实施与储量极致动用

苏里格地区储层非均质性强，井型井网需与有效储层结构样式相匹配，应加强不同地质条件下井型井网的适配性研究以实现储量的充分动用。对于储量集中度高、主力层突出类型，采用水平井开发是合理的，但要达到较高的采收率水平。对于储量集中度低、主力层不发育的类型，采用直/定向井是合理的，但应根据有效储层规模和空间接触样式制订差异化井网实施对策。若有效储层规模大且叠置发育，则应部署低密度直/定向井网，若有效储层小且分散发育，则应部署高密度直/定向井网，以实现储量极致动用。

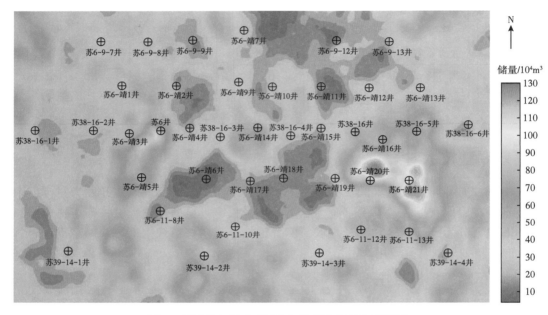

图 9　苏里格气田典型开发区块剩余气精细刻画图

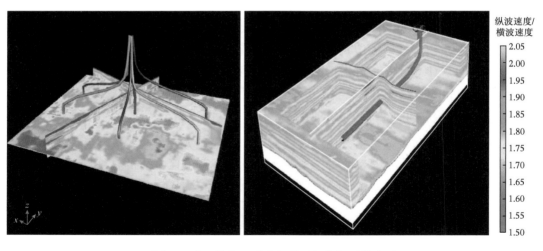

图 10　苏里格气田致密气藏可视化部署模式图

6 结论

在系统梳理苏里格气田储层开发井网情况的基础上，评价了井网特征和效果，明确了当前经济技术条件下的最优开发井网，并提出高效开发技术对策。主要取得以下认识：

（1）气田开发井网经历了多期持续优化论证，不同经营主体开发井网存在差异。自营区直井井网经历了 750m×1200m、600m×1200m、600m×800m 后，调整为 500m×650m 井网，水平井确定采用 600m×1800m 井网；风险合作区采用 600m×600m、600m×800m、500m×650m 及不规则等多种直井井网样式，水平井采用 600m×1200m 整体开发井网；国际合作区主体采用 1000m×1000m 开发井网，后期采用 700m×700m、1000m×500m 井网加密调整。

（2）综合考虑井网规则性、井型差异性及完善程度等因素，将苏里格气田开发井网划分为直井规则、混合、水平井整体、加密试验与欠完善等 5 种类型。对比分析了不同开发井网的特征、比例和开发效果。分析认为，在目前经济技术条件下 600m×800m 为较为理想的开发井网。该井网可实现较高的采收率水平，也可为未来井网调整留存灵活空间，最终可实现较为理想的采收率目标和可接受的经济效益指标。

（3）针对气田开发井网的复杂现状和储层强非均质性特征，提出了高效开发技术对策。对已开发主体区块，应加强井间剩余气精细挖潜，支撑开发井网的精准调整部署，从而实现已开发区剩余气的有效动用。对尚未开发的新区，应结合多学科加强储层结构精准描述，可视化部署井网，同时针对不同开发区应开展储层结构样式研究，采用与之适宜的"差异化"开发井网以实现储量的充分动用。

参 考 文 献

[1] 孙龙德，邹才能，贾爱林，等. 中国致密油气发展特征与方向 [J]. 石油勘探与开发，2019，46（6）：1015-1026.

[2] 何江川，余浩杰，何光怀，等. 鄂尔多斯盆地长庆气区天然气开发前景 [J]. 天然气工业，2021，41（8）：23-33.

[3] 马新华. 非常规天然气"极限动用"开发理论与实践 [J]. 石油勘探与开发，2021，48（2）：326-336.

[4] 贾爱林，位云生，郭智，等. 中国致密砂岩气开发现状与前景展望 [J]. 天然气工业，2022，42（1）：83-92.

[5] 贾爱林. 中国天然气开发技术进展及展望 [J]. 天然气工业，2018，38（4）：77-86.

[6] 王香增，乔向阳，张磊，等. 鄂尔多斯盆地东南部致密砂岩气勘探开发关键技术创新及规模实践 [J]. 天然气工业，2022，42（1）：102-113.

[7] 刘社明，张明禄，陈志勇，等. 苏里格南合作区工厂化钻完井作业实践 [J]. 天然气工业，2013，33（8）：64-69.

[8] 郝骞，卢涛，李先锋，等. 苏里格气田国际合作区河流相储层井位部署关键技术 [J]. 天然气工业，2017，37（9）：39-47.

[9] 何东博，贾爱林，冀光，等. 苏里格大型致密砂岩气田开发井型井网技术 [J]. 石油勘探与开发，2013，40（1）：79-89.

[10] 何东博，王丽娟，冀光，等. 苏里格致密砂岩气田开发井距优化 [J]. 石油勘探与开发，2012，39（4）：

458-464.

[11] 贾爱林, 王国亭, 孟德伟, 等. 大型低渗—致密气田井网加密提高采收率对策——以鄂尔多斯盆地苏里格气田为例[J]. 石油学报, 2018, 39（7）: 802-813.

[12] 李跃刚, 徐文, 肖峰, 等. 基于动态特征的开发井网优化——以苏里格致密强非均质砂岩气田为例[J]. 天然气工业, 2014, 34（11）: 56-61.

[13] 郭智, 贾爱林, 冀光, 等. 致密砂岩气田储量分类及井网加密调整方法——以苏里格气田为例[J]. 石油学报, 2017, 38（11）: 1299-1309.

[14] 万玉金, 罗瑞兰, 韩永新. 透镜状致密砂岩气藏井网加密技术与应用[J]. 科技创新导报, 2014（28）: 41-44.

[15] MCCAIN W D, VONEIFF G W, HUNT E R, et al. A tight gas field study: Carthage (Cotton Valley) field[C]//SPE Gas Technology Symposium. Calgary: SPE, 1993: SPE-26141-MS.

[16] VONEIFF G W, CIPOLLA C. A new approach to large-scale infill evaluations applied to the OZONA (Canyon) gas sands[C]//Permian Basin Oil and Gas Recovery Conference. Midland: SPE, 1996: SPE-35203-MS.

[17] 李柱正, 李开建, 李波, 等. 辫状河砂岩储层内部结构解剖方法及其应用——以鄂尔多斯盆地苏里格气田为例[J]. 天然气工业, 2020, 40（4）: 30-39.

[18] 王继平, 张城玮, 李建阳, 等. 苏里格气田致密砂岩气藏开发认识与稳产建议[J]. 天然气工业, 2021, 41（2）: 100-110.

[19] 卢涛, 刘艳侠, 武力超, 等. 鄂尔多斯盆地苏里格气田致密砂岩气藏稳产难点与对策[J]. 天然气工业, 2015, 35（6）: 43-52.

[20] 谭中国, 卢涛, 刘艳侠, 等. 苏里格气田"十三五"期间提高采收率技术思路[J]. 天然气工业, 2016, 36（3）: 30-40.

[21] 李进步, 李娅, 张吉, 等. 苏里格气田西南部致密砂岩气藏资源评价方法及评价参数的影响因素[J]. 石油与天然气地质, 2020, 41（4）: 730-743.

[22] 程立华, 郭智, 孟德伟, 等. 鄂尔多斯盆地低渗透—致密气藏储量分类及开发对策[J]. 天然气工业, 2020, 40（3）: 65-73.

[23] 卢涛, 张吉, 李跃刚, 等. 苏里格气田致密砂岩气藏水平井开发技术及展望[J]. 天然气工业, 2013, 33（8）: 38-43.

[24] 王华, 崔越华, 刘雪玲, 等. 致密砂岩气藏多层系水平井立体开发技术——以鄂尔多斯盆地致密气示范区为例[J]. 天然气地球科学, 2021, 32（4）: 472-480.

[25] 郭智, 位云生, 孟德伟, 等. 苏里格致密砂岩气田水平井差异化部署新方法[J]. 天然气工业, 2022, 42（2）: 100-109.

[26] 费世祥, 杜玉斌, 王一军, 等. 致密砂岩气藏水平井多学科综合导向新技术——以鄂尔多斯盆地为例[J]. 天然气工业, 2019, 39（12）: 58-65.

[27] 范继武, 许珍萍, 刘莉莉, 等. 苏里格气田强非均质致密气藏水平井产气剖面[J]. 新疆石油地质, 2022, 43（3）: 341-345.

摘自:《天然气工业》, 2023, 43（8）: 66-79